Peter Konold
Herbert Reger

Praxis der Montagetechnik

**Aus dem Programm
Fertigungstechnik**

Spanlose Fertigung: Stanzen
von W. Hellwig

Fertigungsautomatisierung
von S. Hesse

Werkzeugmaschinen Grundlagen
von A. Hirsch

Praxis der Montagetechnik
von P. Konold und H. Reger

Praxis der Zerspantechnik
von H. Tschätsch

Praxis der Umformtechnik
von H. Tschätsch

Zerspantechnik
von E. Paucksch

Praktische Oberflächentechnik
von K.-P. Müller

Industrielle Pulverbeschichtung
von J. Pietschmann

Praxiswissen Schweißtechnik
von H. J. Fahrenwaldt und V. Schuler

vieweg

Peter Konold
Herbert Reger

Praxis der Montagetechnik

Produktdesign, Planung, Systemgestaltung

2., überarbeitete und erweiterte Auflage

Unter Mitarbeit von Stefan Hesse

Vieweg Praxiswissen

Bibliografische Information Der Deutschen Bibliothek
Die Deutsche Bibliothek verzeichnet diese Publikation in der Deutschen Nationalbibliografie;
detaillierte bibliografische Daten sind im Internet über <http://dnb.ddb.de> abrufbar.

Die 1. Auflage des Buches erschien unter dem Titel Angewandte Montagetechnik.

1. Auflage 1997
2., überarbeitete und erweiterte Auflage September 2003
   korrigierter Nachdruck 2009

Alle Rechte vorbehalten
© Friedr. Vieweg & Sohn Verlags/GVWV Fachverlage GmbH, Wiesbaden 2003

Der Vieweg Verlag ist ein Unternehmen der Fachverlagsgruppe BertelsmannSpringer.
www.vieweg.de

Das Werk einschließlich aller seiner Teile ist urheberrechtlich geschützt. Jede Verwertung außerhalb der engen Grenzen des Urheberrechtsgesetzes ist ohne Zustimmung des Verlags unzulässig und strafbar. Das gilt insbesondere für Vervielfältigungen, Übersetzungen, Mikroverfilmungen und die Einspeicherung und Verarbeitung in elektronischen Systemen.

Umschlaggestaltunng: Ulrike Weigel, www.CorporateDesignGroup.de
Druck und buchbinderische Verarbeitung: Lengericher Handelsdruckerei, Lengerich
Gedruckt auf säurefreiem und chlorfrei gebleichtem Papier.
Printed in Germany

ISBN 978-3-528-13843-1

Vorwort

Um in Zukunft auch im internationalen Wettbewerb bestehen zu können, sind viele Unternehmen gezwungen, marktgerechte Erzeugnisse kostengünstig mit hoher, gleichbleibender Qualität herzustellen. Hinzu kommen noch Forderungen hinsichtlich schneller Produkteinführung, kurzen Lieferzeiten bei gleichzeitig zunehmender Typen- und Variantenvielfalt, sowie kleiner werdende Losgrößen.

Bei diesen marktbedingten Gegebenheiten wird, besonders im Bereich der Erzeugnismontage, der Einsatz von flexiblen, schnell umrüstbaren Montagesystemen zwingend erforderlich. Je rascher die technische Entwicklung fortschreitet, desto kurzlebiger werden die Erzeugnisse, besonders auf dem Gebiet der Gebrauchsgüterherstellung. Um hierbei das Investitionsrisiko in überschaubaren Grenzen zu halten, sind standardisierte Montagesysteme mit modularem Aufbau gegenüber Sonderlösungen mit nur geringer Anpassungsfähigkeit bevorzugt einzusetzen. Durch einen hohen Wiederverwendungsanteil eines Montagesystems bei einem Erzeugniswechsel wird die Rentabilität einer Investition deutlich verbessert.

Das Ziel der Verfasser dieses Buches ist es, die systematische Vorgehensweise bei der Planung flexibler Montagesysteme aufzuzeigen, und gleichzeitig dem Fertigungsplaner, aber auch dem Studierenden im Fachbereich Automatisierungs- und Produktionstechnik, konkrete Lösungsmöglichkeiten und Hilfsmittel für die Entwicklung und Gestaltung von manuellen und teilautomatisierten Montagesystemen an die Hand zu geben.

Neben technischen Aspekten werden auch arbeitsorganisatorische und wirtschaftliche Gesichtspunkte bei der Bewertung und Auswahl von alternativen Lösungen berücksichtigt. Bei der Planung von Montagesystemen ist die Kenntnis der am Markt angebotenen Grundsysteme bzw. Komponenten eine wichtige Voraussetzung.

Im zweiten Teil dieses Buches sind daher Bauelemente namhafter Hersteller auszugsweise in Form von Datenblättern so dargestellt und beschrieben, dass nach einer Grobauswahl kombinationsfähiger Bauelemente eine "Lay-out-Planung" möglich ist. Die genannten Preisbereiche bei den einzelnen Grundsystemen und Bauelementen reichen für eine erste Kostenabschätzung und zum Kostenvergleich bei mehreren Lösungsalternativen aus. Mit Hilfe der Datenblätter in Verbindung mit den beschriebenen Lösungsmöglichkeiten und Beispielen im ersten Teil ist es möglich, die Planungszeit gegenüber einer Vorgehensweise ohne geeignete Hilfsmittel zu reduzieren und dabei gleichzeitig die Planungsqualität zu verbessern.

Das Anwendungsspektrum der dargestellten Montagesysteme und Bauelemente beschränkt sich auf feinwerktechnische und elektrotechnische Gebrauchsgüter, Komponenten für die Fahrzeugtechnik, Haushaltsgeräte und artverwandte Produkte, die in Klein-, Mittel- und Großserien hergestellt werden.

Das vorliegende Buch soll durch seinen Praxisbezug einen Beitrag leisten zu dem ständigen Bemühen, die Montagekosten durch den Einsatz standardisierter, flexibler Montagesysteme zu senken und somit die Herstellung von wettbewerbsfähigen Erzeugnissen zu ermöglichen.

Die Ausarbeitung des Kapitels 2 „Produktgestaltung" hat freundlicherweise Herr Dr. Ing. S. Hesse, bekannt durch zahlreiche Veröffentlichungen auf dem Gebiet Handhabungs- und Montagetechnik, übernommen. Für seinen Beitrag danken wir ganz herzlich.

Unser besonderer Dank gilt dem Hause Robert Bosch GmbH für die Bereitstellung von Planungsunterlagen und Praxisbeispielen, sowie den Firmen Branscheid Industrie-Elektronik und Utz Ratio Technik. Durch ihre Mitwirkung erfuhr dieses Buch besonders im Teil 1 eine zusätzliche Bereicherung.

Danken möchten wir auch all jenen Firmen, die durch Überlassung von Informationsmaterial wesentlich zur Gestaltung des zweiten Teils beigetragen haben.

Dem Vieweg-Verlag, Wiesbaden, danken wir für die gute Zusammenarbeit und die Aufnahme diese Werkes in die Schriftenreihe „Studium Technik".

Geislingen, Juli 1996   *Peter Konold   Herbert Reger*

Vorwort zur 2. Auflage

Mit den Veränderungen der Produkte zu mehr und mehr komplexen Erzeugnissen verändern sich auch die Produktionstechnologien und die Strukturen der industriellen Produktion. So wird die automatisierte Montagetechnik heute vielfach unterstützt durch weiterentwickelte, bzw. neuartige Robotertechnik, Zubringetechnik und Sensorik. Wesentliche und marktgängige Neuerungen wurden im selben Geltungsbereich, wie im Vorwort zur ersten Auflage beschrieben, in dieser Neuauflage berücksichtigt. Dazu gehören insbesondere neu entwickelte Bauelemente zur Gestaltung von Arbeitssystemen, eine erweiterte Planungssystematik und auch ergänzende Beispiele für die montage- und automatisierungsgerechte Gestaltung von Produkten.

Neu aufgenommen wurden Regeln und Beispiele zur demontage- und recyclingfreundlichen Gestaltung von Bauteilen und Fügeverbindungen. Preisangaben sind auf Euro-Währung umgestellt. Ferner wurde die Neuauflage ergänzt durch Vorschriften und Normen zu den Sicherheitsmaßnahmen und Aufnahme von Datenblättern über Zubringetechnik und Montageroboter. Das Herstellerverzeichnis wurde überarbeitet, erweitert und durch Internet- und E-Mail Adressen ergänzt.

Unser Dank gilt allen Lesern, die uns Anregungen und Hinweise gaben und somit zur Aktualisierung dieses Buches beigetragen haben.

Ebenso danken wir allen Firmen, besonders der Bosch Rexroth AG, der Firma Utz Ratio Technik und der Firma Teamtechnik, welche uns mit technischen Daten, Bildmaterial und weiteren Information bei der Überarbeitung dieses Fachbuches unterstützt haben. Dem Vieweg-Verlag, Wiesbaden, danken wir für die bewährte, gute Zusammenarbeit und die neue Gestaltung des Buches.

Geislingen, im Mai 2003   *Peter Konold   Herbert Reger*

Inhaltsverzeichnis

Vorwort V

Teil A

1 Einführung 3

2 Produktgestaltung und montagefreundliches Design 5
   2.1 Bedeutung automatisierungsfreundlicher Gestaltung 5
   2.2 Strukturieren von Produkten 7
   2.3 Wege zum montagefreundlichen Design 12
   2.4 Probleme mit Toleranzen 18
   2.5 Gestaltungsbeispiele 21
      2.5.1 Gestaltungsbereich Einzelteil 21
      2.5.2 Gestaltungsbereich Baugruppe 26
      2.5.3 Gestaltungsbereich Produkt 28
   2.6 Demontagefreundlich Konstruieren 30

3 Vorgehensweise bei der Planung 32
   3.1 Aufgabenstellung (Planungsstufe 1) 33
      3.1.1 Ziele festlegen (Planungsschritt 1) 33
      3.1.2 Projektverantwortlichen benennen (Planungsschritt 2) 34
      3.1.3 Terminrahmen vorgeben (Planungsschritt 3) 34
      3.1.4 Planungsdaten beschaffen (Planungsschritt 4) 35
      3.1.5 Situationsanalyse durchführen (Planungsschritt 5) 36
      3.1.6 Aufgabe abgrenzen (Planungsschritt 6) 38
      3.1.7 Verfügbare Hallenfläche vorgeben (Planungsschritt 7) ... 39
      3.1.8 Zeitlichen Ablauf des Projektes festlegen (Planungsschritt 8) 39
   3.2 Grobplanung (Planungsstufe 2) 39
      3.2.1 Montagesystem-Ausbringung berechnen (Planungsschritt 1) 39
      3.2.2 Arbeitsabläufe festlegen, Montagestruktur entwickeln
           (Planungsschritt 2) 39
      3.2.3 Montageabschnitte bilden (Planungsschritt 3) 40
      3.2.4 Montagesystem-Alternativen entwickeln (Planungsschritt 4) 42
      3.2.5 Notwendige Hallenfläche ermitteln (Planungsschritt 5) ... 58
      3.2.6 Personalbedarf planen (Planungsschritt 6) 59
      3.2.7 Lösungsalternativen bewerten und auswählen (Planungsschritt 7) 61

        3.2.8 Projektkalkulation und Wirtschaftlichkeitsberechnung durchführen (Planungsschritt 8) 62
  3.3 Feinplanung (Planungsstufe 3) 64
        3.3.1 Gesamtsystem und Teilsysteme im Detail ausarbeiten (Planungsschritt 1) 64
        3.3.2 Terminplan erstellen (Planungsschritt 2) 73
        3.3.3 Ausschreibung durchführen (Planungsschritt 3) 74
        3.3.4 Kritische Prozesse absichern (Planungsschritt 4) 74
        3.3.5 Personaleinsatz planen (Planungsschritt 5) 75
        3.3.6 Wirtschaftlichkeitsnachweis überprüfen (Planungsschritt 6) 75

4 Grundformen Montage- und Transfersysteme 76
  4.1 Manuelle Systeme ohne automatisierten Werkstück-Umlauf 76
        4.1.1 Karree 76
        4.1.2 U-Form 77
        4.1.3 Linie 78
        4.1.4 Sonderformen (Variante 1) 79
        4.1.5 Sonderformen (Variante 2) 79
  4.2 Manuelle und teilautomatisierte Systeme mit automatisiertem Werkstückträger-Umlauf 80
        4.2.1 Karree 80
        4.2.2 U-Form 81
        4.2.2 Linie 83
        4.2.4 Anordnung von Handarbeitsplätzen im Nebenschluss 84
        4.2.5 Anordnung von Handarbeitsplätzen und automatischen Stationen im Nebenschluss 85
  4.3 Kostenvergleiche von Montage-Grundsystemen 86
        4.3.1 Karree 87
        4.3.2 U-Form 88
        4.3.3 Linie 89
        4.3.4 Gesamtvergleich 91

5 Beispiele von Montagesystemen 92
  5.1 Manuelle Montage 92
        5.1.1 Einzelarbeitsplatz 92
        5.1.2 Montagesysteme mit mehreren manuellen Arbeitsplätzen 94
  5.2 Teilautomatisierte Montage 96
  5.3 Automatisierte Montage 104
        5.3.1 Roboter-Einsatz bei Klein- und Mittelserien-Erzeugnissen 105
        5.3.2 Robotereinsatz bei Mittel- und Großserien-Erzeugnissen 106
        5.3.3 Flexible, automatisierte Montagelinien 109

6 Planungshilfsmittel ... 111
6.1 Taktzeitermittlung ... 111
6.1.1 Fließarbeit ... 111
6.1.2 Taktzeitermittlung bei Roboterstationen ... 113
6.1.3 Zeitermittlung für Werkstückträgertransport ... 117
6.2 Vorranggraph ... 118
6.3 Arbeitsplatzgestaltung und Zeitermittlung ... 122
6.3.1 Arbeitsplatzgestaltung nach ergonomischen Gesichtpunkten ... 122
6.3.2 Ermittlung der Montagezeit (Vorgabezeit) ... 123
6.3.3 Nebenzeiten für Erzeugnisweitergabe an Handarbeitsplätzen ... 125
6.4 Gestaltung von Speichersystemen ... 126
6.4.1 Übersicht – Definition ... 126
6.4.2 Einsatz von Puffer in der Montage ... 126
6.4.3 Pufferarten und Anordnung in verketteten Systemen ... 127
6.4.4 Wirkung, Verhalten und Dimensionierung von Puffer ... 128
6.5 Materialflussgestaltung und Teilebereitstellung ... 132
6.5.1 Kriterien und Ziele ... 132
6.5.2 Einfluss auf die Auswahl eines Montagesystems ... 133
6.5.3 Transporthilfsmittel ... 133
6.5.4 Teilebereitstellung an Montagelinien ... 133
6.6 Beurteilung von Systemalternativen ... 136
6.6.1 Quantifizierbare und nicht quantifizierbare Kriterien ... 136
6.6.2 Verfügbarkeit von Montagesystemen ... 137
6.6.3 Wertschöpfende und nichtwertschöpfende Funktionen ... 141
6.6.4 Durchlaufzeit ... 142
6.7 Rechnerunterstützte Planung von Montagesystemen ... 143

7 Beurteilung Investition und Wirtschaftlichkeit ... 146
7.1 Kapitalfluss einer Investition ... 146
7.2 Wirtschaftlichkeitsrechnung ... 147
7.2.1 Berechnung der Montagekosten ... 147
7.2.2 Berechnung der Kapitalrückflussdauer ... 149
7.2.3 Berechnung der Rentabilität ... 150
7.3 Wirtschaftlicher Automatisierungsgrad ... 150

Teil B

1 Arbeitsplatz 155
   1.1 Manuelle Plätze ohne automatischen Werkstückträgerumlauf 156
        1.1.1.1 Einzel-Arbeitsplatz 156
        1.1.1.2 Einzel-Arbeitsplatz höhenverstellbar 157
        1.1.2.1 Arbeitsplatz mit zirkularem Erzeugnisumlauf 158
        1.1.2.2 Arbeitsplatz mit ovalem Erzeugnisumlauf 160
        1.1.3.1 Arbeitsplatz mit Einzelteileumlauf 161
        1.1.3.2 Arbeitsplatz mit Verschiebebehälter 162
        1.1.4.1 Arbeitsplatz mit zirkularem Erzeugnis- und Einzelteileumlauf 163
        1.1.5.1 Arbeitsplatz zur Verpackung 165
   1.2 Manuelle Plätze mit automatischem Werkstückträgerlauf 166
        1.2.1.1 Arbeitsplatz an Linearstrecke 166
        1.2.1.2 Arbeitsplatz an paralleler Ausschleusstrecke 167
        1.2.1.3 Arbeitsplatz an rechtwinkliger Ausschleusstrecke 168
        1.2.1.4 Arbeitsplatz an zirkularer Ausschleusstrecke 169
        1.2.1.5 Arbeitsplatz an Eck-Ausschleusstrecke 170

2 Transferkomponenten 171
   2.1 Transferkomponenten ohne Antrieb 172
        2.1.1.1 Linie 172
        2.1.1.2 Karree 173
        2.1.1.3 Kombinierte Systemform 174
        2.1.2.1 Rollenbahn (Schwerkraftrollenbahn) 175
        2.1.2.2 Röllchenbahn 176
        2.1.2.3 Drehscheibe 177
        2.2.1.1 Linie 178
   2.2 Transferkomponenten mit Antrieb 178
        2.2.1.2 Karree 179
        2.2.1.3 Kombinierte Systemform 181
        2.2.2.1 Eingurtförderer 182
        2.2.2.2 Eingurtband mit Stützrollen 183
        2.2.2.3 Doppelgurtband 185
        2.2.3.1 Rundriemenförderer 187
        2.2.4.1 Rollenbahn starr angetrieben 188
        2.2.4.2 Staurollenbahn 189
        2.2.4.3 Stummelrollenbahn 191
        2.2.5.1 Gliederband 192
        2.2.5.2 Segmentkette 193

2.2.5.3 Staurollenkette 195
2.2.5.4 Tragkette 196
2.2.5.5 Kettenumlaufsystem für magnetische Werkstückträger-Mitnahme . 197
2.2.6.1 Überschieber, Ein- und Ausschleuser, Ausstoßer 198
2.2.6.2 Querstrecke mit Hubquereinheit 199
2.2.6.3 Drehscheibe 200
2.2.6.4 Kurve 90° A/Gliederkette B/Kurvenkette C/Gurtband 202
2.2.6.5 Kurve 180° A/Gliederkette B/Kegelrollen C/Gurtband 204
2.2.6.6 Rollendrehtisch 206
2.2.6.7 Allseitenrollenumlenkung 207
2.2.6.8 Auf- und Abwärtslift 208
2.2.7.1 Schnellwechsel-Sytem für Werkstückträger 210
2.2.8.1 Werkstückträger-Vereinzeler, -Stopper 212
2.2.8.2 Werkstückträger-Bereichsüberwachung 213
2.2.8.3 Hub- und Positioniereinrichtungen 214
2.2.8.4 Hub- und Dreheinheit 216
2.3 Werkstückträger und Zubehör 217
2.3.1.1 Werkstückträger für Band-, Rollen-, Riemen- und Kettensysteme . 217
2.3.1.2 Mehrfach-Werkstückträger 220
2.3.1.3 Autonome, selbstfahrende Werkstückträger 222
2.3.2.1 Optische Codierung 223
2.3.2.2 Mechanische Codierung 225
2.3.2.3 Elektronische Codierung 226

3 Speicher 229
3.1 Gliederung und Begriffe 229
3.1.1.1 Linienspeicher Durchlauf- bzw. Hauptschlussprinzip 230
3.1.1.2 Linienspeicher Rücklauf- bzw. Nebenschlussprinzip 231
3.1.2.1 Umlaufspeicher horizontal 232
3.1.2.2 Umlaufspeicher vertikal – Elevatorspeicher 233
3.1.3.1 Direktzugriffspeicher 234
3.1.3.2 Flächenspeicher 235
3.1.3.3 Pufferturm 236
3.1.3.4 Flexibler Vertikalspeicher 237
3.1.3.5 Stapeleinheit 238

4 Sicherheitsmaßnahmen 239
4.1.1 Abstandshaltende Schutzeinrichtung: Schaltmatte 242
4.1.2 Schutzeinrichtungen mit Annäherungsreaktion 243

5 Produktionszellen und Montageautomaten 245
   5.1 Montagezellen 248
      5.1.1 Produktionszelle, leer 248
      5.1.2 Handhabungs- und Montagezelle 250
      5.1.3 Schraubzelle 251
      5.1.4 Lötmodul 252
      5.1.5 Be- und Entladezelle 254
      5.1.6 Laserbearbeitungsmodul 256
   5.2 Transferautomaten 257
      5.2.1 Rundtransferautomat 257
      5.2.2 Längstransferautomat 259
   5.3 Zubringetechnik 261
      5.3.1 Zubringetechnik für Kleinteile – Vibrationsförderer 261
      5.3.2 Zubringetechnik für langgeformte Werkstücke – Schrägförderer 262
      5.3.3 Zubringetechnik für komplexe Teile mit optischer Erkennung 263
      5.3.4 Bereitstellung Kleinteile – Band-, Kamerasytem und Roboter 264
      5.3.5 Bereitstellung Kleinteile – Palettensortier-System für Roboter 265
   5.3 Teilehandhabung 266
      5.4.1 Einlegegerät mit pneumatischem oder elektromechanischem Antrieb 266
      5.4.2 Einlegegerät mit elektrischen Servoantrieb 268
      5.4.3 Horizontaler Knickarm Roboter (SCARA-Roboter) 269
      5.4.4 Vertikaler Knickarm Roboter (Gelenkarm-Roboter) 270

6 Herstellerverzeichnis 271

7 Preisbestimmungstabelle 281

Literatur 282

Sachwortverzeichnis 286

Teil A

1 Einführung

2 Produktgestaltung und montagefreundliches Design

3 Planungssystematik

4 Grundformen von Montage- und Transfersystemen

5 Beispiele von Montagesystemen

6 Planungshilfsmittel

7 Beurteilung von Investitionen

1 Einführung

Die Aufgabe der Montage besteht darin, aus der Summe der meist unterschiedlichen Einzelteile und vormontierten Baugruppen ein komplettes Produkt herzustellen. Der Montagebereich als Teilsystem innerhalb des gesamten Produktionssystems eines Unternehmens ist aber auch ein Sammelbecken aller technischen und organisatorischen Schwierigkeiten und Fehler. Diese Problematik steht oft einer möglichen Automatisierung, im Vergleich zur Teilefertigung, erschwerend entgegen. Ob es gelingt, ein Produkt unter wirtschaftlichen Bedingungen automatisch oder teilautomatisiert zu montieren, ist neben dem Vorhandensein von großen Stückzahlen eine Frage der montage- bzw. automatisierungsgerechten Erzeugnisgestaltung. Dies wird aber bereits während der Produktentwicklung entschieden.

Nach wie vor ist der Bereich der Erzeugnismontage derjenige mit dem höchsten Personalanteil innerhalb der gesamten Fertigung. Die montagegerechte Produktgestaltung hat daher eine hohe Bedeutung, auch dann, wenn stückzahlbedingt eine teilautomatisierte oder automatische Montage nicht in Frage kommt. [1.1]

Die Modularisierung von Produkten in der variantenreichen Serienfertigung und die daraus resultierende Möglichkeit schafft die Voraussetzung, diese Prinzipien auch auf die Montage zu übertragen, d. h. die Produktstruktur bestimmt die Struktur des Produktions- bzw. Montagesystems. Wird dieser Gedanke vor dem Hintergrund kürzerer Produkt-Lebenszyklen und zunehmender Variantenvielfalt konsequent verfolgt, dann wird es notwendig, die Montagen schneller zu verändern als bisher. [1.2]

Ein Montagesystem ist im Allgemeinen über das Materialfluss- und Informationsflusssystem mit den anderen Teilsystemen, z. B. der vorgelagerten Teilefertigung und dem nachfolgenden Versandbereich, verbunden. Die gegenseitige Abhängigkeit wird geprägt durch den zeitlichen Spielraum zwischen den einzelnen Bereichen. Bei einer Großserienfertigung, gestaltet nach den Forderungen für eine „schlanke Produktion", d. h. ohne nennenswerte Zwischenpuffer, werden technische und organisatorische Störungen nach kurzer Zeit zu einem Stillstand von Anlageabschnitten führen. Durch flexiblen, systemübergreifenden Personaleinsatz von Servicetechnikern, Einstellern, Anlagebetreuern und nicht taktgebundenen Montierer(innen) können aber die aufgetretenen Schwierigkeiten schnell behoben und anschließend durch gemeinsame Lösungsfindung und eine rasche Umsetzung dauerhaft beseitigt werden.

Dagegen wird man zukünftig im Bereich der Klein- und Mittelserienfertigung versuchen, durch eine teamorientierte Arbeitsorganisation und flexible, überwiegend manuelle Montagesysteme möglichst viele Vorstufen der Teilefertigung, z. B. Spritzgießmaschinen, in den Montagebereich zu integrieren, um somit die Zahl der organisatorischen Schnittstellen zu reduzieren. Das Ziel dabei ist, durch Fertigen und Montieren in kleinen Losgrößen die Durchlaufzeiten und Bestände spürbar einzuschränken.

Um in Zukunft die Planungssicherheit, vor allem bei der Neuplanung komplexer Montageanlagen, zu erhöhen und die Planungszeiten weiter zu reduzieren, wird die Computersimulation zunehmend an Bedeutung gewinnen. Voraussetzung ist, dass der Produktionsplaner schon in der ersten Phase digitale Geometriedaten von der Erzeugnisentwicklung erhält. Damit kann er den Produktionsprozess des jeweiligen Bauteils schon bei der Teileherstellung simulieren und anschließend die Montagefähigkeit nach vorgegebenen Kriterien überprüfen, z. B. automatisierungsgerechte Gestaltung. Bei zunehmender Modellvielfalt kann bei einer rechtzeitig begonnenen, kompletten Fertigungssimulation die Zeit bis zum Markteintritt eines neuen Produktes unter Beachtung hoher Qualitätsstandards schneller erfolgen. Dies wird z. B. in der Automobilindustrie bereits in der geschilderten Form realisiert [1.3], [1.4].

Die Funktionen, die während eines Montageprozesses ausgeübt werden, sind in Bild 1-1 auszugsweise dargestellt und in DIN 8593 (Fügen) sowie in den VDI-Richtlinien 3239, 3240 (Handhaben) ausführlich beschrieben.

Fügen durch:
- Zusammenlegen
- Füllen
- An- und Einpressen
- Urformen
- Umformen
- Stoffverbinden
- u. a.

Handhaben:
- Speichern
- Weitergeben
- Ordnen
- Zuteilen
- Eingeben, Ausgeben
- Positionieren
- Spannen- Entspannen

Sonderfunktionen:
- Kennzeichnen
- Erwärmen
- u. a.

Kontrollieren:
- Messen
- Prüfen

Bild 1-1 Funktionen in der Montage (IPA Stuttgart)

An der Vielzahl von Füge-, Handhabungs-, Kontroll- und Sonderfunktionen erkennt man die Komplexität der Aufgabenstellung, aber auch der Risiken, die bei der Planung und Realisierung von Montagesystemen auftreten können. Eine bereichsübergreifende und systematische Vorgehensweise von der Produktentwicklung, Montage- und Materialflussplanung und Fertigungsmittelkonstruktion bis zur Realisierung und Inbetriebnahme eines Montagesystems ist daher zwingend notwendig (simultaneous engineering).

2 Produktgestaltung und montagefreundliches Design

Mit dem Zusammenbau von Teilen entsteht ein mehr oder weniger komplexes Produkt. Die Montage kann manuell, automatisch oder in hybriden Systemen ausgeführt werden. Je nach Anzahl der Einzelteile, der Schwierigkeit des Fügens und der Stückzahlforderungen ergeben sich entsprechend umfangreiche Montageanlagen. Ehe man sich aber mit der Prozess-Hardware befasst, ist das Produkt zu durchleuchten und auf automatisierungsfreundliche Gestaltung zu prüfen.

2.1 Bedeutung automatisierungsfreundlicher Gestaltung

Unter dem Begriff „automatisierungsfreundlich" werden alle Maßnahmen verstanden, die darauf gerichtet sind, den Umfang der Handhabung und die Verhaltenseigenschaften des Arbeitsgutes beim Zubringen und Fügen möglichst vorteilhaft den jeweiligen Bedingungen der Automation anzupassen, selbstverständlich bei Sicherung der Qualität und aller Produktfunktionen.

„Automatisierungsfreundlich" ist ein übergeordneter Begriff, den man handhabungsorientiert (Zuführung, Handhabung, Förderung, Speicherung) und prozessorientiert (Teilefertigung, Montage, Prüfung, Verpackung) zu verstehen hat. Er schließt u. a. handhabungsfreundliches, roboterfreundliches, greifgünstiges und montagefreundliches Gestalten mit ein.

Die engen Beziehungen zwischen Automatisierung und Produktform ist natürlich keine neue Erkenntnis. Schon Anfang der fünfziger Jahre haben Fachleute darauf aufmerksam gemacht. Vieles wurde inzwischen geschafft. Aber die Umgestaltung der Produkte (Redesign) hat auch ihre Grenzen.

Beispiel

Es ist einfacher, eine Brezel automatisch aus dem ausgerollten Teig zu stanzen, statt sie aus Teig in einem Knoten zu schlingen. Aber ausgestanzte Brezeln finden beim Publikum wenig Anklang. Deshalb hat eine amerikanische Firma in den 1950-er Jahren des vergangenen Jahrhunderts eine Maschine entworfen, die tatsächlich die Brezeln aus Teig knotet. Eine besondere Eigenschaft des Produkts musste erhalten bleiben, obwohl sie für die Herstellung denkbar ungünstig und ohne Funktion war. Design-Ideen dürfen also nicht verletzt werden.

Automatisierungs- und montagefreundliche Produktgestaltung soll Fertigungsmittel einfacher und zuverlässiger machen, die Produktqualität sichern und die Herstellung von Produktvarianten begünstigen. Außerdem muss man bereits in dieser Phase an die demontagefreundliche Gestaltung denken. Am Anfang jeder Montageplanung steht deshalb stets die Produktbewertung. Viele Erzeugnisse haben bereits einen ziemlichen Wandel in Produktaufbau und Gestaltung erfahren, z. B. Geräte der Konsumgüterelektronik. Es gibt aber auch noch viele Produkte, besonders solche älteren Datums, die nicht den Kriterien der automatisierten Montage genügen. Trotzdem kommt der Mensch in der Handmontage damit zurecht, weil er auf seine angeborenen Fähigkeiten vertrauen kann, wie auf die 5 Sinne, den 27 Freiheitsgraden seiner Hände, den Vorrat an persönlichen Erfahrungen und seine Lernfähigkeit. Damit war er bisher mehr als jede Maschine in der Lage, die Schwächen einer montageungünstigen Konstruktion auszugleichen. Das hatte auch zur Folge, dass man sich daran gewöhnt hatte, in der Montage die Fehler vorgelagerter Bearbeitungsstufen zu bereinigen. Dieser Zustand ist bei einer Automatisierung der Fertigung nicht mehr tragbar.

Um alle Forderungen zu berücksichtigen, braucht der Konstrukteur sehr viele Detailkenntnisse. Oft ist er nicht in der Lage, alles allein zu erledigen. Komplizierte Erzeugnisse werden deshalb besser in Teamarbeit entwickelt. Neben der fachlich-inhaltlichen Seite ist auch die zeitliche Abfolge der Schritte wichtig. Das ganze oder teilweise Zusammenführen von Entwicklung/Konstruktion bis zum Controlling führt zu einer Ablaufintegration, die oft als Simultaneous Engineering bezeichnet wird. Das Bild 2-1 zeigt den Wandel in der Verzahnung von Phasen der Produktentwicklung [2-1].

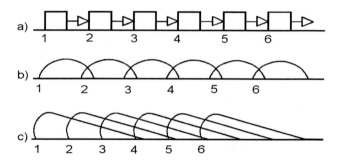

Bild 2-1   Verzahnung von Entwicklungsphasen in der Produktentwicklung
a) nichtparallele Bearbeitung und sequentielle Übergabe der Entwicklungsergebnisse,
b) sequentielle Überlappung, c) Simultaneous Engineering, 1 Produktplanung, Design,
2 Musterbau, Produktfreigabe, 3 Montageplanung, 4 Projektierung der Montageanlage,
5 Bau und Erprobung, 6 Produktionsanlauf

Bei einfachen Erzeugnissen löst der Konstrukteur sämtliche Fragen meistens nur mit Hilfe des Technologen. Für etwa 70 % der späteren Herstellungskosten eines Produkts werden die Grundlagen beim Konstruktionsentwurf gelegt. Das zeigt die Bedeutung der Konstruktionsphase. Änderungen am Aufbau eines Erzeugnisses können im Konstruktionsbüro noch recht einfach durchgeführt werden. In der Phase der Fertigung ist das mit beträchtlich höheren Kosten verbunden.

Natürlich darf man nicht die Montage allein im Auge haben und das macht den Gestaltungsprozess so schwierig. Montagefreundliches Gestalten muss nicht gleichzeitig auch bearbeitungsfreundlich oder funktionsgerecht bedeuten. Es können sich durchaus Widersprüche aus miteinander konkurrierenden Teilzielen ergeben. Vorteile in der Montage dürfen nicht durch Nachteile in anderen Anforderungsbereichen erkauft werden. Gestalten ist deshalb generell die Suche nach einem tragfähigen Kompromiss. Als Maßeinheit sind letztlich die Kosten je Variante zu bestimmen und gegenüber zu stellen.

2.2 Strukturieren von Produkten

Viele Produkte sind mehrstufig aufgebaut (sie enthalten selbst gefertigte oder gekaufte Baugruppen) und lassen sich in Baugruppen, Untergruppen und Bauelemente bzw. Einzelteile gliedern. Damit die Gesamtfunktion erfüllt wird, müssen Toleranzen eingehalten werden, Reinheitsanforderungen gesichert und die Prüfbarkeit von Baugruppen muss gegeben sein. Das Produkt soll folgenden Anforderungen bezüglich Montagefähigkeit genügen:

Gliederung in funktionsfähige, entkoppelte und für sich prüfbare Baugruppen

Vereinheitlichung von Bauteilen und Baugruppen (Module, Wiederholteile, Gleichteile)

Entwurf von Produktvarianten mit großer konstruktiver und technologischer Ähnlichkeit

Einfache Fügebewegungen aus möglichst nur einer Richtung

Für die Produkte, die aus wenigen Bauteilen bestehen, sind Strukturüberlegungen nicht so wichtig wie für komplexe Erzeugnisse.

Die Produktgestaltung hat entscheidenden Einfluss auf die Automatisierungsmöglichkeiten. Deshalb strebt man danach, das Montagesystem parallel zur Produktgestaltung zu konzipieren und beides aufeinander abzustimmen. Es bestehen folgende Zusammenhänge und Wechselbeziehungen:

Produktstruktur	⇔	Anlagenaufbau
Verbindungstechnik	⇔	Montageverfahren
Bauteilgestalt	⇔	Handhabung und Bereitstellung

Zur Lösung solcher Konstruktions- und Planungsaufgaben werden zunehmend rechnerunterstützte Hilfsmittel eingesetzt. Mit Software-Werkzeugen wird auf einen gemeinsam genutzten Datenpool zugegriffen, der Daten zum Montagesystem-Modell, Produktmodell und Prozessmodell enthält. Mit Simulationssystemen lassen sich sowohl das Produkt als auch die Montageanlage auf dem Bildschirm im Voraus darstellen und analysieren [2-2]. Die Möglichkeiten reichen inzwischen vom 3D-Modell bis zu Virtual Reality. Das Ziel besteht darin, endgültige und optimierte Lösungen zu bekommen.

Welche Produktstrukturen sind möglich und vorteilhaft?

Verschiedene Denkansätze bei der Produktstruktur führen zu unterschiedlichen Bauweisen. Das wird in Bild 2-2 erläutert.

Als Bauweise bezeichnet man Struktur und konstruktives Gefüge, nach denen ein Produkt aufgebaut ist. Sie charakterisiert das Gestaltungsprinzip.

Bei der Schachtelbauweise werden die funktionsbedingt notwendigen Bauteile derart zusammengesteckt, dass ihr Zusammenhalt durch Formpaarung gewahrt bleibt. Solche Produkte haben in der Regel ein Bauteil, welches die „Deckelfunktion" übernimmt, wie es in Bild 2-3 deutlich erkennbar ist. Oft werden die Deckel auch mit Schnappelementen ausgestattet, so dass zeitaufwändiges Schrauben entfällt.

Eine interessante Möglichkeit besteht auch darin, in einen Kasten eingelegte Bauteile formpaarig zu sichern, indem man den gesamten Kasten mit Kunststoff ausschäumt. Dieses Verfahren wird z. B. bei elektronischen Geräten eingesetzt (Packaging Assembly Concept). Nach dem Einschäumen sind die Teile im Gehäuse unverrückbar fixiert und gewissermaßen gegen Erschütterungen auch etwas abgepolstert.

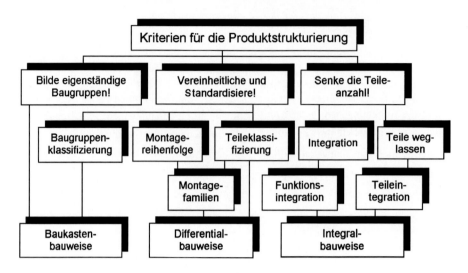

Bild 2-2 Ansatzpunkte für eine montageorientierte Produktstruktur

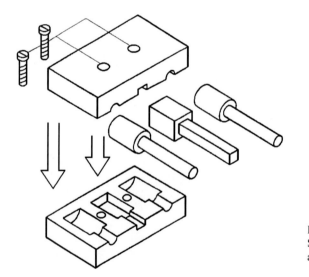

Bild 2-3
Schachtelbauweise, demonstriert an einem einfachen Produkt

Ist eine Deckelfunktion nicht vorhanden, bezeichnet man diese Bauweise auch als Nestbauweise (Bild 2-4a). Bei der Schichtbauweise (synonym: Stapelbauweise, Sandwichbauweise) ist typisch, dass die Bauteile wie bei einem Hamburger in Schichten übereinander gelegt werden. Dabei ist günstig, wenn Formelemente vorhanden sind, die ein gegenseitiges Zentrieren bewirken (Bild 2-4b). Es gibt nur eine Montagerichtung und zwar senkrecht von oben.

2.2 Strukturieren von Produkten

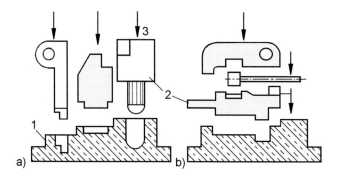

Bild 2-4
Montagefreundlicher Produktaufbau
a) Prinzip der Nestbauweise,
b) Schichtbauweise,
1 Montagebasisteil,
2 Fügeteil,
3 Fügerichtung

Zur Unterscheidung von Integral- und Differentialbauweise zeigt Bild 2-5 ein Beispiel. Es ist ein Stimmkamm, wie er in Spieluhren verwendet wird. Bei der Differentialbauweise werden die verschiedenen Stimmzungen einzeln hergestellt und dann präzise aufgenietet. Bei der Integralbauweise besteht der Stimmkamm aus einem Stück. Die Montage ist einfacher, die Reparaturfähigkeit einzelner Zungen aber nicht mehr gegeben.

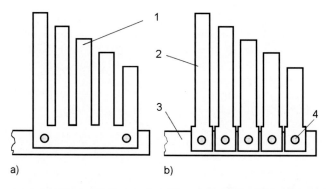

Bild 2-5
Integration entspricht dem Anliegen nach montagefreundlicher Gestaltung
a) Integralbauweise,
b) Differentialbauweise,
1 Stimmkamm,
2 Einzeltonzunge,
3 Basisteil,
4 Niet

Auch bei Konstruktionen, bei denen Fügeteile durch Einspreizen formpaarig verbunden werden, ist oft die Lösbarkeit der Verbindung im Reparaturfall nicht mehr vorhanden. Das Bild 2-6 zeigt das an einem Beispiel. Das Kugellager wird in das Basisteil eingelegt und dann durch ein Formstück aus Kunststoff zentriert und gesichert. Die Rastelemente sind für ein Entspreizen nicht mehr zugänglich. Eine unlösbare Verbindung ergibt sich auch, wenn das Kugellager bereits beim Spritzgießen als Einlegeteil integriert wird. Es entsteht in diesem Fall ein Verbundteil.

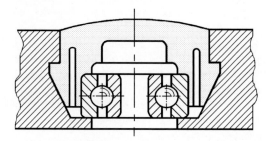

Bild 2-6
Befestigung eines Kugellagers durch federndes Einspreizen

Deutliche Erleichterungen ergeben sich bei der Montage, wenn es gelingt, die immer aus mehreren Teilen bestehenden Drehgelenke durch integrierte Materialgelenke (Filmgelenke) zu ersetzen. Gegenüber üblichen Scharnierteilen entfällt natürlich auch deren Befestigung an einem Grundkörper. Leistungsfähige Kunststoffe haben diese Möglichkeit besonders im Konsumgüterbereich (Feinwerktechnik) deutlich vorangebracht. Das Bild 2-7 zeigt eine biegeweiche und dennoch torsionssteife Konstruktion. Das Gelenk hat durch zwei um 90° versetzte Filmscharniere eine doppelkardanische Wirkung. Es ist allerdings nur für die Übertragung relativ kleiner Drehmomente einsetzbar.

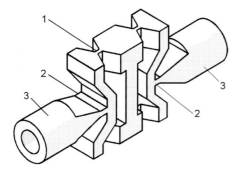

Bild 2-7
Durch Spritzgießen aus Polypropylen hergestellte Kupplung [2-3]
1 Filmgelenk,
2 winkelversetztes Filmgelenk,
3 Nabe

Ein bekanntes Beispiel sind auch die Gelenke in Falttüren. Oft gelingt es, durch solche Gelenke, einfache Produkte in Einteilgestaltung zu konzipieren. Das soll an den beiden in Bild 2-8 vorgestellten Beispielen deutlich gemacht werden. Eine Wäscheklammer besteht aus drei Teilen. Die Klemmfunktion lässt sich aber auch mit einem einzigen integrierten Kunststoffteil erreichen. Die Montage reduziert sich auf das Zusammenschnappen der Klammerschenkel. Ähnlich ist das bei dem Kabel- und Leitungshalter. Die Zuhalteklammer wird außerdem durch ein unverlierbares Element ersetzt.

Oft entstehen bei einer konstruktiven Überarbeitung des Produkts, beim so genannten „Redesign", Multifunktionsteile.

Ein weiteres Beispiel wird in Bild 2-9 vorgestellt. Es zeigt einen Konstruktionsvorschlag für eine Fahrrad-Felgenbremse, bei der eine monolithische Grundstruktur angestrebt wurde (Bild 2-9, rechts).

Die Beweglichkeit der Bremsarme wird durch Materialgelenke erreicht. Der Bowdenzug wird mittig angeschlossen. Die Struktur stellt außerdem ein Kniehebelgetriebe dar, was zur Erhöhung der Bremskraft zu Lasten des Betätigungsweges führt. Die Bremse wiegt nur 25 % einer gängigen metallenen Felgenbremse. Das Vergleichsmodell „Bit Bull" (links) ist allerdings auch bereits leichter als üblich und das Ergebnis einer montagetechnischen Überarbeitung (weniger Teile, reduzierte Fügerichtungen). Konstruktionen mit Materialgelenken reduzieren oft nicht nur die Produktmontage, sondern wie im Falle der monolithischen Felgenbremse auch die Anbaumontage.

Viele Produkte sind heute Varianten einer Produktlinie, die von einer Grundkonstruktion abgeleitet wurden, z. B. eine Baureihe von Kaffeemaschinen. Hier soll man eine Produktstruktur anstreben, bei der die variantenbestimmenden Baugruppen oder auch Einzelteile möglichst erst in der Endmontage einfließen. Bei Verkleidungsteilen, Blenden und Skalen, die das „Outfit" deutlich beeinflussen, ist das ohnehin so. Variantenprodukte gestaltet man so, dass sie auf einer Montageanlage ohne Umbau im Produkt-Mix gefertigt werden können. Eine ausgeklügelte Baugruppengestaltung ist hierfür Voraussetzung.

2.2 Strukturieren von Produkten

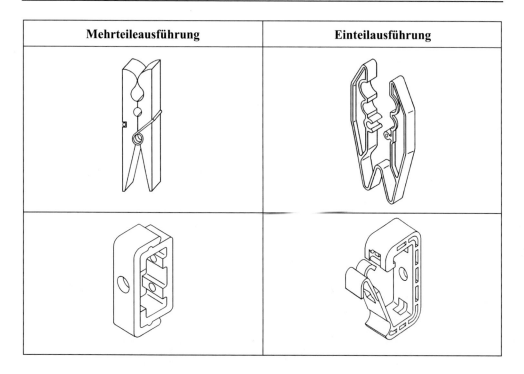

Bild 2-8   Redesign einfacher Massenprodukte

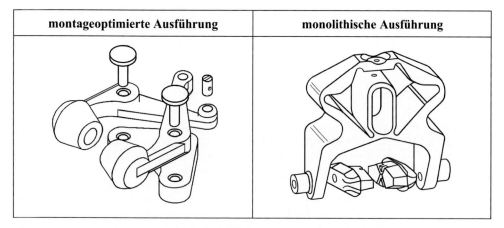

Bild 2-9   Redesign-Idee für eine Felgenbremse (modest, Suhl)

Für den Nutzer eines Produkts kann auch ein geringer Aufwand bei etwaigen Reparaturen und Wartungsarbeiten wichtig sein. Dies wird erreicht, indem man Einzelteile, Baugruppen oder Zukaufteile, die einem natürlichen Verschleiß unterliegen oder sogar als Verschleißteil ausgebildet wurden, in der Erzeugnisgliederung auf einer möglichst hohen Ebene ansiedelt. Dann sind nur wenige Teile zu demontieren, um einen Fehler zu beseitigen oder um Teile zu wechseln.

Mit der Verbundbauweise, können Bauteile realisiert werden, die aus einer unlösbaren Verbindung mehrerer Komponenten aus unterschiedlichen Werkstoffen bestehen. Typisch ist die Insert- und die Outsert-Technik. Bei der Insert-Technik Technik werden Metallteile mit Kunststoff umspritzt. Bekannt sind dafür in Kunststoff eingegossene Metallnaben, Gewindeeinsätze und Lagerbuchsen.

Das Prinzip der Outsert-Technik besteht darin, Funktionselemente aus Kunststoff an eine Metallplatine anzuspritzen. Das können Lager, Achsen, Federelemente, Schnapper, Stützen, Führungen usw. sein. Alle erforderlichen Elemente lassen sich in einem Arbeitsgang erzeugen. Die Outsert-Technik hat wesentlich dazu beigetragen, dass man bei einer Vielzahl elektronischer Konsumgüter in den letzten Jahren die Hälfte aller Bauteile einsparen konnte. In Bild 2-10 werden zwei Gestaltungsbeispiele gezeigt.

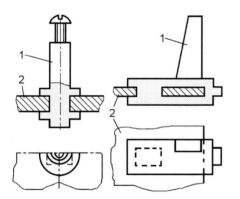

Bild 2-10
Beispiele für angespritzte Funktionselemente
in Outsert-Technik (Hoechst)
1 Kunststoffelement,
2 Metallplatine

2.3 Wege zum montagefreundlichen Design

Geht man davon aus, dass das zu montierende Produkt als fertige Konstruktion vorliegt, muss in mehreren Prüfschritten untersucht werden, ob es kostengünstig und qualitätsgerecht montiert werden kann. Werden Mängel festgestellt, müssen diese durch Rücksprachen mit dem Konstrukteur gemindert oder beseitigt werden. Nicht immer wird dabei eine Bestlösung erreicht. Man beginnt mit einer Einschätzung der Montagefreundlichkeit durch Bewertung der Teilebeschaffenheit, der Verbindungstechnik und der erforderlichen Montagevorgänge. Sind die montagetechnischen Schwachstellen erkannt, kann man daran gehen, Vorschläge zur Behebung der Mängel auszuarbeiten. Dann wird das Rationalisierungspotential (€ je Stück oder Jahr), das durch die Produktveränderung erreichbar ist, ermittelt. Zuletzt wird festgelegt, welche konstruktiven Veränderungen an Produkt, Baugruppe und Einzelteil unbedingt durchgeführt werden sollten [2-11] [2-12] [2-14].

Dabei hat sich folgende Vorgehensweise in der Praxis bewährt:

2.3 Wege zum montagefreundlichen Design

Schritt 1: Montageaufgabe vereinfachen!

Schwerpunkt ist die Verringerung der Teileanzahl und Teilevielfalt eines Produkts. Jedes eingesparte Teil erübrigt auch dessen Zuführung, Orientierung, Positionierung, Montage und Kontrolle. Das wirkt sich ganz erheblich auf den Investitionsbedarf für die Montageanlage aus. Vereinfachungen der Montageaufgabe werden meistens auch mit der Auswahl montagegünstiger Verbindungen erreicht. Zum Schritt 1 gehören:

Zusammenfassen von Funktionen durch Ausbildung von Multifunktionsteilen

Gleichteileverwendung konsequent durchsetzen (gleiche Bauelemente für verschiedene Funktionen)

Montagefamilien bilden. Je größer die Ähnlichkeit der Produkte in einer Montagefamilie ist, desto geringer sind die technischen Anforderungen an das zu konzipierende Montagesystem.

Schritt 2: Montageorganisation verbessern!

In diesem Schritt wird versucht, möglichst viele Zusammenbau-Alternativen für die Montageplanung offen zu lassen.

Ermögliche so weit wie möglich beliebige Montagereihenfolgen!

Vermeide möglichst Zwangsfolgen im Montageablauf!

Ermögliche viele eigenständige Baugruppen!

Schritt 3: Montagedurchführung erleichtern!

Es geht in diesem Schritt um das automatisierungsgerechte Gestalten der Bauelemente und Baugruppen. Dazu gehören solche Aktivitäten wie

Gestalte Bauelemente füge- und verbindungsgerecht!

Gestalte handhabungs- und greifgerecht!

Vermeide fügefremde Arbeiten!

Der Konstrukteur eines Produkts muss sich bewusst sein, dass die Fügeverfahren im Montageprozess von großer Bedeutung sind. Man strebt Verfahren an, die ein direktes Verbinden ohne zusätzliche Einzelteile oder Zusatzstoffe ermöglichen, z. B. federndes Einspreizen, wie es in Bild 2-11 gezeigt wird.

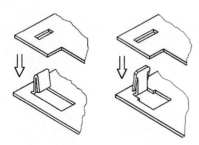

Bild 2-11
Beispiele für eine montagefreundliche und bewegungsarme Verbindung zweier Blechteile

Nicht immer geht es um neue Produkte. Oft existieren ältere Erzeugnisse, die sich auf dem Markt bewährt haben und die nun automatisch produziert werden sollen. Das ist in der Regel nicht möglich bzw. nicht kostengünstig machbar. Das Produkt muss konstruktiv überarbeitet werden. Das bezeichnet man, wie bereits erwähnt, als Redesign. Die Funktionsstruktur des

Produkts bleibt erhalten. Ansonsten ist die Überarbeitung ebenfalls in den Schritten 1 bis 3 vorzunehmen. Das Bild 2-12 zeigt ein Beispiel. In der alten Version steckt man die Lagerböcke auf die Schneckenwelle und vernietet dann die Böcke mit der Grundplatte. In der neuen Variante kommt man mit weniger Teilen aus und die Montage wird einfacher. Die Lagerstellen sind angebogen und der Knebel wurde bereits an die Schneckenwelle angespritzt, also vormontiert.

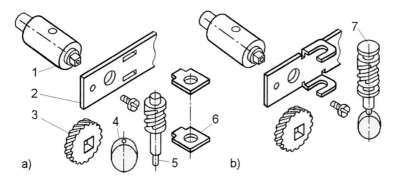

Bild 2-12 Redesign einer Gitarrenmechanik
a) alte Ausführung, b) überarbeitete Konstruktion, 1 Welle, 2 Grundplatte, 3 Schneckenrad, 4 Knebel, 5 Schneckenwelle, 6 Lagerbock, 7 vormontierte Schneckenwelle

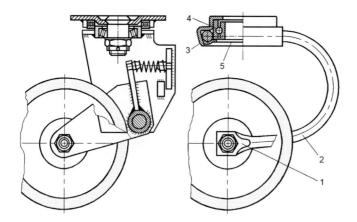

Bild 2-13 Redesign eines Bockrades (AS Rollen)
1 flach angepresste Fläche mit Loch, 2 Federstahldraht, 3 Halteschale, 4 Kopflager, 5 Bodendeckel

Vereinfacht wurde auch das in Bild 2-13 dargestellte Bockrad mit Federung. Haltegabel und Feder hat man hier zu einem Multifunktionsteil verschmolzen [2-5]. Kopfdrehlager und Federstahlschwinge werden durch zwei Teile aus Tiefziehblech miteinander verbunden. Die

2.3 Wege zum montagefreundlichen Design

Schwinge wird nur eingelegt und muss nicht mit zusätzlichen Teilen wie Schrauben oder Niete verbunden werden. Damit vereinfacht sich die Montage und das Produkt (rechts) weist weniger Einzelteile auf. Gleichzeitig wird es leichter und gewinnt an Ästhetik.

Die Analyse und Bewertung von Produkten ist nicht einfach, weil nicht ohne weiteres feststellbar bzw. quantifizierbar ist, welche Eigenschaften, Bedingungen und Veränderungen an einem Objekt günstig und wirklicher Fortschritt sind. Beim Entwurf des Produkts werden ziemlich genaue Kenntnisse über die technologischen Möglichkeiten und Grenzen der Fertigungsverfahren und -mittel sowie über Kostenrelationen zwischen konkurrierenden Fertigungsmöglichkeiten vorausgesetzt. Zur Beurteilung werden Bewertungskriterien aufgestellt, nach denen man den Istzustand bzw. die Lösungsvarianten einschätzt. Nimmt man die Kosten hinzu, kann man sich an eine optimale Lösung herantasten. Zu beantworten ist letztlich stets die Frage: Was kostet das Teil (Wertanalyse), bis es seine Funktion nach durchgeführter Montage erfüllt?

Kriterien für eine Analyse kann man in allgemeine und spezifische einteilen. Die allgemeinen Kriterien haben Grundsatzcharakter, während die spezifischen mehr den Eigenheiten einer speziellen Produktgruppe angepasst sind. Man kann natürlich auch noch andere Kriterien hinzunehmen, z. B. den Grad der Erfüllung von Kundenwünschen.

Allgemeine Fragestellungen

1. Ist die automatische Zuführung der Komponenten möglich? Teile, die mit dem Roboter gefügt werden sollen, müssen fest und steif sein.
2. Wurde ein Montagebasisteil ausgebildet? Es sollte das größte und stabilste Teil sein.
3. Wurde bereits das Minimum an Montagerichtungen erreicht?
4. Hat man die kleinstmögliche Teileanzahl schon erreicht?
5. Haben die Arbeitsoperationen annähernd gleiche Zeitdauer?
6. Kommt man mit einem einzigen Montagesystem aus?
7. Enthält die Montageeinheit Baugruppen niederer Ordnung?
8. Haben die Fügewerkzeuge geradlinigen Zutritt zur Fügestelle?
9. Verbleiben noch manuelle Operationen beim Fügen und Justieren?
10. Ist das Fügeverfahren überhaupt automatisierungsfähig?
11. Lassen sich Sonderteile durch Wiederhol- oder Normteile ersetzen?
12. Ist der Freiraum an der Fügestelle für Werkzeuge ausreichend groß (Kollisionsanalyse vornehmen)?

Wird noch von Hand montiert, muss man Montageirrtümern durch fehlersicheres Design vorbeugen. Dazu gehören u. a. deutlich lesbare Labelaufschriften auf Bauteilen, Erzwingen der seitenrichtigen Lage von Teilen, Verhindern der weiteren Montage, wenn Teile vergessen wurden.

Spezifische Fragestellungen

1. Lassen sich die Teile gut ordnen bzw. geordnet beziehen? Symmetrische Teile und Teile als Quasifließgut sind leichter handhabbar.
2. Sind Werkstoffe eingesetzt, die biegeschlaffe Teile zur Folge haben?

3 Wird die Fügefähigkeit Kollisionsanalyse durch Fügehilfen unterstützt?
4 Weisen die Fügeteile ein konstantes Qualitätsniveau auf? Werden sie zu 100 % geprüft angeliefert?
5 Werden für die Montage spezielle Vorrichtungen gebraucht?
6 Ist die Fügestelle in geeigneter Weise toleriert?
7 Wurde der gleichzeitige Formschluss (Anschnäbeln) an mehreren Fügestellen (Überbestimmung) vermieden (Bild 2-14)?
8 Weisen die Bauteile definierte Griffstellen auf?
9 Lassen sich Justageoperationen vereinfachen oder vermeiden?
10 Lassen sich Summentoleranzen verkleinern und Teile grobtolerant fertigen?
11 Können variantenabhängige Teile sicher identifiziert werden?
12 Lassen sich spiegelbildliche Teile vermeiden, d. h. vereinheitlichen?
13 Verfügt das Bauteil außer kritischen Oberflächen (solche die gepaart werden und eine Funktion haben) auch über freie Flächen ohne Funktion, an denen es gespannt und gegriffen werden kann?

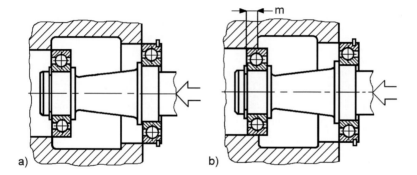

Bild 2-14 Das gleichzeitige Anschnäbeln an zwei Fügestellen ist zu vermeiden. Dazu sind die Abmessungen entsprechend abzustimmen. In der neuen Lösung wurde das Differenzmaß m wirksam gemacht.
a) unzweckmäßige Gestaltung, b) richtige Längenabstimmung

Zur quantitativen Bewertung der Montagefreundlichkeit hat man verschiedene Methoden entwickelt, die aber teilweise in der Vorbereitung aufwändig sind (z. B. Studium eines Handbuchs). Die wichtigsten Methoden sollen aufgeführt werden:

Hitachi-Methode (Assemblability Evaluation); Punktebewertung und Einbeziehung geschätzter Relationskosten [2-1, 2-6]

Boothroyd-Dewhurst-Methode (Design for Assembly Analysis); Entscheidung über Montageniveau, dann Analyse und Verbesserung von Baugruppen und Produkt [2-6]

Lucas-Methode; relative Bewertung an Hand eines Flussbildes; Gestaltungs-, Zuführ- und Montageeffektivität werden berücksichtigt [2-6]

Erweiterte ABC-Analyse; Punktebewertung an Hand eines Bewertungsbogens [2-7]

Fügestellenbewertung mit Hilfe von Systemen vorbestimmter Zeiten

2.3 Wege zum montagefreundlichen Design

Werden konstruktive Alternativen an der Zeit für den Fügevorgang gemessen, muss eine Verbindung zu den entstehenden Kosten hergestellt werden. Die Kostenerhöhungen (Werkstoff, Bearbeitung, Behandlung) müssen kleiner sein als die Kostensenkungen, die sich aus einem montagefreundlichen Design ergeben würden. Solche Bewertungen müssen rechnerunterstützt mit CAD-Systemen durchgeführt werden, die entsprechende Programmbausteine enthalten [2-4]. Zeigen sich nach einer Bewertung ungenügende Fortschritte, muss weiter nach Lösungen gesucht werden. Richtlinien und Regelsammlungen können dann als Ansatz für die weitere Arbeit dienen. Regeln haben empfehlenden Charakter und werden immer aus praktischen Erfahrungen abgeleitet. Man kann dabei vom Prozess ausgehen, aber auch von den Bestandteilen des Produkts. Die folgenden Empfehlungen können hierbei hilfreich sein.

Einzelteilgestaltung

1. Integriere Komponenten in andere Funktionsträger was zu einer Reduzierung der Teileanzahl führt!
2. Vermeide oder erleichtere Orientierungsvorgänge durch gut erfassbare Merkmale in der Außenkontur!
3. Erleichtere das automatische Weitergeben (Transportieren) durch eindeutige und stabile Lagen!
4. Unterstütze das Zusammenstecken von Komponenten durch Einführschrägen und Zentrierabsätze!
5. Wähle Verbindungsmittel, die automatisch montiert werden können!
6. Verwende Fließgut (Band) vor Stückgut (Einzelteile) weil dadurch die Handhabung einfacher wird!
7. Verwende Standard- bzw. Normteile und diese in möglichst wenigen Abmessungen!
8. Vermeide Wirrteile, die sich im Haufwerk verhaken oder ineinandersetzen!
9. Präge Führungsflächen so aus, dass sicheres automatisches Zuführen gewährleistet ist!
10. Vermeide Bauteile mit extremen Massen, Abmessungen und bizarren Formelementen sowie biegeweiche elastisch und plastisch verformbare Einzelteile!
11. Bilde einfache und gut zugängliche Griffstellen und Griffpunkte aus!
12. Schränke die Vielfalt unterschiedlicher Abmessungen und Teilearten ein!

Baugruppengestaltung

1. Vermeide separate Verbindungsmittel und integriere sie in Einzelteile und Baugruppen oder fasse sie zusammen!
2. Vermeide unnötig enge Toleranzen!
3. Strebe einfache Bewegungsmuster für das Fügen an!
4. Gestalte prüf- und testfreundliche Baugruppen!
5. Strebe nach rationellen Verbindungsverfahren wie z. B. Snap-in-Verbindungen!
6. Gestalte Wiederholbaugruppen mit vereinheitlichten mechanischen Schnittstellen!

Baugruppengestaltung
7 Bevorzuge den einstufigen Produktaufbau!
8 Reduziere die Anzahl von Fügestellen!
9 Reduziere die Teileanzahl!
10 Vermeide fügefremde Arbeitsvorgänge in der Montage!

Produktgestaltung
1 Vermeide unnötige Produktfunktionen und damit Montageoperationen!
2 Wähle eine günstige Produktstruktur, z. B. die Schicht- oder Nestbauweise!
3 Gestalte ein montagegünstiges Basisteil!
4 Gliedere in eigenständige Baugruppen!
5 Vermeide Justiervorgänge!
6 Strebe das Baukastenprinzip an!
7 Gestalte demontage- und recyclingfreundlich!
8 Erleichtere die Herausbildung von Produktvarianten!
9 Gestalte verpackungs- und transportfreundlich!
10 Gestalte roboter- bzw. greiffreundlich!

2.4 Probleme mit Toleranzen

Bauelemente, Werkstückträger und Montagevorrichtungen sind toleranzbehaftet und das führt beim Positionieren in einer Montagestation zu mehr oder weniger großen Positionierfehlern. Damit das Fügen trotzdem störungsfrei ablaufen kann, sind z. B. Fügehilfen erforderlich. Das Bild 2-15 zeigt einige Beispiele.

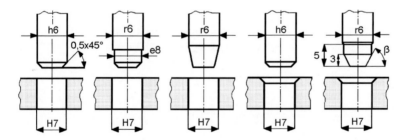

Bild 2-15 Fügeschrägen und Fügeabsätze kompensieren Positionierfehler
Winkel $\beta = 60°$ bis $75°$

Die Fügepartner können in den Passmaßen selbst Maßabweichungen aufweisen, die eine vorgegebene Passung in Frage stellen. Durch Aneinanderreihen von Bauelementen können sich die Einzeltoleranzen derart addieren, dass die Fügbarkeit nicht mehr gegeben ist oder die

2.4 Probleme mit Toleranzen

Funktion im Produkt nicht erreicht wird. Auch die Möglichkeit zur Reparatur darf nicht beschnitten sein. Die Vergabe von Toleranzen kann also ganz entscheidende Auswirkungen haben. Deshalb müssen Toleranzen überprüft werden.

Toleranzen können so festgelegt werden, dass eine vollständige oder unvollständige Austauschbarkeit der Bauteile gegeben ist [2-8]. Vollständige Austauschbarkeit (Berechnung nach der Maximum-Minimum-Methode) bedeutet, dass man wahllos die Teile verwenden kann und ohne Anpassarbeiten oder sonstige Kunstgriffe die Funktion der Montageeinheit erreicht. Es dürfen allerdings keine „schlechten" Teile dabei sein, die außerhalb zulässiger Grenzen liegen. Die Minimum-Maximum-Methode wird vor allem bei kurzgliedrigen Toleranzketten in der Großserien- und Massenfertigung angewendet.

Bei unvollständiger Austauschbarkeit ist das anders. Eine funktionsgerechte Paarung der Fügepartner ist prinzipiell nur möglich, wenn zusätzliche Leistungen erbracht werden (Sortieren der Fügeteile nach Toleranzgruppen, Kompensieren unzulässiger Summentoleranzen) oder man ist damit zufrieden, dass die verlangten Funktionseigenschaften nur mit einer bestimmten Wahrscheinlichkeit erreicht werden (Wahrscheinlichkeitstheoretische Methode). Mit der Tolerierung kann der Konstrukteur die Wirtschaftlichkeit der Montage positiv oder negativ beeinflussen. Zu enge Toleranzen führen in der Montage immer zu Problemen.

Bei der Kompensationsmethode wird die Genauigkeit der Schließtoleranz einer Toleranzkette durch ein Kompensationsglied erreicht. Dazu sind in Bild 2-16 einige Beispiele dargestellt. Ein Weg ist das maßliche Verändern (Passen), d.h. der Bund des Lagerdeckels wird an der Passzugabe nachgearbeitet. Dabei fällt natürlich zusätzlicher Messaufwand an. Man kann aber auch aus einer Menge dickengestufter Passscheiben eine auswählen, die genau die ausgemessene Lücke füllt. Solche Scheiben oder auch andere „Füllkörper" werden als Kompensatoren bezeichnet. Die Automatisierbarkeit des Vorgangs ist zwar gelegentlich gegeben, aber trotzdem fällt ein hoher technischer und zeitlicher Aufwand an. Deshalb ist die Lösung nach Bild 2-16c zu bevorzugen. Der Lagerdeckel spannt das Kugellager gegen einen Sicherungsring. Die Maßtoleranzen werden vom Luftspalt zwischen Deckel und Gehäuse aufgefangen.

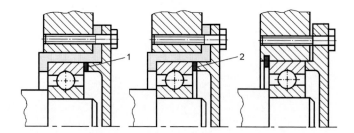

Bild 2-16 Möglichkeiten zur Erreichung der Funktionstoleranz
a) überbestimmte Lösung mit Toleranzausgleich durch Materialzugabe 1 zur Anpassung,
b) Verwendung von standardisierten Passscheiben 2,
c) Vermeidung jeglicher Anpassung durch Spannen

Bisher wurden nur Maßtoleranzen besprochen. Aber auch Formtoleranzen oder andere Abweichungen vom Sollzustand (z. B. Verunreinigungen) können in der Montage zu empfindlichen Störungen führen. Die Produktionsverfahren für die Einzelteile haben bestimmte Eigenheiten, die sich hauptsächlich im Bereich der Zuführung und der Aufnahme von Werkstücken in Werkstückträgern auswirken. Das sind z. B. folgende Werkstückgruppen:

Stanzteile	⇒ Grat, Durchwölbung
Biegeteile	⇒ Winkelungenauigkeiten durch Rückfederung
Porzellanteile	⇒ Maß- und Formtoleranzen
Gussteile	⇒ Verzug, Versatzkanten
Kunststoff-Spritzteile	⇒ Verzug, statische Aufladung
Gummiformteile	⇒ Gummihaut an Formtrennstellen
Holzteile	⇒ abstehende Fasern, Verwindung (Drehwuchs)

Bei solchen Teilen muss sorgfältig analysiert werden, welche Mängel am Teil auftreten und wie man bei der Zuführung die Werkstückflusskanäle gegen Abweichungen vom Sollzustand immunisieren kann. Meistens sind hier entsprechende Versuche erforderlich.

Ein montagebegleitender Vorgang kann das Justieren sein. Justieren ist in der Montage ein zusätzlicher Fertigungsschritt, der dem Ausgleich von Abweichungen dient, die hauptsächlich durch Unvollkommenheiten in vorangegangenen Arbeitsvorgängen zustande gekommen sind. Die Abweichungen können sich auf Masse, Form, Größe, elektrischen Widerstand u. a. beziehen. Ein Ausgleich ist durch Auswählen (Hinzufügen oder Entfernen von Passteilen), durch Einstellen (Verändern der geometrischen Anordnung von Fügepartnern) und durch Anpassen (Verändern von Merkmalen) erreichbar.

ungünstig	besser	Bemerkung
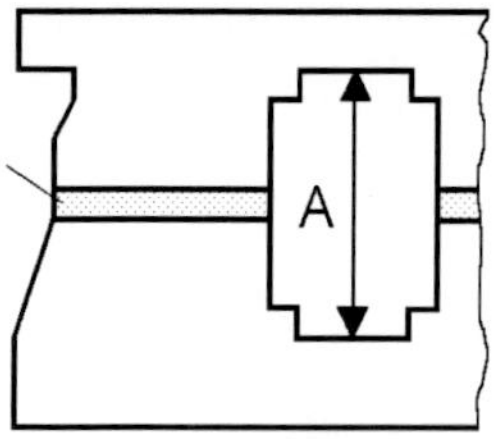	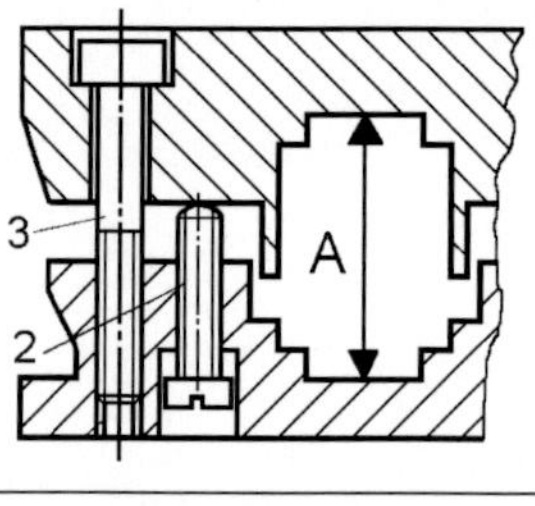	Der genaue Abstand A kann aufwändig durch einen Kompensator (1) (Passstück) eingerichtet werden. Einfacher ist eine Einstellung mit Hilfe einer Stell- (2) und Klemmschraube (3).
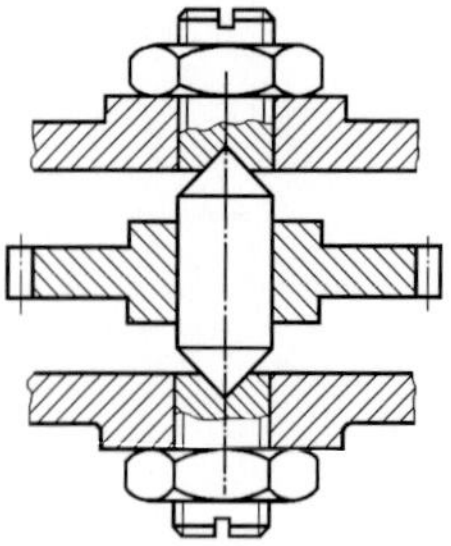	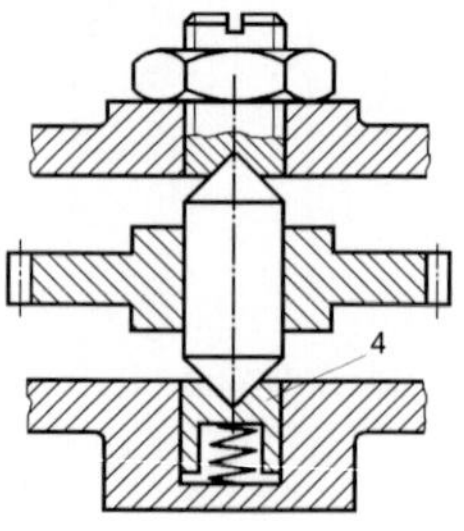	Die Spitzenlagerung lässt sich mit Schraubenteilen nur zeitaufwändig einstellen. Ein federnder Kompensator (4) vereinfacht das und sichert außerdem eine spielfreie Achsenlagerung.

Bild 2-17 Erleichterung von Einstellarbeiten

Zuerst ist zu prüfen, ob sich das Justieren vermeiden lässt. Ist das nicht gegeben, dann wird versucht, die Justage zu vereinfachen. In Bild 2-17 wird ein Beispiel für die Einstellmethode gezeigt. Die Konstruktion sieht anstelle eines Passstücks Stellschrauben vor. Allerdings werden dadurch die Einstellarbeiten nicht automatisierungsfreundlicher. Im zweiten Beispiel wird die Einstellung des Spiels bei einer Spitzenlagerung nicht mehr erforderlich, weil die Druckfeder ausgleichend wirkt.

2.5 Gestaltungsbeispiele

Bildhafte Beispiele prägen sich besonders gut ein und tragen dazu bei, einen „siebten Sinn" für montagefreundliches Gestalten herauszubilden. Das kann natürlich nur ausschnittweise erfolgen und es schließt auch nicht aus, dass es noch bessere Lösungen gibt.

2.5.1 Gestaltungsbereich Einzelteil

Gestaltungsregeln für Einzelteile orientieren sich vor allem an Erleichterungen für das Handhaben, Greifen, Spannen bzw. Aufnehmen, das richtige Tolerieren sowie dem Unterstützen von Fügeverrichtungen. Das Bild 2-18 zeigt einige Beispiele, bei denen Wert auf eine Vergröberung der Fügetoleranzen gelegt wurde.

ungünstig	besser	Bemerkung
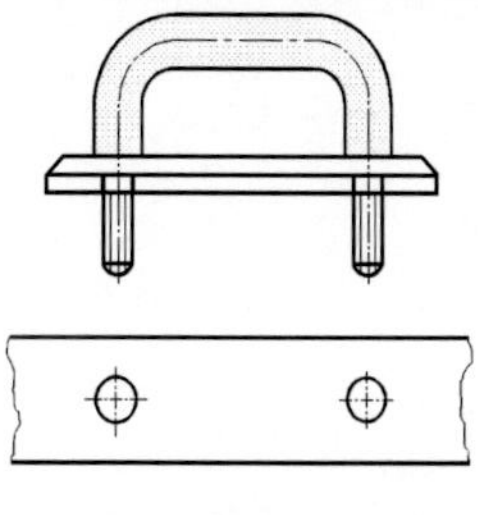	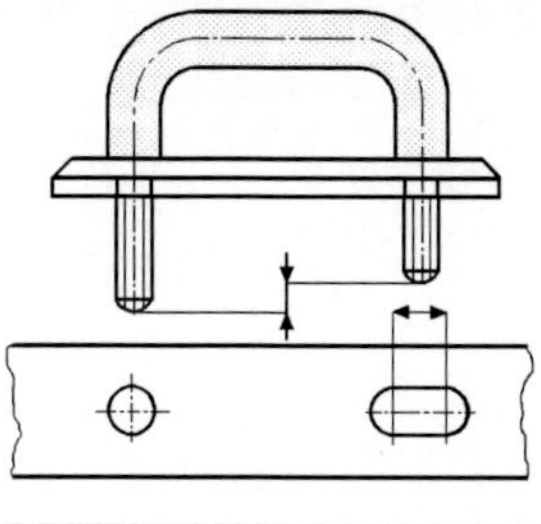	In der verbesserten Gestaltung ist der Bohrungsabstand im Basisteil gröber toleriert. Außerdem hat man ein Gewindestück gekürzt, damit beim Fügen nicht beide gleichzeitig anschnäbeln.
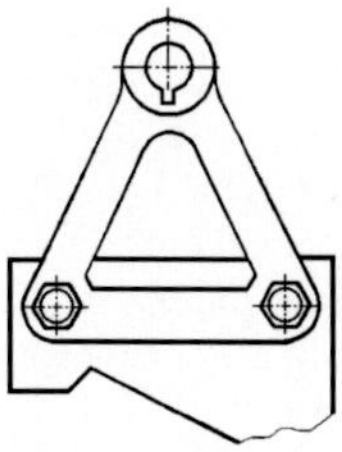	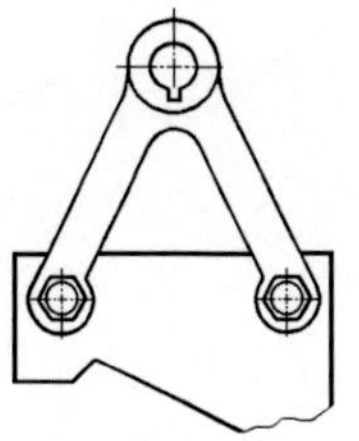	Das starre Lagerschild erfordert einen genauen Bohrungsabstand. In der offenen Ausführung können die Arme bei Verwendung geeigneter Werkstoffe notfalls etwas nachgeben.

Bild 2-18   Unnötig enge Fügetoleranzen vermeiden

Einzelteile sollen erkennungsgerecht gestaltet sein, d. h. die Orientierung soll beim Ordnen oder beim Montieren auf einfache Weise erreicht werden. Da können zusätzliche, gut erfassbare Merkmale ein großer Vorteil sein. Das Bild 2-19 zeigt dazu Beispiele. Die Skalenblende erhält eine Nase oder Aussparung, die die Orientierung zum Skalenbild markiert. Neuerdings werden auch neutrale Bedienelemente, Tasten u. a. eingebaut und erst nach der Montage mit dem Laserstrahl beschriftet. Das erspart die Magazinierung und Vorratshaltung vieler Bauteile, die sich lediglich durch andere Aufschriften unterscheiden. Außerdem wird das Orientieren beim Fügen deutlich erleichtert.

Im zweiten Beispiel hat das Zahnrad einen Steg bekommen, der genau mit der Verzahnung übereinstimmt. Damit kann bei der Getriebemontage die Zahnlücke durch definiertes Drehen am Steg leicht gefunden werden. Das geht auch mit eigens dafür eingebrachten Bohrungen.

ungünstig	besser	Bemerkung
		Die Messgeräteblende erhält eine Aussparung, die beim Bedrucken und Fügen zur Fixierung benutzt wird.
		Die Zuordnung eines zusätzlichen und tastbaren Merkmals (Steg, Bohrung, Stift, Doppelstift) zur Verzahnung erleichtert den automatischen Zusammenbau eines Getriebes.

Bild 2-19 Erleichtere das Orientieren von Bauteilen

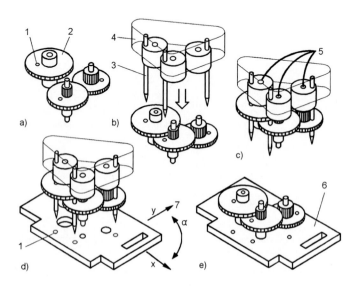

Bild 2-20
Fügen kleiner Zahnräder zu einem Getriebe
a) Fügeteil,
b) Greifkopf mit Zentrier- und Suchstiften,
c) Aufnehmen der Fügeteile und Halten mit Saugluft (Vormontage),
d) Anfahren des Montagebasisteils,
e) fertige Baugruppe,
1 Suchbohrung,
2 Fügeteil, Stirnrad,
3 Zentriernadel,
4 Greifkopf,
5 Saugluftanschluss,
6 Trägerplatte, luftgelagert,
7 Beweglichkeit des Montagebasisteils

2.5 Gestaltungsbeispiele

Das Prinzip eines Greifkopfes, mit dem bereits beim Aufnehmen der Zahnräder Zahn und Zahnlücke gepaart werden, wird in Bild 2-20 dargestellt (nach Höhn). Die Zentriernadeln drehen sich im Kreis, bis die Suchbohrung gefunden ist. Die Räder des kleinen Getriebes werden mit Saugluft am Greifer gehalten. Das vorgefügte Räderwerk wird dann in die Platine eingesetzt. Dabei dienen die Nadeln nochmals als Suchelement und stellen die Zuordnung des Greifers zur Platine sicher. Die Lösung mit Zentriernadeln arbeitet rein mechanisch und erspart aufwändige Sensorik.

Bei der Beurteilung der Montagefreundlichkeit der Einzelteile muss immer ihre Funktion im Erzeugnis beachtet werden. Es gibt oft gute Möglichkeiten zur Ausbildung von Multifunktionsteilen. Das ist immer gleichbedeutend mit einer Einsparung von Teilen. Der Werdegang einer solchen Verschmelzung wird in Bild 2-21 gezeigt. Im Ausgangszustand wurde die Formfeder an einen Schlossschieber angenietet. Man kann aber auch eine Bandfeder von der Rolle formen, abschneiden und durch Kerben im vorbereiteten Schlitz befestigen. Die Feder ist dann leicht handhabbares Fließgut. Die vollständige Integration gelingt, wenn die Elastizität des Werkstoffs ausgenutzt wird, um die Funktion einer Federwirkung zu erreichen. Damit ist dann eine Einteilgestaltung erreicht. Allerdings ist das mit einem Umstieg auf einen anderen Werkstoff verbunden, der meistens ein leistungsfähiger Kunststoff ist.

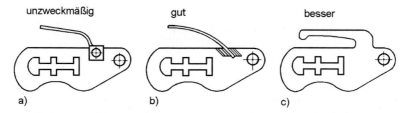

Bild 2-21 Design-Varianten einer Baugruppe
a) Formfeder, b) Bandfeder aus Fließgut, c) Integralfeder

Sind Verschraubungen herzustellen, dann sollte man nochmals die Schraubverbindung einer Prüfung unterziehen. Folgende Fragen müssen beantwortet werden:

Muss die Schraube erhalten bleiben oder kann sie z. B. durch Schnappverbindungen ersetzt werden?

Ist eine mehrteilige Schraubverbindung (Schraube, Scheibe, Federring, Mutter) erforderlich?

Kann die Schraube in den Abmessungen und in der Kopfgestaltung mit anderen im Produkt bereits verbundenen Schrauben vereinheitlicht werden?

Wurde das Länge-Durchmesser-Verhältnis so gewählt, dass sich die Schrauben im Zuführkanal nicht überschlagen können?

Ist der Antrieb des Schraubenkopfes automatisierungsfreundlich? Schrauben mit geschlitztem Kopf sind zu vermeiden!

Bei der Auswahl von Schrauben muss beachtet werden, dass sich die Schraube nicht im Schraubermundstück verklemmt oder überschlägt, insbesondere im Kreuzungspunkt von Zuführschlauch und Schrauberspindel (Bild 2-22a). Die etwas längere Schraube kann den neuralgischen Punkt besser passieren [2-9]. Für sehr kleine Schrauben und solche mit ungünstigen

Länge-Durchmesser-Verhältnis gibt es Schraubenstangen. Aus einzelnen Schrauben wurde Quasifließgut gemacht. Wird beim Einschrauben das Anzugsmoment erreicht, würgt es die Schraube am Kopf ab. Schraubenstangen werden hauptsächlich in der Handmontage mit dem Handschrauber verwendet. Die Schrauben können aus Stahl, Messing oder Edelstahl sein, mit Gewindegrößen M1, M1,5, M2 bis M4 und Gewindelängen L von 1,5 bis 8 mm. Die Kopf höhe kann 0,64 mm bis 1,5 mm sein.

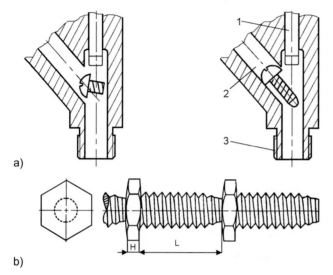

Bild 2-22
Beispiele für zuführfreundliche Schrauben
a) Lange Schrauben lassen sich besser zu führen,
b) Schraubenstab (Koenig Verbindungstechnik),
1 Schraubendreher,
2 Zuführkanal,
3 Mundstückanschluss

Außer der Länge sind die Schraubenantriebsformen und die Gestaltung des Anfädelbereiches wichtig. In der Automobilindustrie werden automatisierungsfreundliche Schrauben eingesetzt, die mehrere integrierte Funktionselemente aufweisen. Diese Schraubenausführung wird in Bild 2-23a und c vorgestellt. Fügespitze und zylindrischer Schaft vor dem Gewindeanfang gleichen Fügetoleranzen aus. Die Schrauben werden zu 100 % geprüft angeliefert und lassen sich in Schläuchen über eine Entfernung bis zu 20 Meter pneumatisch zuschießen.

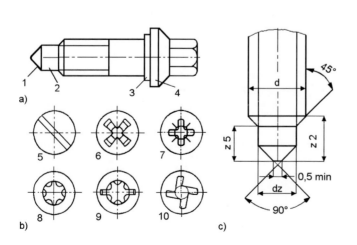

Bild 2-23
Kleinschraubenformen
a) automatisierungsfreundliche Schraubenform,
b) verschiedene Schraubenantriebsformen,
c) Gestaltung des Anfädelbereiches,
1 Fügespitze,
2 Ausrichtzylinder,
3 abgesetzter Spiegel,
4 angestauchte Scheibe,
5 Schlitz,
6 Phillips
   (DIN 7962, DIN 7985),
7 Pozidriv,
8 Innentorx,
9 Kombi-TORX
10 TORQ-Set

2.5 Gestaltungsbeispiele

Für den Anfädelbereich für Schrauben nach Bild 2-23a sind folgende Abmessungen festgelegt:

d	M6	M7	M8	M10	M12	M14
dz	4,5	5,4	6	7,6	9,2	11
z2	3	3,5	4	5	6	7
z5 ± 0,5	1,75	2,25	2,5	3	3,5	4

Für die Automatisierung sind weiterhin verschiedene Schraubenantriebsformen entwickelt worden (Bild 2-22b). Der Fehleranteil durch Wegspringen der Schrauberklinge ist bei den Schlitzschrauben am größten. Jede Störung bedeutet aber Unterbrechung des Montageablaufs. Deshalb wurden andere Antriebsformen entwickelt, die eine zuverlässigere und schnellere Kopplung mit dem Schraubbit gewährleisten [2-10].

Der Phillips-Kreuzschlitz wurde schon vor etwa 50 Jahren in den USA erfunden, der Torx-Antrieb ist etwa 25 Jahre alt (USA) und den Pozidriv-Kreuzschlitz kennt man ebenfalls schon 35 Jahre. Er weist einen etwas geringeren Camout-Effekt aus.

Camout: Ungewolltes Herausgleiten und Überrasten der Schrauberklinge im Schrauben antrieb, z. B. einem Kreuzschlitz. Ursachen liegen in Antriebsart (Schraubenkopf), Vorschubkraft, Drehmoment und Winkelabweichungen zur Schraubenachse.

ungünstig	besser	Bemerkung
		Außen angebrachte Formelemente erleichtern das Orientieren. Sie sollten mehrfach (zwei parallele Flächen) oder umlaufend vorhanden sein.
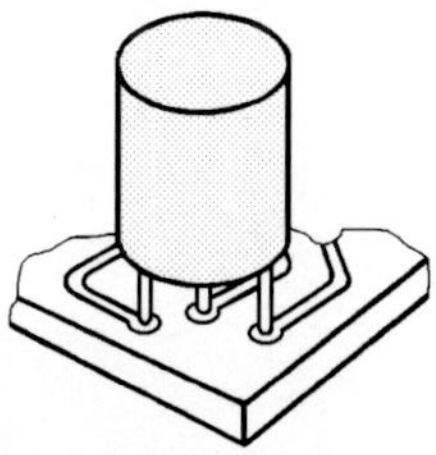		Beim gleichzeitigen Fügen mehrerer Anschlussdrähte ist ein Merkmal am elektronischen Bauelement eine zeitsparende Hilfe.
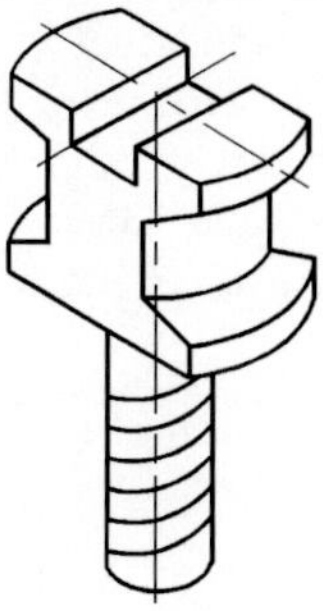	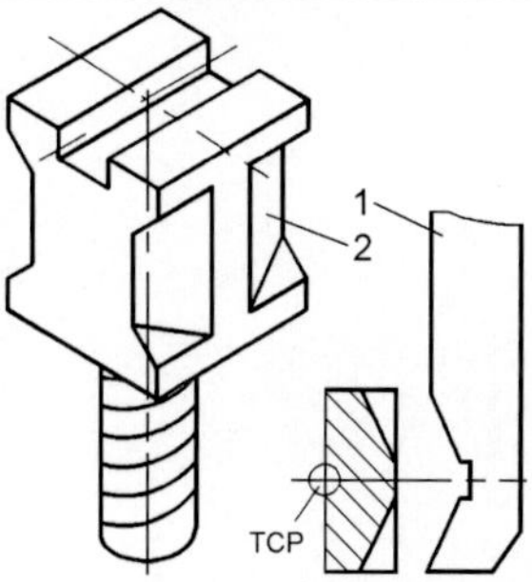	Ein Greifadapter an einer Flachpalette oder an einem anderen Bauteil sollte so gestaltet werden, dass Griff- und Greiffläche auch eine Fixierung der Drehlage gewährleisten. 1 Greifeinrichtung, 2 Griffstelle

Bild 2-24 Beispiele für eine handhabungsfreundliche Gestaltung

Viele Details einer handhabungsfreundlichen Gestaltung zielen darauf ab, das Orientieren (Ordnen) eines Einzelteils zu vereinfachen. Dazu werden in Bild 2-24 einige Beispiele vorgestellt. Es ist besser, wenn ein Nebenformelement umlaufend ist. Das führt zur Symmetrie und macht ein Orientieren um die eigene Achse unnötig. Im zweiten Beispiel wurde ein zusätzliches Merkmal geschaffen, nach dem man die Anschlussdrähte des elektrischen Bauelements ausrichten kann. Greifgünstiges Gestalten (2-24c) zielt darauf ab, durch geschickte Wahl von Nebenformelementen den Greifvorgang sicherer zu machen. Im Beispiel wird das Werkstück beim Greifen nicht nur auf Greifermitte zentriert, sondern auch im Drehwinkel ausgerichtet.

2.5.2 Gestaltungsbereich Baugruppe

Baugruppen sind geometrisch bestimmte Gebilde, die durch Fügen von mindestens zwei Einzelteilen entstanden sind und in eine Montageeinheit höherer Wertigkeit eingehen. Gestaltungsbeispiele enthalten dazu die Bilder 2-25 bis 2-27. Das Bild 2-25 zeigt einige Schnappverbindungen, die sich besonders im Konsumgüter-Bereich sehr bewährt haben.

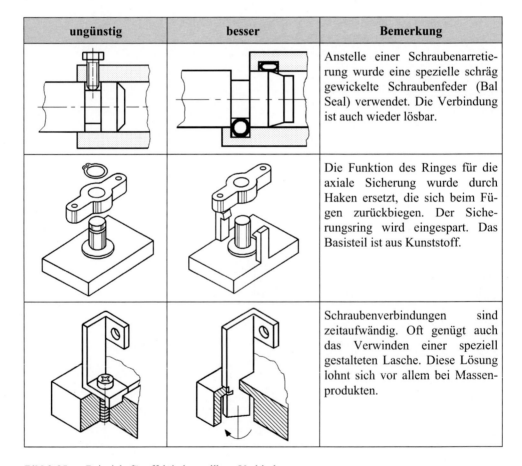

Bild 2-25 Beispiele für effektiv herstellbare Verbindungen

2.5 Gestaltungsbeispiele

Das Bild 2-26 zeigt verschiedene Beispiele zur Verbesserung des Positionierverhaltens. Ein definiertes stabiles Verhalten während der Montage lässt sich durch maßliche Abstimmung und Ausbildung von Formelementen erreichen. Es ist immer gut, wenn sich mehrere Fügeteile aneinander ausrichten können.

ungünstig	besser	Bemerkung
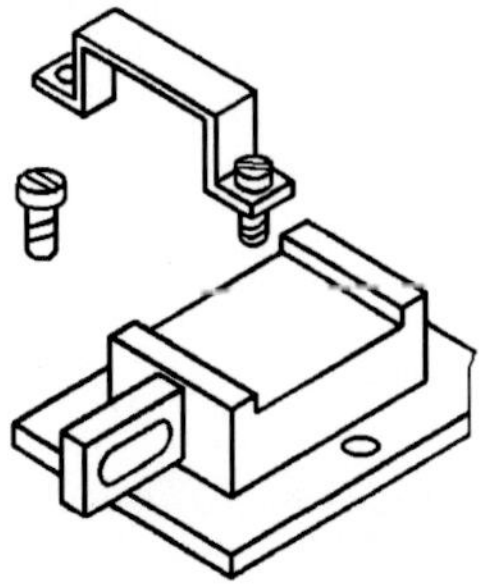	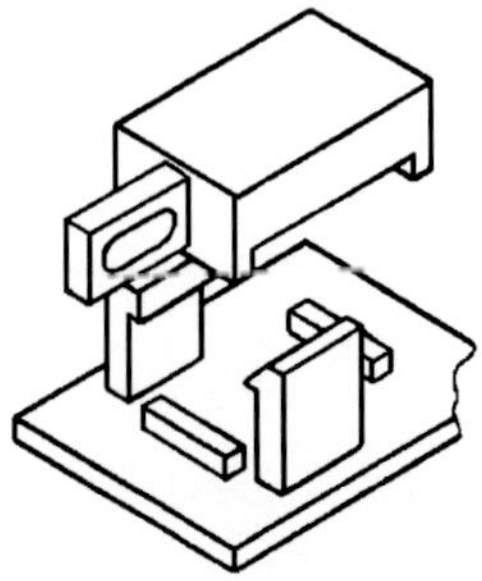	Die Fixierung eines Schiebers kann mit weniger Teilen erreicht werden, wenn man Schnapphaken anbringt. Gleichzeitig wirken die Einführschrägen am Schnapphaken zentrierend.
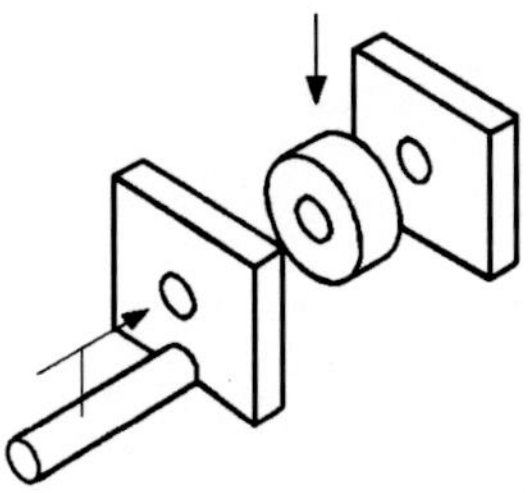	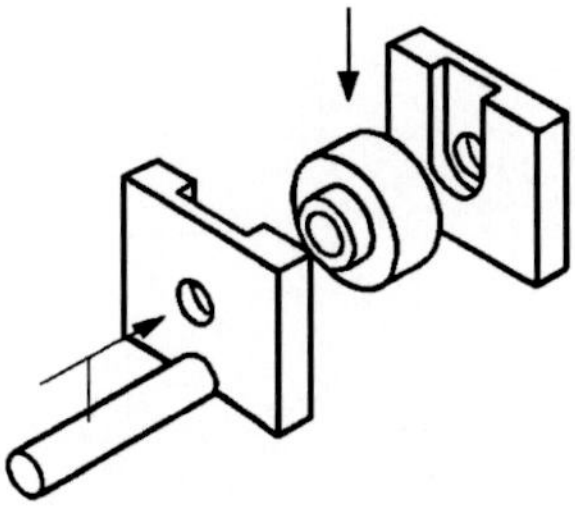	Gezielt eingebrachte Nebenformelemente erleichtern das Fügen der Achse, weil sich die Fügepartner zueinander ausrichten können. In der Darstellung sind die Elemente zeichnerisch auseinandergerückt.
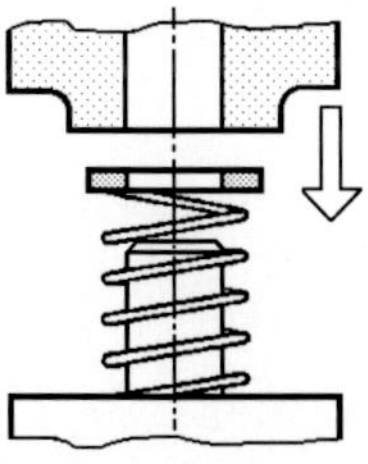	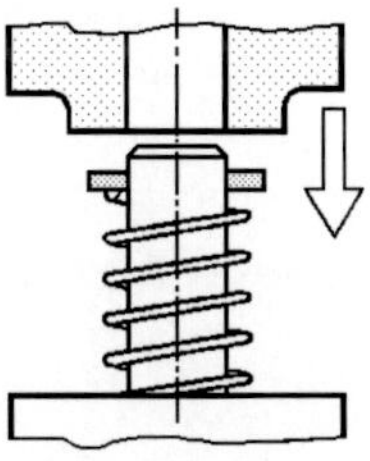	Bevor der Montagevorgang abläuft, müssen die Fügeteile in eine genaue Position gebracht werden. Ausreichende Länge des Führungsbolzens macht den Vorgang sicherer und ermöglicht die Zentrierung der Scheibe.

Bild 2-26 Ausricht- und Zentrierelemente erleichtern die Bauteilepositionierung

Oft wird ungenügend beachtet, dass Fügewerkzeuge, z. B. ein Schraubermundstück, an der Fügestelle Freiraum brauchen. Man kann hier die „Störkantenkontur" der Werkzeuge feststellen und mit der Situation an den Fügestellen vergleichen. Im Beispiel nach Bild 2-27 oben wurden die Schraubstellen gedreht und gleichzeitig hochgelegt. Die anderen Beispiele zeigen, wie man das gegenseitige Zentrieren von Teilen unterstützen kann und wie man verschiedene Fügerichtungen vermeidet. Parallele Anschraubrichtungen gestatten außerdem den Einsatz eines zweispindligen Schraubers, so dass man den Lagerbock in einem Vorgang befestigen kann.

ungünstig	besser	Bemerkung
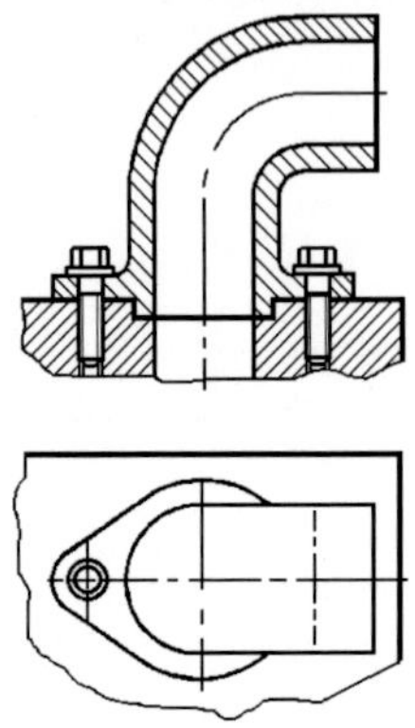	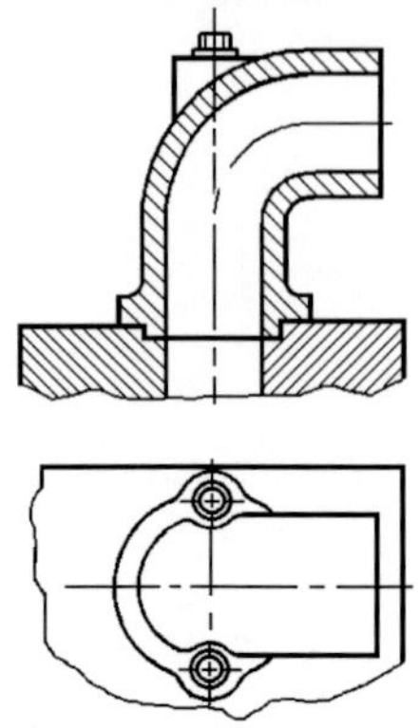	Eine schlecht zugängliche Schraubstelle wurde verlegt. Sie sind jetzt seitlich am Rohrkrümmer angeordnet und wurden außerdem hochgelegt. Der Zugang mit Schraubwerkzeugen ist nun ohne Probleme möglich.
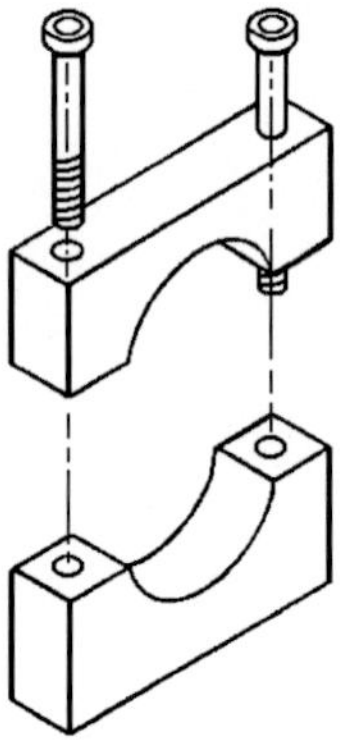	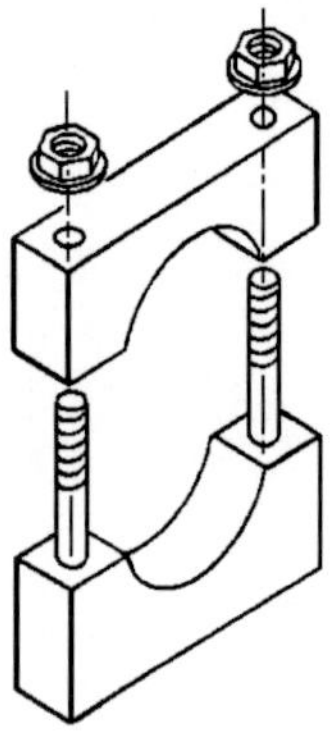	Das Positionieren der Teile vereinfacht sich, weil die Stehbolzen das Anfädeln des Klemmstücks ermöglichen. Es hat also bereits eine Vormontage stattgefunden.
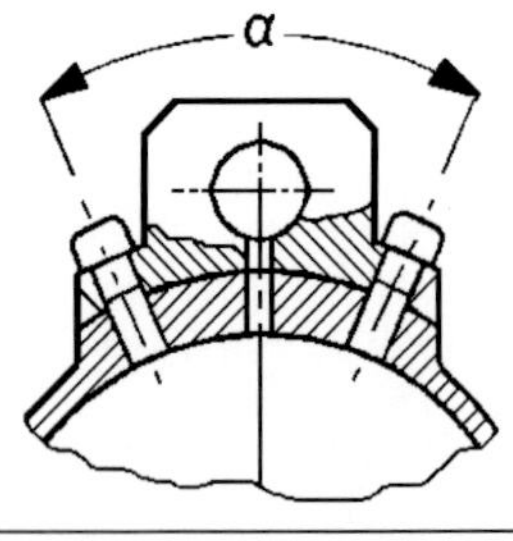	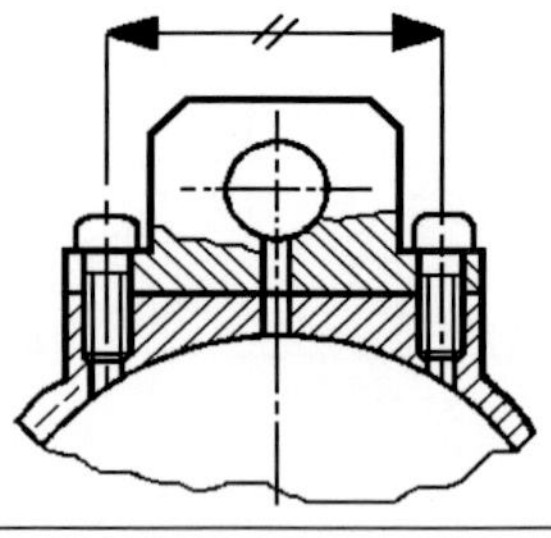	Im Winkel angeordnete Schraubstellen erfordern zwei Montagerichtungen und sind vermeidbar. Die zu verbindenden Teile müssen aber beide verändert werden.

Bild 2-27   Typische Mängel bei der Baugruppengestaltung und wie man Abhilfe schaffen kann

2.5.3 Gestaltungsbereich Produkt

Der Produktaufbau bestimmt ganz wesentlich die spätere Montagtechnologie. Fehler in der Produktgestaltung ziehen in der Regel auch Mängel in der Teile- und Baugruppengestaltung nach sich. Man spricht auch von der „Architektur" eines Erzeugnisses. An erster Stelle steht die Gestaltung vormontierbarer Baugruppen, die dann ab Zwischenlager bereitstehen und von

2.5 Gestaltungsbeispiele

der Endmontage abgerufen werden können. In Bild 2-28 wird das am Beispiel einer Waschmaschine gezeigt. Sie gliedert sich nach dem Redesign in vier Hauptbaugruppen:

- Bodenbaugruppe mit einheitlichen Aufnahmeelementen,
- komplett vormontierbare Bottichbaugruppe,
- Rückwand, vormontiert mit integrierter Elektrik und
- Abdeckteil mit einheitlichen Schnittstellen.

Weitere Merkmale der Konstruktion sind integrierte Steckverbindungen, Fügebewegungen vorwiegend senkrecht von oben und gute Zugänglichkeit während der Montage.

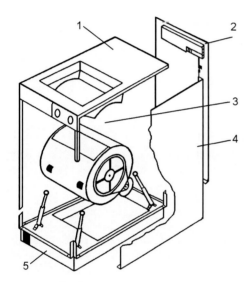

Bild 2-28
Waschmaschinengestaltung
1 Deckelbaugruppe,
2 Rückwand,
3 Bottichbaugruppe,
4 Seitenwand,
5 Bodenbaugruppe

Ein anderes Beispiel wird in Bild 2-29 vorgestellt. Die in der alten Version vorhandenen Schraubverbindungen wurden vollständig durch Schnappverbindungen ersetzt. Dadurch sinkt die Anzahl der Teile von 20 auf 4. Das führt wiederum zu einer deutlichen Senkung der Montagezeit und schließlich auch zu einer Einsparung an technischen Ausrüstungen. Eine Verringerung der Teileanzahl kann grundsätzlich durch Integration (Funktionsintegration, Teileintegration) und durch Weglassen von Teilen erreicht werden. Das neue Basisteil erfüllt alle wichtigen Anforderungen wie

- viele Fügeflächen mit anderen Teilen
- Montage durch einfache Fügebewegungen
- Lagebeständigkeit
- gute Zugänglichkeit
- Zusammenhalt der Montageeinheit gewährleisten
- Zentrierfähigkeit sowie Steifigkeit

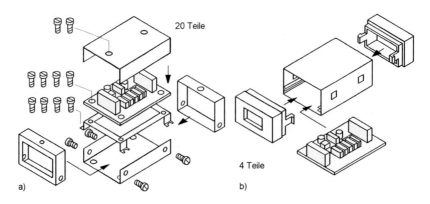

Bild 2-29 Redesign eines elektronischen Gerätes (nach Laszez)
a) konventioneller Produktaufbau, b) automatisierungsfreundliches Produkt

2.6 Demontagefreundlich Konstruieren

Es gibt im Allgemeinen zwei Gründe, warum ein Produkt auch einfach demontierbar sein sollte. Das sind zum einen Reparatur und Wartung ermöglichen und zum anderen das Recycling.

Beispiel

Das Bild 2-30 zeigt die Montage eines Dichtstopfens, mit dem Hilfsbohrungen nach dem Zug-Spreiz-Prinzip verschlossen werden. Das ist eine rationelle Methode. Das Spreizelement verbleibt mit der aufgeweiteten Hülse als Verschluss in der Bohrung. Obwohl der Dichtstopfen zum endgültigen Verbleib bestimmt ist, kann er bei Bedarf dennoch demontiert werden. Das läuft wie folgt ab:

Stift in der Spreizhülse zurückschlagen

Hülse ausbohren und Stift entfernen

Bohrung auf nächst größeren Dichtstopfen aufbohren

Bohrung reinigen

neuen, nächst größeren Dichtstopfen einsetzen

Hat ein Produkt das Ende seiner Lebensdauer erreicht, muss es stillgelegt, demontiert und entsorgt werden. Die Demontagekosten stellen meist einen großen Anteil an den Kosten des Recyclingprozesses dar. Typische Demontagevorgänge sind Aus- und Losschnappen, Losschrauben, Entkleben, Entfernen, Zerschneiden, Zersägen, Reißen, Quetschen und z. B. Aufschmelzen von Kunststoffen.

Für die Zukunft muss vor allem auch die automatisierte Demontage durch gestalterische Maßnahmen unterstützt werden. Die Demontagetiefe wird vom Demontageziel bestimmt. Das kann die Materialrückgewinnung sein, immer mehr ist es aber auch der Ausbau von Baugruppen und Einzelteilen zum Zweck der Wieder- und Weiterverwendung bzw. Aufarbeitung [2-13].

2.6 Demontagefreundlich Konstruieren

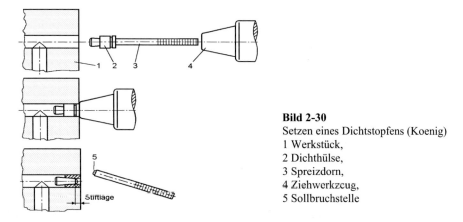

Bild 2-30
Setzen eines Dichtstopfens (Koenig)
1 Werkstück,
2 Dichthülse,
3 Spreizdorn,
4 Ziehwerkzeug,
5 Sollbruchstelle

Beim „Design for Disassembly" geht es analog zur montagefreundlichen Konstruktion um eine demontagefreundliche Baustruktur und um demontagefreundliche Fügestellen. Folgende Regeln sollten Beachtung finden:
1. Ermögliche das Demontieren verbundener Teile aus unterschiedlichen Werkstoffen!
2. Gliedere das Produkt in Demontagegruppen mit verwertungsverträglichen Teilen! Das Basisteil soll einer verwertungsgünstigen Materialgruppe zuordenbar sein.
3. Bevorzuge leicht demontierbare oder zerstörbare Verbindungs- und Sicherungselemente, wie z. B. lösbare Schnapper und Schrauben (Bild 2-31)!
4. Strebe die Weiterverwendung von Bauteilen und -gruppen an!
5. Ermögliche eine rückstandsfreie Flüssigkeitsentsorgung!
6. Unterstütze die sortenreine Erfassung und Sammlung von Werkstoffen! (Vermeide Beschichtungen, vermindere Werkstoffarten, kennzeichne Werkstoffe!)
7. Vermindere die Anzahl von Bauteilen und senke die Werkstoffmenge!
8. Minimiere die Anzahl von Verbindungsstellen, vereinheitliche diese, und mache sie gut zugänglich!
9. Strebe einheitliche Demontagerichtungen an!
10. Schließe jede Art von Gefährdungen bei der Demontage aus, wie z. B. sich schlagartig entspannende Federn!

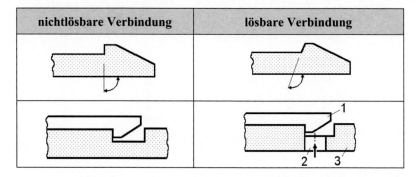

Bild 2-31 Recyclingfreundlich Konstruieren, 1 Schnapphaken, 2 Demontageöffnung, 3 Basisteil

3 Vorgehensweise bei der Planung

Planungssystematik

Die Zielsetzung bei der Planung und Gestaltung eines Montagebereiches für ein bestimmtes Erzeugnis oder einer Erzeugnisfamilie ist, die Arbeitsinhalte nach mengenabhängigen – variantenabhängigen – fügetechnischen – organisatorischen und ergonomischen Kriterien so zu gestalten, dass eine möglichst „flexible Montagestruktur" entsteht.

Zur Unterstützung dieses komplexen Planungsprozesses soll der nachfolgend dargestellte Planungsleitfaden (Bild 3-1) dem Projektverantwortlichen als Orientierungshilfe dienen. Da die Planungsaufgaben auf dem Gebiet der Erzeugnismontage sich häufig durch unterschiedliche Anforderungen und Ziele voneinander unterscheiden, muss sich die Vorgehensweise den betrieblichen und produktbezogenen Gegebenheiten anpassen.

Planungsstufen	Planungsschritte
1 Aufgabenstellung	– Ziele festlegen
	– Projektverantwortlichen benennen
	– Terminrahmen vorgeben
	– Planungsdaten beschaffen
	– Situationsanalyse durchführen
	– Aufgaben abgrenzen
	– verfügbare Hallenfläche vorgeben
	– zeitlichen Ablauf des Projektes festlegen
2 Grobplanung	– Montagesystem-Ausbringung berechnen
	– Arbeitsabläufe festlegen und Montagestruktur entwickeln
	– Montageabschnitte bilden
	– Montagesystem-Alternativen entwickeln
	– notwendige Hallenfläche ermitteln
	– Personalbedarf planen
	– Lösungsvarianten bewerten und auswählen
	– Projektkalkulation und Wirtschaftlichkeitsrechnung durchführen

Bild 3-1   Planungsleitfaden – Übersicht (Robert Bosch GmbH)

Planungsstufen	Planungsschritte
3 Feinplanung	– Gesamtsystem und Teilsysteme im Detail ausarbeiten
	– Terminplan erstellen
	– Ausschreibung durchführen
	– kritische Prozesse absichern
	– Personaleinsatz planen
	– Wirtschaftlichkeitsnachweis überprüfen
4 Realisierung	– Beschaffung veranlassen
	– Arbeitsplätze nach MTM gestalten
	– Personal schulen
	– Montagesystem installieren
	– Dokumentation erstellen
	– Ausprobe
5 Fertigungsanlauf	– Systemanlauf analysieren
	– Fehler beseitigen
	– Dokumentation gegebenenfalls korrigieren
	– Abnahme durchführen

Bild 3-1   Fortsetzung

Um eine Fehlplanung und daraus resultierend eine Fehlinvestition zu vermeiden, sind nach den einzelnen Planungsstufen die bis dahin erzielten Planungsergebnisse und Lösungen nochmals einer kritischen Überprüfung zu unterziehen. Je früher eine notwendig gewordene Korrektur der Planungsvorgaben oder eine notwendige Änderung am Erzeugnis bzw. am Einzelteil erfolgt, umso geringer sind die finanziellen und zeitlichen Verluste.

Hinweise:

Die Steuerung des Material- und Informationsflusses innerhalb eines Montagesystems wird im Kapitel 3.3 beschrieben. Die entsprechenden Bauelemente (Hardware) sind in den Datenblättern Teil B, 2.3.2.1 bis 2.3.2.3 dargestellt.

Geeignete Software für Auftragsplanung und -steuerung innerhalb eines flexiblen Montagesystems wird bereits am Markt angeboten (s. Kap. 3.3.1.3).

3.1 Aufgabenstellung (Planungsstufe 1)

3.1.1 Ziele festlegen (Planungsschritt 1)

Vor Beginn der eigentlichen Montagesystemplanung (Planungsstufe 2) müssen von der Geschäftsleitung eines Unternehmens die Zielvorgaben dem Projektverantwortlichen bzw. Planungsteam erläutert und schriftlich vorgegeben werden. Wichtig dabei ist, dass eindeutig zwischen Muss- und Wunschzielen unterschieden wird, z. B.:

Muss-Ziele:
    Produktionskapazität der Anlage .... Stück/Mon.
    Anzahl Erzeugnistypen bzw. Varianten .... Typen/Schicht
    Reduzierung der Lohnkosten um .... %
    Stückzahlsteigerung um .... Stück/Monat
    Senkung der Qualitätskosten um ....%
    Fertigungsanlauf in .... Monaten
    Einführung von Gruppenarbeit (Änderung der Arbeitsorganisation)

Wunsch-Ziele:
    Möglichkeit zur stufenweisen Automatisierung
    Möglichst hoher Anteil an Standard-Bauelementen bei Transfersystemen und Arbeitsplatzausrüstung
    Möglichkeit zum schnellen Einlernen neuer Mitarbeiter
    Gute Übersichtlichkeit für Anlagenbetreuer

Unklare Vorgaben führen häufig zu unnötigen Verzögerungen während eines Planungsprozesses.

3.1.2 Projektverantwortlichen benennen (Planungsschritt 2)

Der Erfolg eines Projektes wird wesentlich von der Qualifikation des Projektleiters bestimmt. Es ist Aufgabe einer Geschäftsleitung, besonders bei Projekten mit hohem Planungsumfang rechtzeitig vor Projektstart einen dafür geeigneten Mitarbeiter auszuwählen, ihn ausführlich über Ziele, Komplexität und mögliche Risiken zu informieren und ihm die erforderliche Entscheidungsbefugnis gegenüber zugeordneten Teammitgliedern zu übertragen. Dies ist von besonderer Bedeutung, wenn es sich dabei um ein interdisziplinär zusammengesetztes Planungsteam handelt (Erzeugnisentwicklung, Fertigungsplanung, Qualitätssicherung, Produktion, Werkzeug- und Vorrichtungsbau). Der Teamleiter ist möglichst von seinen bisherigen Aufgaben zu entlasten oder freizustellen, damit seine zeitliche Kapazität überwiegend für die Projektleitung zur Verfügung steht.

Der Projektleiter ist der Geschäftsleitung gegenüber direkt verantwortlich für:
    die Entwicklung und Auswahl des optimalen technischen Konzeptes sowie für die Umsetzung bis zum Fertigungsan- und hochlauf,
    die Einhaltung der geplanten Termine bei den einzelnen Projektstufen,
    die Einhaltung der geplanten Projektkosten.

Um die Zielvorgaben sicher zu erreichen, auftretende Schwierigkeiten rechtzeitig zu erkennen und die notwendigen Maßnahmen kurzfristig einzuleiten, sind konkrete Kenntnisse und Erfahrungen mit der Anwendung von „Projektmanagement-Methoden" eine unabdingbare Voraussetzung für eine erfolgreiche Projektleitung.

3.1.3 Terminrahmen vorgeben (Planungsschritt 3)

Die strikte Einhaltung eines geplanten Produktionsanlauftermins ist in der heutigen Wettbewerbssituation von entscheidender Bedeutung. Dies gilt z. B. besonders für Zuliefererfirmen in der Automobilindustrie, wenn der Auslieferungszeitpunkt eines neuen Fahrzeugtyps schon vor der Beschaffung der erforderlichen Fertigungseinrichtungen festliegt.

Ein Terminrahmenplan muss daher Ecktermine beinhalten für:

3.1 Aufgabenstellung (Planungsstufe 1)

Abschluss der einzelnen Planungsschritte,
notwendige Entscheidungen der Geschäftsleitung über die weitere Vorgehensweise bzw. Genehmigung des vorgesehenen Lösungsweges,
Planungsabschluss und Freigabe zur Bestellung der geplanten Anlage,
Einlernen der Mitarbeiter,
Produktionsanlauf,
Produktionshochlauf bis zum Erreichen der Planstückzahl.

Die Vorgehensweise zur Terminverfolgung während der gesamten Projektlaufzeit ist in Kap. 3.3.2 beschrieben.

3.1.4 Planungsdaten beschaffen (Planungsschritt 4)

Die erfolgreiche Durchführung eines Investitionsvorhabens wird durch die Art, Umfang und Qualität der zur Verfügung stehenden Zielvorgaben und Planungsdaten bestimmt. Für die nachfolgenden, stichwortartig aufgeführten Einflusskriterien müssen daher möglichst quantifizierbare Angaben vorliegen bzw. noch erfragt werden:

1. Erzeugnis
   Zeichnungen, Stücklisten
   Musterteile
   Erzeugnisgliederung (Anzahl Baugruppen, Anzahl Einzelteile)
   Unterscheidungsmerkmale bei Typenvarianten

2. Mengengerüst
   Stückzahl (pro Monat, pro Schicht)
   Typenzahl (Tendenz)
   Umrüsthäufigkeit/Schicht
   Geplante Umrüstdauer pro Rüstvorgang (Station, Abschnitt, Gesamtsystem)
   Losgröße (n)
   voraussichtliche Erzeugnis-Laufzeit (Jahre)

3. Montagesystem-Flexibilität
   Erweiterungsmöglichkeiten
   Möglichkeit zur stufenweisen Automatisierung bei Stückzahlsteigerungen
   Umbaubarkeit bei Erzeugnisänderungen bzw. Erzeugniswechsel

4. Arbeitsorganisation
   Ist eine Umstellung der bestehenden Arbeitsorganisation auf eine „Teamorientierte Produktion" geplant?
   Geeignete Mitarbeiter-Qualifikation vorhanden? (Schulung)
   Geeignetes Entlohnungssystem? (Prämienlohn)
   Qualitätsverantwortung?
   Einbindung von Werkstattführungskräften in den Montageprozess
   Übernahme von Dispositions- und Servicearbeiten durch das Team.

5. Montageablauf
   Anzahl und Art der Fügeprozesse (Schrauben, Nieten, Löten, Kleben, u. a.)
   Kritische Prozesse (Prozesssicherheit?)
   Montage- und Prüfvorschriften
   Qualitätssicherung

- 100%-Prüfung, Stichprobenprüfung
- max. zulässige Fehlerhäufigkeit ($^0/_{00}$, ppm)
- automatisierte Prüfvorgänge
- Dokumentation (sicherheitsrelevante Daten, Fehler-Statistik)

6. Produktionslogistik (s. Kap. 3.1.6)
Materialfluss von der Vorfertigung bzw. Lager zum Montagesystem
Direktanlieferung von externen Zulieferern an das Montagesystem ohne Zwischenlager,
Anlieferungszustand (geordnet, ungeordnet)
   - Einzelteile
   - Baugruppen
   Anlieferungsart
   - Behälter, Gitterbox (Menge pro Behälter)
   - Magazine (Menge pro Magazin)
   Teilebereitstellung
   - im Montagebereich (2-Kisten-Prinzip)
   - am Arbeitsplatz (s. Kap. 6.5.3 und 6.5.4)
   Materialfluss der fertigen Erzeugnisse
   - zum Versandlager
   - direkt zum Kunden
   - Transportbehälter, Verpackung (Menge pro Behälter)
   Transportsystem(e)
   - Handhubwagen
   - Gabelstapler
   - Förderband
   - Fahrerloses Flurförderzeug (FTS)
   Informationsfluss
   - zum Montagesystem mit Hilfe eines Produktions-Planungs- und Steuerung-System (PPS)
   - innerhalb des Montagesystems (s. Kap. 3.3.1.3)

Abhängig von Produkt, Projektumfang und der firmenspezifischen Situation sind noch weitere Planungsdaten bzw. Angaben zu ermitteln oder von der Geschäftsleitung vorzugeben.

3.1.5 Situationsanalyse durchführen (Planungsschritt 5)

Empfehlenswert ist die Durchführung einer Situationsanalyse vor Beginn der Grobplanung, wenn in einer vorhandenen Montage mit gleichem oder ähnlichem Erzeugnisprogramm übertragbare Arbeitsgänge bzw. automatisierte Fügeverfahren vorhanden sind. Die dort gewonnenen Erfahrungen können vorteilhaft in die Neuplanung eingebracht und durch eine genauere Kostenabschätzung das Investitionsrisiko reduziert werden.

1. Angaben zum Ist-Zustand
   Vorhandenes Montagesystem (Grundform, Komplexität, Automatisierungsgrad u.a.)
   Derzeitiger Montageablauf
   - Ablauforganisation (Arbeitsteilung, Ganzheitsmontage, Gruppenarbeit)
   - Montagereihenfolge
   Anzahl Ez-Typen und Varianten
   Taktzeit bei:
   - manuellen Tätigkeiten

- automatischen Abläufen (Prozesszeiten, Nebenzeiten)
- zeitkritischen Prozessen

Umrüsthäufigkeit und Dauer
Störungshäufigkeit und Dauer (Verfügbarkeit s. Kap. 6.6.2)
Art des Verkettungssystems oder Ez-Weitergabe von Hand?
Werkstückträger, Gestaltung
Informationsweitergabe auf Werkstückträger
- Qualitätszustand (i. O./n. i. O.)
- Typ-Nr.
- Prozess- und Prüfdaten

Arbeitsplatzgestaltung (nach MTM?)
Teilebereitstellung
- am Montagesystem (s. Kap. 4.1 und 4.2)
- am Arbeitsplatz (s. Kap. 6.5.4 und Bild 3-14)

Funktions- und Sichtprüfung
- innerhalb des Montagesystems
- wie und wo erfolgt die Nacharbeit (%-Anteil?)

Entkopplungspuffer zwischen
- manuellen und automat. Stationen
- Montageabschnitten (s. Kap. 6.4.4.2)

2. Rationalisierungspotentiale vorhanden?

Erzeugnisgestaltung (siehe Kap. 2)
- nicht montagegerecht (können Funktionen einfacher erfüllt werden?)
- Reduzierung der Zahl der Einzelteile möglich (Konstruktionsänderung!)

Teilebereitstellung
- geordnete Bereitstellung in Magazinen
- richtige Behältergrößen
- 2-Kisten-Prinzip

Arbeitsplatzgestaltung
- methodisch richtige Gestaltung, nach MTM (siehe Kap. 6.3.2)
- Beidhandarbeit

Engpass-Situationen vorhanden
- ungleiche Abtaktung (bezahlter Taktausgleich?)
- Prozess-Zeiten kritisch
- Nebenzeiten zu hoch (s. Kap. 6.3.3)
- Störungshäufigkeit und -dauer zu hoch
- Teileverfügbarkeit nicht sicher gestellt (Wartezeiten)
- keine Entkopplung von manuellen Arbeitsplätzen und automatischen Stationen

Qualitätserfüllung
- zu hohe Nacharbeit/Ausschuss
- Anlieferungsqualität der Einzelteile und Baugruppen nicht ausreichend
- nicht abgesicherte, überwachte Prozesse

Verhältnis wertschöpfende zu nicht wertschöpfende Funktionen (s. Kap. 6.6.3)
Durchlaufzeit zu hoch (s. Kap. 6.6.4)
Poolfertigung statt Fließfertigung (s. Kap. 6.6.4)

3.1.6 Aufgabe abgrenzen (Planungsschritt 6)

Ein wesentlicher Bestandteil der Planungsstufe 1 ist die Festlegung des Planungsumfangs und die Abgrenzung der Aufgabenstellung. Dazu gehört neben dem montagespezifischen Aufgabenumfang die Einbeziehung der Funktionen und Forderungen auf dem Gebiet der Produktionslogistik. Diese beinhalten:
  Materialfluss aus der Vorfertigung oder Direktanlieferung von externen Zulieferern zum Montagesystem
  Teilebereitstellung im Montagebereich und am Arbeitsplatz
  Materialfluss zum Versandlager oder direkt zum Kunden
  Informationsfluss innerhalb des Montagesystems.

Das Ziel muss sein:
  Schaffung einer materialflussorientierten Fabrikstruktur
  kurze Durchlaufzeiten der zu fertigenden Erzeugnisse und minimale Bestände
  flexibles, schnell umrüstbares Montagesystem.

In vielen Fällen ist eine Senkung der Bestände und eine Verkürzung der Durchlaufzeiten möglich, wenn benachbarte, organisatorisch selbständige Einheiten zusammengefasst werden und somit die Anzahl der vorhandenen „Schnittstellen" verkleinert wird.

Vor der Neuplanung eines Montagesystems für ein neues Erzeugnis müssen daher zuerst die bisher bestehenden Verantwortungsbereiche (siehe auch Bild 3-2) einschließlich aller Zwischenlager bzw. Puffer überprüft und gegebenenfalls neu festgelegt werden. Im Allgemeinen sind hier noch beachtliche Reserven vorhanden.

Des Weiteren wird empfohlen, die zukünftige Einbindung eines Montagebereiches bzw. Montagesystems in den innerbetrieblichen Material- und Informationsfluss durch eine Ist-Zustands-Analyse zu untersuchen und zu bewerten, um daraus Soll-Vorgaben abzuleiten.

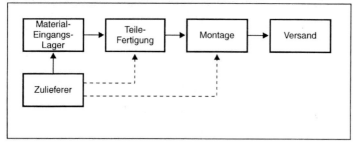

Bild 3-2   Materialfluss zwischen einzelnen Bereichen

Diese Materialfluss-Untersuchung muss Auskunft geben über:
  Weitergabemengen (Losgrößen)
  zeitlichen Durchlauf der Einzelteile und Baugruppen von der Vorfertigung bzw. Vormontage bis zur Endmontage
  vorgegebene Transportwege und Transportsysteme zwischen den einzelnen Bereichen
  Auswahl der erforderlichen Transporthilfsmittel und deren Fassungsvermögen
  Festlegung der An- und Ablieferungsplätze
  Bereitstellung von C-Teilen (Kleinteile mit geringem Wert) nach dem 2-Kisten-Prinzip in Regalen im Bereich des Montagesystems
  Festlegung der Lieferzyklen und der Art der Transportverpackung zum Kunden.

3.1.7 Verfügbare Hallenfläche vorgeben (Planungsschritt 7)

Die maßstäbliche Darstellung des Materialflusses einschließlich Bereitstellungsflächen (Teileanlieferung und Erzeugnisablieferung) in einem Hallenplan, zusammen mit der verfügbaren Fläche für das Montagesystem, muss bei Planungsbeginn vorliegen.

Dazu gehören weitere Angaben über:

  Materialflusswege, von der Vorfertigung bzw. Anlieferungslager bis zum Versand der Fertig-Erzeugnisse

  Hallenfixpunkte
  – Hallenstützen
  – Energieversorgung
  – Packstoff-Lagerung
  – Absaugungen

  Hilfsflächen für
  – Mitarbeiter-Informationssystem (Tafeln, Bildschirmplatz)
  – Ersatzteil-Schränke
  – Werkzeug-Schränke

3.1.8 Zeitlichen Ablauf des Projektes festlegen (Planungsschritt 8)

Am Ende der Planungsstufe 1 (Aufgabenstellung) ist es sinnvoll, in einem groben Meilensteinplan den Zeitbedarf für die nun folgende Grobplanung (Planungsstufe 2) abzuschätzen.

Diese Zeitbedarfsermittlung sollte bereits mit den in der Grobplanungsphase beteiligten Mitarbeitern erfolgen. Abhängig vom vorgegebenen Projektabschlusstermin wird die Frage nach einer parallelen bzw. überlappten Vorgehensweise (Simultaneous Engineering) mit allen Beteiligten diskutiert und festgelegt. Das Ziel muss sein, die Projektlaufzeit so zu bemessen, dass der Zeitpunkt des Fertigungsanlaufs bzw. Hochlaufs sicher erreicht werden kann. Zeitreserven, z. B. bei noch nicht erprobten Fertigungsverfahren, müssen unbedingt eingeplant werden.

3.2 Grobplanung (Planungsstufe 2)

3.2.1 Montagesystem-Ausbringung berechnen (Planungsschritt 1)

In der Praxis wird zu Beginn der Grobplanung die mengenmäßige Soll-Ausbringung pro Zeiteinheit bzw. Taktzeit (Min./Stück, Sek./Stück) eines Montagesystems anhand von Stückzahlvorgaben und weiterer Planungsdaten berechnet (s. Kap. 6.1):

$$\text{Taktzeit}_{\text{theoret.}} = \frac{(\text{Arbeitszeit} - \text{Rüstzeit}) \times \text{Belegungsgrad}}{\text{Stückzahl} \times \text{Verteilzeitfaktor}} (\text{min/Stck})$$

(Arbeitszeit und Rüstzeit in Minuten/Schicht, Stückzahl in Stück/Schicht).

Diese theoretische "Taktzeit" dient zunächst nur als Orientierungswert für die weiteren Planungsüberlegungen. Ob die Montage eines Erzeugnisses nur auf einem Montagesystem mit arbeitsteiligem Montageablauf oder auf mehreren Parallelsystemen (mit Mengenteilung) erfolgt, hängt u. a. von der Komplexität des Erzeugnisses (Anzahl Montageschritte, Arbeitsinhalt, Schwierigkeitsgrad) ab.

3.2.2 Arbeitsabläufe festlegen, Montagestruktur entwickeln (Planungsschritt 2)

Dieser Planungsschritt beinhaltet die Entwicklung und Festlegung der gesamten Montagestruktur. Voraussetzung dabei ist die genaue Kenntnis aller Teilverrichtungen, die zur Montage eines Erzeugnisses benötigt werden und ihre zeitliche Reihenfolge.[3.1]

Eine Teilverrichtung ist dabei eine Tätigkeit, die sinnvoll nicht weiter unterteilbar ist. Bei komplexeren Erzeugnissen, bestehend aus mehreren Baugruppen und einer größeren Zahl von Einzelteilen ist es vorteilhaft, die Abhängigkeiten und Reihenfolgebedingungen aller Teilverrichtungen in einem so genannten Vorranggraph darzustellen (Einzelheiten hierzu s. Kapitel 6.2). Werden in einem nachfolgenden Überlegungsschritt die einzelnen Teilverrichtungen hinsichtlich ihrer Automatisierbarkeit beurteilt, entsprechend gekennzeichnet und noch durch Vorgabezeiten ergänzt, z. B. nach MTM (Method Time Measurement), dann erhält man einen ersten Überblick über die „logische Struktur" der Montageaufgabe.

Der Vorranggraph bildet damit die Grundlage für eine Aufteilung des gesamten Montageprozesses in einzelne Montageabschnitte, z. B. Abschnitte für die Vormontage von Baugruppen, Endmontage und Prüfung, manuelle Montageabschnitte und automatisierbare Abschnitte.

3.2.3 Montageabschnitte bilden (Planungsschritt 3)

Durch Zusammenfassen von einzelnen Teilverrichtungen nach den zuvor genannten Kriterien und unter Berücksichtigung der für jedes Tätigkeitselement ermittelten Vorgabezeit können nun entsprechende Montageabschnitte gebildet werden, z. B. mehrere Vormontageabschnitte und eine Endmontage.

Die Aufteilung des gesamten Arbeitsinhaltes kann nach unterschiedlichen Strukturierungsgesichtspunkten erfolgen:

1. Arbeitsteilung (Artteilung)

Die Montage des Erzeugnisses erfolgt typischerweise auf einem Montagesystem mit einem hohen Grad an Arbeitsteilung, d. h. mit einem geringen Arbeitsinhalt pro Arbeitsplatz (Bild 3-3). Die besonderen Merkmale sind:

 gute Voraussetzungen für eine Automatisierung bzw. Teilautomatisierung
 kurze Einlernzeiten für Mitarbeiter
 geringe Flexibilität bezüglich Veränderungen von Stückzahl, Typzahl und Personaleinsatz
 kleiner Handlungs- und Dispositionsspielraum für die Mitarbeiter am Band
 technische Störungen übertragen sich sehr schnell auf das ganze Montagesystem.

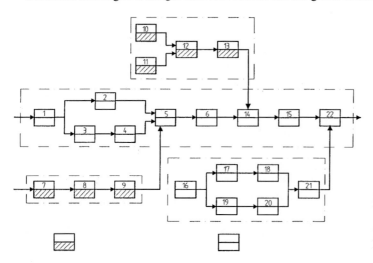

Bild 3-3
Vorranggraph mit eingezeichneten Montageabschnitten (bei Arbeitsteilung)

3.2 Grobplanung (Planungsstufe 2)

2. Mengenteilung
Die Montage des Erzeugnisses erfolgt auf zwei oder mehreren parallelen Systemen mit gleicher oder unterschiedlicher Ausbringung (Bild 3-4). Die besonderen Merkmale sind:
- Aufteilung in Klein- und Mittelserien- bzw. Großserienmontage
- größerer Handlungsspielraum der Mitarbeiter
- einfacheres Anlernen neuer Mitarbeiter
- geringere Umrüstkosten im Vergleich zu System mit Arbeitsteilung
- unterschiedlicher Automatisierungsgrad
- erhöhter Aufwand für Fertigungssteuerung
- höhere Investitionen durch parallelen Einsatz gleichartiger Betriebsmittel
- größerer Platzbedarf

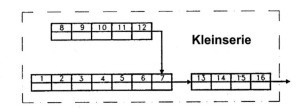

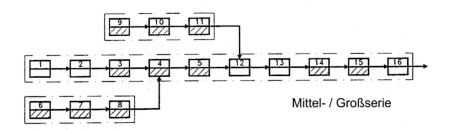

Bild 3-4 Vorranggraph mit eingezeichneten Montageabschnitten (bei Mengenteilung)

3. Baugruppen- und Variantenteilung
Die variantenabhängigen Baugruppen und Erzeugnisse werden in unterschiedlichen Montagesystemen gefertigt. Basisgruppen mit Gleichteilen werden innerhalb eines Montagesystems gefertigt (Bild 3-5).
Die besonderen Merkmale sind:
- bessere und kostengünstigere Anpassung der Montagevorrichtungen, Fügeverfahren und Arbeitsplätze an die Erzeugnisvariante
- bessere Kapazitätsausgleich des Gesamtsystems bei Stückzahlschwankungen der einzelnen Varianten
- geringere Umrüstverluste
- größerer Handlungsspielraum der Mitarbeiter im Bereich der Variantenmontage
- höhere Investitionen.

Die Montagestruktur bei einer Variantenmontage unterscheidet sich von der arbeitsteiligen und mengenteiligen Montage durch:
- gemeinsame Produktmontage vor der Variantenerzeugung
- Aufteilung in mehrere parallele Abschnitte für jeweils eine Variante.

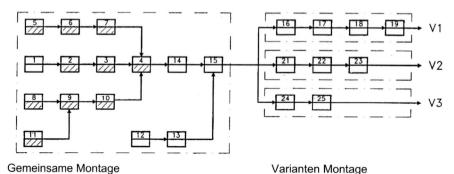

Gemeinsame Montage   Varianten Montage

Bild 3-5   Vorranggraph mit eingezeichneter Montagestruktur (bei Baugruppen- und Variantenteilung, z. B. V1, V2, V3).

Voraussetzung für diese Montagestruktur ist eine variantengerechte Erzeugniskonstruktion.

3.2.4 Montagesystem-Alternativen entwickeln (Planungsschritt 4)

Die Entwicklung verschiedener Systemalternativen erfordert bei komplexen Montageaufgaben im Allgemeinen einen hohen Planungsaufwand. Um eine richtige Auswahl und Entscheidung treffen zu können, ist es notwendig, dass mindestens zwei Lösungsvorschläge ausgearbeitet werden.
Beschränkt man sich zunächst auf die Festlegung, Betrachtung und Bewertung von „systementscheidenden Einflussfaktoren", dann ist eine deutliche Reduzierung der Planungsdauer möglich. Durch diese Maßnahme wird das Risiko einer Fehlplanung oder aber einer nochmaligen Überarbeitung zu einem sehr späten Zeitpunkt verringert.
Einflussfaktoren:
Bei der nachfolgend beschriebenen Vorgehensweise wurde die Reihenfolge der einzelnen Schritte bzw. Fragestellungen hinsichtlich ihrer Bedeutung und Auswirkung auf das Endergebnis festgelegt:
1. Stückzahlbereich
Welche Erzeugnis-Stückzahl soll monatlich gefertigt werden? Welche Stückzahlschwankungen sind zu erwarten (Saisongeschäft)? Handelt es sich dabei um Klein-, Mittel- oder Großserien?

Hinweis:
Die Definition der jeweiligen Seriengröße ist individuell je nach Produktbereich und Unternehmen festzulegen.
2. Verfügbare Zeitspanne
Wie viel Zeit steht für die Beschaffung eines Montagesystems vom Planungsbeginn bis Serienanlauf zur Verfügung?
3. Laufzeit des Erzeugnisses
Wie entwickelt sich die Produktionsmenge abhängig von dem „Produktlebenszyklus" eines Erzeugnisses? Wann beginnt und endet die Hochlaufphase? Wann beginnt und endet die Auslaufphase?

3.2 Grobplanung (Planungsstufe 2)

4. Typen- und Variantenvielfalt

Welche Typen und Varianten eines Erzeugnisses sind bereits freigegeben, welche befinden sich noch in der Entwicklungsphase? Mit welcher Umrüsthäufigkeit pro Schicht und mit welcher Umrüstdauer bei kritischen Fügeverfahren, z. B. mit automatischem Ablauf, muss geplant werden?

5. Arbeitsinhalt

Wie groß ist der Arbeitsinhalt eines Erzeugnisses bzw. einer Baugruppe?
- Anzahl der zu montierenden Einzelteile und der Fügeverfahren
- Ermittlung des Zeitbedarfs, z. B. mit Hilfe von MTM-Planungsanalysen und Prozesszeit-Analysen.

6. Schwierigkeitsgrad

Welcher Schwierigkeitsgrad besteht bei den einzelnen Montagevorgängen?
- Bei Anlieferung in ungeordnetem Zustand (sind z. B. biegeschlaffe Teile vorhanden?)
- Bei der Teilehandhabung, (z. B. Greifen und Bringen in die richtige Fügelage?)
- Beim Fügeprozess, (z. B. Weichlöten, Kleben, Justieren, u. ä.)

Wird ein automatisierter Ablauf noch sicher beherrscht oder ist eine manuelle Montage der wirtschaftlichere Weg?

7. Erzeugnistransport

Wie erfolgt die Weitergabe des Erzeugnisses oder einer Erzeugnis-Baugruppe von Arbeitsplatz zu Arbeitsplatz?

Ist ein Werkstückträger (WT) erforderlich?
- Basisteil nicht standfähig
- Beschädigungsgefahr durch Gleiten und Stau
- Definierte Erzeugnislage muss wegen automatisierter Fügevorgänge beibehalten werden
- Erzeugnisgewicht ist für manuelle Weitergabe zu hoch (z. B. ≥ 5 kg bei kurzzyklischen Tätigkeiten).

Dieser Überlegungs- und Entscheidungsprozess ist in der nachfolgend dargestellten Orientierungs- und Entscheidungshilfe nachvollziehbar (Bild 3-6). Die angegebenen Zahlenwerte müssen jedoch von jedem Unternehmen nach eigenen Kriterien festgelegt werden.

Abhängig von der Ja- oder Nein-Entscheidung bei den o. g. Kriterien ergeben sich vier Arten von Montagesystemen:
- manuelle Montage, Erzeugnisweitergabe von Hand, ohne WT
- manuelle Montage, Erzeugnisweitergabe automatisiert, mit WT
- Mischform, verkettete Montage-Systeme mit manuellen und automatisierten Arbeitsgängen und automatisiertem Werkstücktransport auf WT
- automatisierte Montage mit loser oder starrer Verkettung der einzelnen Stationen, oder Kombinationen aus beiden Verkettungsarten.

Bei komplexen Erzeugnissen werden in der Praxis häufig einzelne Systemvarianten mit unterschiedlichem Automatisierungsgrad und unterschiedlicher Arbeitsorganisation zu einem Gesamtsystem zusammengefasst:
- Einzelarbeitsplätze mit ganzheitlicher Montage, z. B. Vormontage von Erzeugnis-Baugruppen
- verkettete Arbeitsplätze mit arbeitsteiliger Montage, z. B. Endmontage

Mit dieser Art der Vorauswahl eines Montagesystems erhält man zunächst lediglich eine Groborientierung, ob eine manuelle Montage, eine teilautomatisierte Montage oder eine automatisierte Montage die Zielvorgaben, entsprechend der Aufgabenstellung, am besten erfüllt.

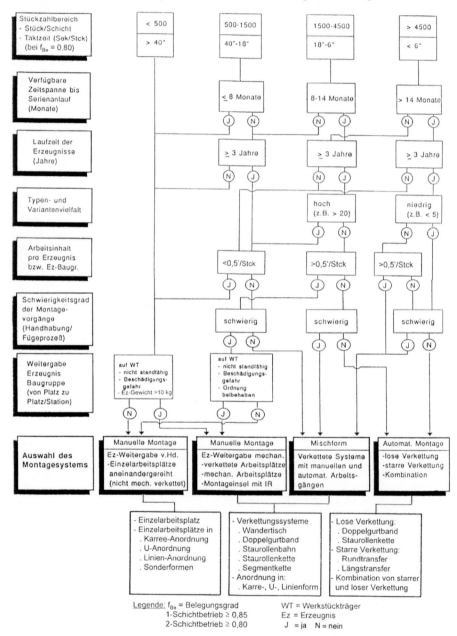

Bild 3-6   Orientierungshilfe zur Vorauswahl von Montagesystemen (Robert Bosch GmbH)

3.2 Grobplanung (Planungsstufe 2)

Als nächstes ist die „Grundform" eines Montagesystems festzulegen. Sie ist abhängig von:

1. Art der Arbeitsorganisation:
   ganzheitliche Montage, an einem Arbeitsplatz oder mehreren Parallelarbeitsplätzen
   arbeitsteilige Montage, an mehreren, nacheinander folgenden Arbeitsplätzen bzw. automatischen Stationen
   Gruppenarbeit, mit geplantem Arbeitsplatzwechsel und der Möglichkeit zur Höherqualifizierung der Mitarbeiter durch Übernahme von zusätzlichen Aufgaben (z. B. Teilebereitstellung, Umrüsten, Fehlerbeseitigung im Störungsfall u. a.).

2. Anbindung an den innerbetrieblichen Materialfluss:
   Anlieferung der Einzelteile und Baugruppen auf Bereitstellungsflächen, an einer oder mehreren Seiten des Montagesystems, in Regalen oder direkt an den Arbeitsplätzen (Bild 3-7 sowie Bild 3-8).
   Ablieferung der fertig montierten Erzeugnisse auf der gleichen oder gegenüberliegenden Seite (bezogen auf die Anlieferungsfläche).

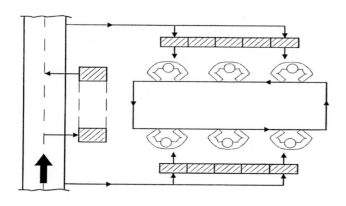

Bild 3-7
Teilebereitstellung und Erzeugnisablieferung am Karreesystem

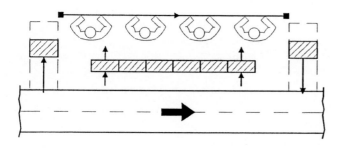

Bild 3-8
Teilebereitstellung und Erzeugnisablieferung am Liniensystem

3. Flussprinzip

Art der Verknüpfung von manuellen Arbeitsplätzen untereinander bzw. in Verbindung mit automatischen Stationen:

Hauptflussprinzip
Werkstücke bewegen sich in einer Hauptrichtung nacheinander zu allen Arbeitsplätzen (Bild 3-9).

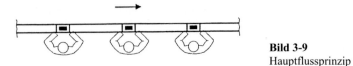

Bild 3-9
Hauptflussprinzip

Nebenflussprinzip
Mengenteilung an zwei oder mehr parallel angeordneten Arbeitsplätzen (Bild 3-10).

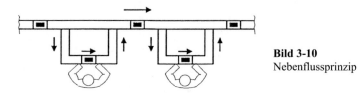

Bild 3-10
Nebenflussprinzip

Umlaufprinzip
Werkstücke und Mitarbeiter „wandern" von Platz zu Platz (Bild 3-11). Besonders geeignet bei Teilbesetzung (mehr Plätze als Mitarbeiter).

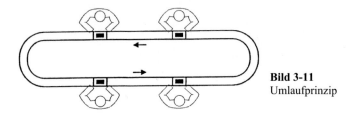

Bild 3-11
Umlaufprinzip

Rückflussprinzip
Umlauf der Werkstücke in einem gemeinsamen Umlaufpuffer mit parallel im Nebenanschluss angeordneten Einzelarbeitsplätzen und anwählbaren, im Nebenschluss angeordneten automatischen Stationen (Bild 3-12). Möglichkeit zur ganzheitlichen Montage durch mehrmalige Wiederholung mit Rückführung zum jeweiligen Handarbeitsplatz.

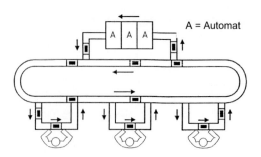

Bild 3-12
Rückflussprinzip

3.2 Grobplanung (Planungsstufe 2)

Kombination von Hauptfluss- Nebenfluss- und Umlaufprinzip, z. B. bei teilautomatisierten Montagesystemen in Karree- (Bild 3-13) oder U-Form

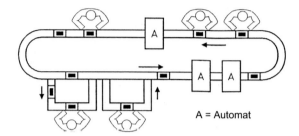

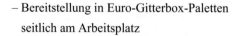

Bild 3-13
Kombination von Flussprinzipien

4. Teilebereitstellung am Arbeitsplatz:(siehe Varianten in Bild 3-14)

– Beschickung der Greifbehälter von hinten

– Beschickung der Greifbehälter von der Seite oder von vorn;
– Bereitstellung in Kleinbehältern seitlich am Arbeitsplatz

– Bereitstellung in Euro-Gitterbox-Paletten seitlich am Arbeitsplatz

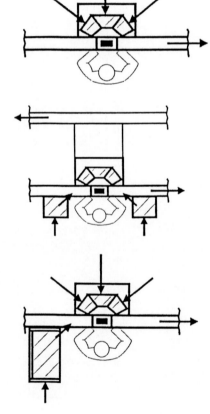

Bild 3-14 Teilebereitstellung am Arbeitsplatz

3.2.4.1 Manuelle Montagesysteme ohne automatisierten Werkstück-Umlauf

Bild 3-15 zeigt vier verschiedene Grundformen von Montagesystemen. Zusätzlich wird noch unterschieden zwischen Montagesystemen, bei denen die Weitergabe der Erzeugnisse von Platz zu Platz auf Werkstückträgern (WT) erfolgt und solchen, bei denen die Weitergabe ohne eine Trägerplatte durchgeführt wird.

Ein WT wird dann notwendig, wenn ein Erzeugnis keine stabile Auflagefläche besitzt oder wenn durch das Weiterschieben zum nächsten Arbeitsplatz eine Beschädigung der Oberfläche bzw. eine Verunreinigung an der Gleitfläche des Erzeugnisses eintritt.

Die Verwendung von Werkstückträgern hat den weiteren Vorteil, dass eine definierte Montagelage und Fixierung des Erzeugnisses bei Krafteinwirkung (z. B. beim Schrauben, Einpressen o. ä.) gewährleistet ist, ohne dass dafür zusätzliche Nebenzeiten entstehen.

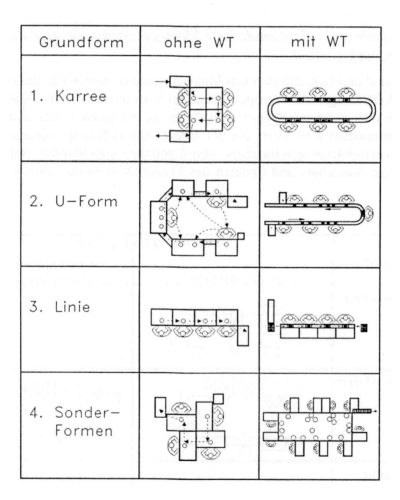

Bild 3-15 Manuelle Systeme ohne automatisierten Werkstückumlauf (Robert Bosch GmbH)

3.2 Grobplanung (Planungsstufe 2)

Hinweis:

Der „Einzelarbeitsplatz" als unterste Realisierungsstufe eines Montagesystems ist in Bild 3-15 nicht dargestellt.

Bei den Systemen 2, 3 und 4 mit WT erfolgt die Rückführung der WT zum ersten Arbeitsplatz manuell entweder über eine schiefe Ebene oder im Stapel mit Hilfe eines Transportwagens. Die dabei entstehenden Nebenzeiten haben bei Arbeitsinhalten pro Arbeitsplatz > 1,5 Min. zunehmend geringeren Einfluss auf die Produktivität des Systems.

Prinzip-Darstellung der einzelnen Systemvarianten einschließlich Merkmalsbeschreibung, Einsatzkriterien und Bewertung der Vor- und Nachteile, s. Kap. 4.1.

Beispiele s. Kap. 5.1 und [3.2].

3.2.4.2 Manuelle und teilautomatisierte Montagesysteme mit automatischem Werkstück-Umlauf

In Bild 3-16 sind drei Grundformen von Montagesystemen dargestellt. Bei jedem System werden Werkstückträger als Transporthilfsmittel verwendet, um eine Automatisierung von einzelnen oder mehreren Füge-Arbeitsgängen zu ermöglichen. Neben dem schonenden Erzeugnistransport wird durch den WT-Einsatz eine definierte Montagelage auch an manuellen Arbeitsplätzen gewährleistet. Somit entfallen unproduktive Nebenzeiten für das notwendige Ausrichten und Fixieren des Erzeugnisses an den einzelnen Montageplätzen.

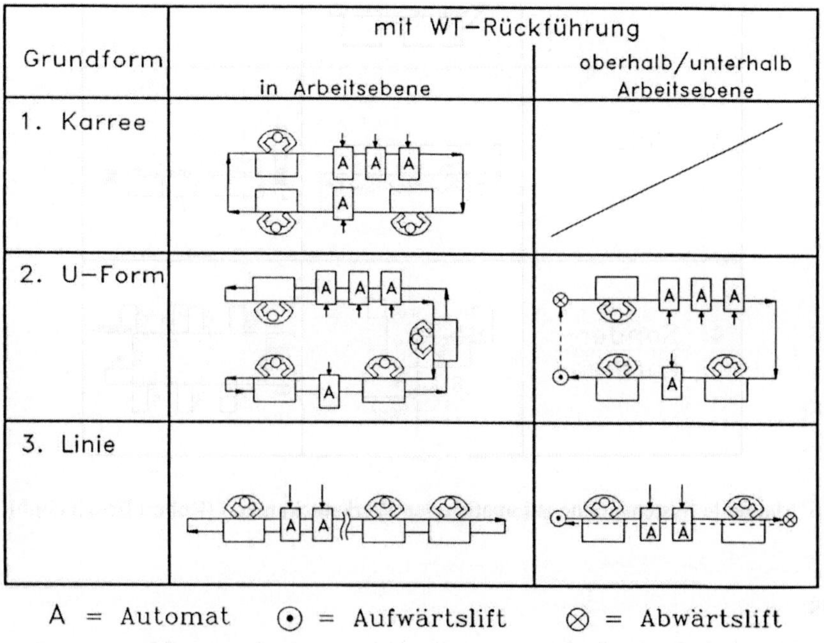

A = Automat   ⊙ = Aufwärtslift   ⊗ = Abwärtslift

Bild 3-16 Manuelle und teilautomatisierte Systeme mit automatischem Werkstück-Umlauf (Robert Bosch GmbH)

Hinweis:

Prinzip-Darstellung der einzelnen Systemvarianten einschließlich Merkmalsbeschreibung, Einsatzkriterien sowie Bewertung der Vor- und Nachteile s. Kap. 4.2

Beispiele s. Kap. 5.2

3.2.4.3 Automatische Montagesysteme

Automatische Montagesysteme werden hauptsächlich zur Herstellung von Großserien- und Massenerzeugnissen eingesetzt. Bild 3-17 zeigt 4 verschiedene Grundformen.

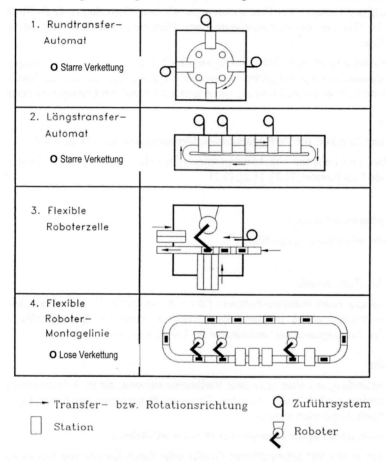

Bild 3-17   Automatische Montagesysteme (Robert Bosch GmbH)

Die Hauptunterscheidungsmerkmale sind:

starre oder lose Verkettung der automatischen Stationen
Einsatz von fest- oder freiprogrammierbaren Handhabungseinrichtungen

3.2 Grobplanung (Planungsstufe 2)

1. Rundtransfer-Automat (Bild 3-18)

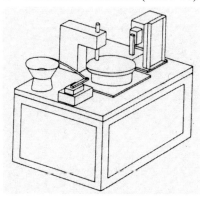

Bild 3-18
Prinzipdarstellung Rundtransferautomat

Merkmale:

starr verkettete Stationen und häufig synchron über Kurvenscheiben angetriebene Handhabungs- und Verfahrensstationen (nur Zustellbewegungen)
erreichbare Leistung bei Erzeugnissen mit kleinem Bauvolumen (z. B. Steckdosen) von 70 Stck/min bei störungsfreiem Lauf. Dies entspricht einer Taktzeit von 0,85 sec/Stck.
Voraussetzung für eine hohe Verfügbarkeit ($\geq$ 85 %) ist:
automatisierungsgerechte Erzeugnisgestaltung, möglichst senkrechte Fügerichtung, einfach zu handhabende Einzelteile, beherrschte Prozesse, sowie geringe Anzahl von Erzeugnisvarianten.

Hinweis:

Weitere Angaben zur Verfügbarkeit von Montageautomaten s. Kap. 6.6.2.
Aufbau und Funktion von Montageautomaten siehe: Teil B, Kap. 5, sowie entsprechende Fachliteratur [1.1], [3.3].

2. Längstransfer-Automat (Bild 3-19)

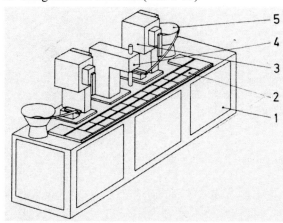

Bild 3-19
Prinzipdarstellung
Längstransferautomat

1 Maschinengestell
2 Transfereinheit
3 Einlegegerät
4 Prozesseinheit
5 Zubringeeinheit

Merkmale:

Starr verkettete Stationen, wahlweise über Plattenband, Stahlband, Zahnriemen, Hubbalken, Taktstange oder Schneckenwelle.

Antrieb der verschiedenen Transfervarianten über Schrittschaltgetriebe bzw. Schneckenrollengetriebe mit stoßfreiem, sinoidischem Bewegungsablauf.

Erreichbare Leistung im Allgemeinen je nach Bau- und Steuerungsart der Zuführ- und Fügestationen und in Abhängigkeit von Größe und Gewicht der zu transportierenden Erzeugnisse: ca. 20 – 60 Stück/min. bei störungsfreiem Lauf.

Vorteile gegenüber Rundtransfer-Automaten:

Anbau einer größeren Anzahl von automatischen Zuführ- und Fügestationen möglich
Bessere Zugänglichkeit zu den einzelnen Stationen bei Störungsbeseitigung
Bessere Übersichtlichkeit

Nachteile gegenüber Rundtransfer-Automaten:
Höhere Investitionen auf Grund der Bauweise
Geringere Leistung
Geringere Positioniergenauigkeit der einzelnen Werkstückträger.

Hinweis:

Weitere Angaben zur Verfügbarkeit von Montageautomaten s. Kap. 6.6.2.
Aufbau und Funktion von Montageautomaten s. Teil B. Kap. 5 sowie entsprechende Fachliteratur [1.1] und [3.3].

3. Flexible Roboterzelle

Durch Einsatz eines Industrie-Roboters (IR) z. B. mit einem horizontalen Schwenkarm (SCARA-Prinzip) ist es möglich, eine autonom arbeitende Montagezelle als sog. „Einstellen-Montageautomat" aufzubauen.

Merkmale:

In Verbindung mit einer oder zwei Verfahrensstationen, die im Arbeitsbereich des IR angeordnet sind, können besonders Erzeugnis-Baugruppen mit hoher Typ-Varianz automatisch montiert werden.
nur senkrechte Fügebewegungen bei IR mit 4 NC-Achsen
mit einem um 90° schwenkbaren Greifer oder durch Einsatz von Revolvergreifern sind auch horizontale Fügebewegungen möglich,
einfache Umprogrammierung auf unterschiedliche Abgreif- und Fügepositionen, z. B. bei Teilebereitstellung in Paletten
eingeschränkte Leistungsfähigkeit im Vergleich zu Rund- oder Längstransferautomaten, z. B. erreichbare Leistung von 6-8 Stck/min für das Montieren von 3 einfachen Teilen, mit anschließendem Verstemmen und Ablegen in Palette.

Hinweis:

Beispiele s. Kap. 5.3.1 und 5.3.2 und Teil B, Kap. 5.1.2 sowie 5.4.1 bis 5.4.4.

4. Flexible, automatische Montagelinie

Für Erzeugnisse mit unterschiedlichem Typen- und Variantenspektrum, die zunehmend in kleineren Losgrößen gefertigt werden, ist eine hohe Umrüstflexibilität, d. h. kurze Umrüstzeiten, Voraussetzung für eine wirtschaftliche Montage bei gleichzeitig hohem Automatisierungsgrad.

3.2 Grobplanung (Planungsstufe 2)

Für den Aufbau solcher flexibler Montagelinien eignen sich besonders Schwenkarm-IR oder auch einfache kartesische IR (mit 3 linearen NC-Achsen), mit einer preiswerten, auf PC-Basis aufgebauten Steuerung.

Merkmale:
- lose Verkettung der einzelnen IR-Zellen und Verfahrens-Stationen über ein Werkstückträgerband in Karree- oder Linienform (auch U-Form, jedoch höhere Investitionen für WT-Rückführung),
- einfache Umprogrammierung auf unterschiedliche Abgreif- und Fügepositionen (bei den IR-Stationen),
- Greiferwechsel automatisch möglich, jedoch meist nicht wirtschaftlich,
- erreichbare Taktzeiten: > 5 sek/Erzeugnis (abhängig von den vorgegebenen Prozess-Zeiten der Verfahrensstationen, der WT-Länge und Bandgeschwindigkeit),
- WT meist mit Codierung für Typ-Erkennung und Qualitätsanzeige (z. B.: i.O./n.i.O.)

Hinweis:
Beispiele s. Kap. 5.3.3

3.2.4.4 Werkstückträger, Anzahl und Gestaltung

Bei Montagesystemen mit loser Verkettung von manuellen Arbeitsplätzen und automatischen Stationen sind Werkstückträger (WT) zum geordneten Weitertransport der Erzeugnisse von Platz zu Platz erforderlich. Die WT-Anzahl und die WT-Gestaltung bestimmen den Kostenaufwand für dieses Transporthilfsmittel und beeinflussen die Wirtschaftlichkeit eines Montagesystems.

1. Werkstückträger-Anzahl

Für die ausreichende Versorgung der Arbeitsstationen innerhalb eines Montagesystems ist die richtige WT-Anzahl von zentraler Bedeutung.

Berechnungsformeln (n. Bosch Rexroth AG):

$$n_{ges} = n_1 + n_2 \text{ (Stck)}$$

$$n_1 = (\text{Anzahl Arbeitsplätze} + \text{Automatikstationen}) \cdot Z_1$$
$$+ \text{Anzahl TU-Plätze} \cdot Z_2$$
$$+ \text{Anzahl TFE} \cdot Z_3$$

$$n_2 = \frac{L_{ZW} \cdot 60(m \cdot sec/min)}{V_B \cdot t(m/min \cdot sec)}$$

n_{ges} = gesamte Anzahl Werkstückträger

n_1 = Anzahl WT auf der Montagestrecke

n_2 = Anzahl WT auf der Rückführstrecke

Z_1 = Anzahl WT pro Arbeitsplatz bzw. automat. Station,
bei Anordnung im Hauptschluss (2-3 WT/Platz)

Z_2 = Anzahl WT je taktunabhängigem Arbeitsplatz (TU),
bei Anordnung im Nebenschluss (4-6 WT/Platz)

Z_3 = Anzahl WT je Transfer-Einheit (TFE), z. B. Hub-Quer-Einheit, bei Karree-System (1-2 WT/Einheit), Liftstationen bei Linien-System mit WT-Rückführung in der Flurebene (2-3 WT/Lift)

L_{ZW} = Länge Zwischenstrecke, Rückführstrecke oder Puffer (m)

V_B = Bandgeschwindigkeit (m/min)

t = Taktzeit der Anlage (sec)

Hinweis:

Die o. g. Angaben über WT-Anzahl sind Richtwerte, die von Fall zu Fall mit dem Hersteller des Montagesystems überprüft werden müssen.

2. Werkstückträger-Gestaltung

Bei der WT-Gestaltung sind folgende Einflussfaktoren zu berücksichtigen:

Erzeugnis: Größe, Form, Gewicht, Oberflächenempfindlichkeit

Montagelage(n): Es ist möglichst eine Montagelage für alle Arbeitsgänge anzustreben. Sind mehrere Montagelagen unumgänglich, ist zu prüfen, ob ein weiterer WT-Kreislauf, aber dafür mit einem Einfach-WT, eine kostengünstigere Lösung darstellt.

Positioniergenauigkeit der Fügestelle am Erzeugnis.

Krafteinwirkung durch das Fügeverfahren

Platz für Codespeicher (Einsatz von Codespeicher s. 3.2.4.5).

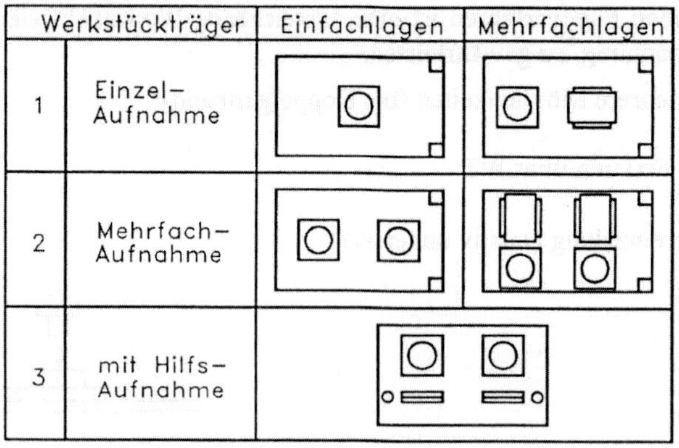

Werkstückträger		Einfachlagen	Mehrfachlagen
1	Einzel-Aufnahme		
2	Mehrfach-Aufnahme		
3	mit Hilfs-Aufnahme		

Bild 3-20   Gestaltungsmöglichkeiten von WT

Das Bild (3-20) zeigt verschiedene Gestaltungsmöglichkeiten der Werkstückaufnahme (s. Teil B/2.3.1.1):

Einzelaufnahme für ein Erzeugnis, mit einer oder zwei Montagelagen

Mehrfachaufnahme für zwei oder mehr Erzeugnisse, bedingt durch Abtaktung und Gestaltungsmöglichkeiten der einzelnen Handarbeitsplätze unter Berücksichtigung einer Beidhand-Montage nach MTM.

Nachteile:

– WT ist teurer als entsprechende Einfach-WT mit nur einer Lage des Erzeugnisses.

3.2 Grobplanung (Planungsstufe 2)

- An Automatik-Stationen erhöhter Aufwand für 2-fach-Fügeeinheit bzw. WT-Verschiebeeinheit bei 1-fach-Fügestation.
- Codierung für i.O. / n.i.O. in zweifacher Ausführung für jede Werkstückaufnahme.

mit Hilfsaufnahme(n). Die Hilfsaufnahmen werden häufig zur Vormontage an Baugruppen oder zum Bereitstellen von schwer zu handhabenden Einzelteilen verwendet, z.B. Teil von Hand ordnen und in Hilfsaufnahme setzen, anschließend an nachfolgender Automatik-Station dieses Teil greifen und fügen.

An nicht ausgelasteten Arbeitsplätzen kann z. B. durch Bestücken von Hilfsaufnahmen ein Taktausgleich erzielt werden. Andererseits wird durch ein bereits geordnet bereitgestelltes Teil (oder mehrere Einzelteile) eine Reduzierung des Arbeitsinhaltes an einem „überlasteten" Arbeitsplatz ermöglicht.

Bei automatischen Fügeverfahren ist eine ausreichende Werkstückfixierung, falls erforderlich auch Spannung, zu gewährleisten.

Dafür gibt es mehrere Möglichkeiten (Bild 3-21):

Mittelbares Fixieren über WT:

mit WT-Vereinzelung (relativ ungenau)

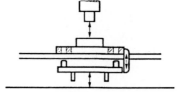

mit Positioniereinheit von unten

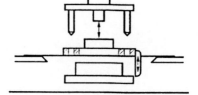

mit Fangstiften von oben, Abstützung Werkstückträger über Amboss, Bandauflage in diesem Bereich unterbrochen.

Unmittelbares Fixieren direkt am Erzeugnis mit Fangstiften:

WT-Positionierung von unten „nachgiebig", sonst Gefahr der Überbestimmung

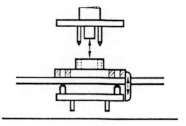

Bild 3-21   Möglichkeiten der Werkstück-Fixierung

Grundsätzlich ist bei der Werkstückträgerkonstruktion darauf zu achten, dass die Aufnahmen aus Kostengründen so einfach wie möglich gestaltet werden; ggf. Wertanalyse/Wertgestaltung durchführen.

Empfehlung:

Muster-Werkstückträger frühzeitig anfertigen und mit Erzeugnisteilen Aufnahme- und Haltefunktion erproben und Positioniergenauigkeit überprüfen.

3.2.4.5 Informations- und Datenspeichersysteme

In automatisierten Montageanlagen ist die sichere und schnelle Identifikation der zu montierenden Erzeugnisse unverzichtbar. An jeder Montagestation müssen daher zu jedem ankommenden Werkstück bzw. Erzeugnis die zugehörigen Informationen bereitstehen, z. B.:

Erzeugnistyp

Montagestatus

nächster Montageschritt

Einstellparameter

Prüfergebnis (i.O./n.i.O.)

Dies gilt besonders dann, wenn mehrere Produktvarianten im Typ-Mix gleichzeitig auf einer Montageanlage montiert und geprüft werden.

Man unterscheidet zwischen:

direkter Codierung am Erzeugnis, z. B. durch aufgedruckten Barcode mit einer Typ-Nr. und einer laufenden Zähl-Nr.

indirekter Codierung an einem Werkstückträger mit fest zugeordneter WT-Nr.– oder programmierbarem Datenspeicher

Beispiele für programmierbare Datenspeicher:

1. Mechanisches Codiersystem

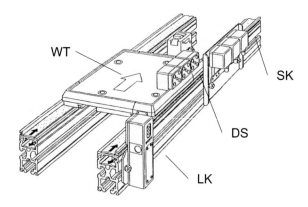

Bild 3-22 Mechanisches Informations- und Datenspeichersystem (Bosch-Rexroth AG)

3.2 Grobplanung (Planungsstufe 2)

Die Codierung (Bild 3-22) erfolgt mechanisch über Nocken im Datenspeicher (DS) auf dem Werkstückträger (WT). Die Nocken werden mit dem Schreibkopf (SK) gesetzt. Mit dem Lesekopf (LK) wird ihre Stellung über Näherungsschalter abgefragt. Die gelesenen Informationen werden an eine übergeordnete Steuerung weitergegeben oder im Lesekopf mit vorgegebenen Sollwerten verglichen.

Beispiel: Verwendung von 4 Datenspeichern auf einem WT (Bild 3-23)

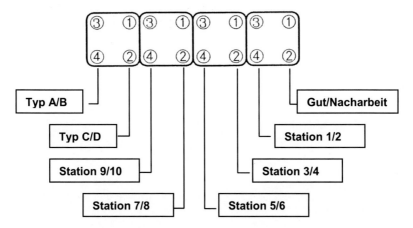

Bild 3-23 Codierungsmöglichkeiten mit mechanischen Datenspeichern (Bosch-Rexroth AG)

2. Elektronisches Codiersystem

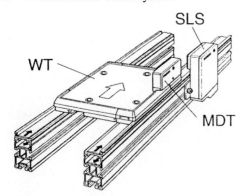

Bild 3-24 Elektronisches Informations- und Datenspeichersystem (Bosch-Rexroth AG)

Alle werkstückbezogenen Daten werden im mobilen Datenträger (MDT) elektronisch gespeichert. Der Schreib-Lese-Kopf (SLK, frühere Bezeichnung SLS (Schreiblesesystem)) kann die Daten beliebig oft lesen und überschreiben sowie Prozessfunktionen steuern. Er wird vom Anwender mit Hilfe eines PC programmiert. Die Datenübertragung zwischen SLK und MDT erfolgt induktiv. Die gelesenen Daten werden entweder an einen Leitrechner weitergegeben oder im SLK ausgewertet und zur Steuerung von Prozessfunktionen vor Ort verwendet. Der SLK ist über vorhandene Schnittstellen mit beliebigen Steuerungen (SPS) und Rechnern einsetzbar.

Erfolgt der Informationsfluss zu einem Montagesystem über einen Leit- oder Linienrechner, dann können die aus den eingelasteten Aufträgen stammenden Daten nach dem Prinzip eines elektronischen Laufzettels in den mobilen Datenträger übertragen werden. Die Werkstückträger „finden" somit den richtigen Weg auch in komplexen Montagesystemen mit verzweigten Transportstrecken. Daten, die während der Montage- und Prüfphase anfallen (Prozessdaten, Prüfergebnisse) werden gespeichert. Durch synchronen Transport von Werkstück und Daten ist eine Zuordnung jederzeit, auch nach Stromausfall oder Rechnerdefekt, vorhanden. Eine Beeinträchtigung der Produktion durch Datenverlust ist nicht gegeben.

Hinweis:
Weitere Einzelheiten und Komponenten s. Kap. 3.3.1.3 bzw. Teil B, 2.3.2.3.

3.2.5 Notwendige Hallenfläche ermitteln (Planungsschritt 5)

Um den Flächenbedarf eines Montagesystems bestimmen zu können, muss mit Hilfe von techn. Daten und Abmessungen (s. Komponenten Teil B) die meist nur als Entwurf vorliegende Gesamtstruktur in einzelne Segmente aufgeteilt und maßstäblich in einen Hallenplan eingezeichnet werden.

Dabei ist zu unterscheiden zwischen:

produktive Nutzflächen,
z. B. Vormontage(n), Endmontage, Schlussprüfung,
Hilfsflächen,
z. B. Teilean- und Ablieferung, Bereitstellung in Regalen, Werkzeug- und Ersatzteilschränke, u. a.
Verkehrsflächen,
z. B. Fahrwege, Gänge, Freiräume für Transportmittel (s. Kap. 6.6)
Sicherheitsflächen,
z. B. geschützte Bereiche für Mitarbeiter
Installationsflächen,
z. B. zentraler Schaltschrank, Versorgungs- und Entsorgungskanäle (Elektrik, Druckluft, Absaugungen)
Informationsflächen,
z. B. Platz für Informationstafeln, Besprechungsecke für das Montageteam.

Bei der Bestimmung der Bereitstellungs- und Ablieferungsflächen, abhängig von der Montagestruktur bzw. der Montagesystem-Grundform, ist eine vorausschauende Planung notwendig. Erfahrungsgemäß sind in der Grobplanungsphase die logistischen Abläufe, besonders bei Neuplanungen, noch nicht ausreichend bekannt oder durchdacht. Dadurch sind diese Flächen häufig unterdimensioniert und verursachen zum Zeitpunkt des Fertigungsbeginns Engpässe, die nachträglich nur schwer zu beseitigen sind.

Im Rahmen der Feinplanung ist daher der gesamte Flächenbedarf nochmals kritisch zu überprüfen und ggf. zu korrigieren.

Der Flächenbedarf für die einzelnen Montagesystem-Alternativen wird beim Systemvergleich und bei der Wirtschaftlichkeitsrechnung berücksichtigt und bewertet.(s. Kap. 6.6 und 7.2)

3.2.6 Personalbedarf planen (Planungsschritt 6)

Um die erforderliche Anzahl von Mitarbeitern für die Durchführung einer Montageaufgabe festlegen zu können, ist die Art der Arbeitsorganisation, d. h. die Einbindung der Mitarbeiter in den gesamten Montageprozess zu klären. Als Leitprinzip der Arbeitsorganisation ist das Schaffen von Dispositions- Entscheidungs- und Handlungsspielräumen anzusehen. Voraussetzung hierfür ist die Entkopplung des Menschen von ablaufbedingten Zwängen (Trennung der Arbeitsorganisation von der Prozessorganisation).

Nachfolgend werden anhand von drei Beispielen Hinweise für die Ermittlung des Personalbedarfs bei unterschiedlichen Formen der Arbeitsorganisation gegeben.

1. Montage an Einzelarbeitsplätzen bzw. Parallelarbeitsplätzen (Partnerplätzen)

Annahmen:

    ganzheitliche Montage eines Erzeugnisses oder einer Erzeugnisbaugruppe

    Teilebereitstellung im Arbeitsplatzbereich erfolgt je nach Montageumfang bzw. bei Typwechsel durch einen sog. Beschicker (indirekter Mitarbeiter). Dies gilt auch für den Abtransport der fertigen Erzeugnisse oder Baugruppen

    Umrüsten von Vorrichtungen bei Typwechsel erfolgt durch Einsteller (indirekter Mitarbeiter)

Personalbedarf:

$$A = \frac{t_{e1} \cdot n_1 + t_{e2} \cdot n_2 \ldots (\text{min/Stck} \cdot \text{Stck/Schicht})}{T_{AZ} (\text{min/Schicht})}$$

A: Anzahl Arbeitsplätze

T_{AZ}:   Netto-Arbeitszeit (min/Schicht)

$\Sigma t_{e1 \ldots n}$:   gesamter, manuell zu verrichtender Arbeitsinhalt eines oder mehrerer Erzeugnisse (min/Stck)

$n_{1 \ldots n}$:   Anzahl zu produzierender Erzeugnisse (Stck/Schicht)

Hinweis (gilt auch für Pkt. 2):

    Netto-Arbeitszeit = Arbeitszeit/Schicht − (Verteilzeit + Rüstzeit)

    Ausbringung pro Arbeitsplatz bei 100 % Leistungsgrad.

2. Montage in Gruppenarbeit

Dies bedeutet Zusammenarbeit mehrerer Mitarbeiter unter einer Aufgabenstellung mit der Möglichkeit zur individuellen Leistungsentfaltung und Höherqualifikation durch stufenweise Übernahme von zusätzlichen, über den eigentlichen Montageumfang hinausgehenden Tätigkeiten, z. B. kleinere Umrüstarbeiten, Mithilfe bei der Teiledisposition und Bereitstellung an den Gruppenarbeitsplätzen. Die jeweilige Tätigkeit erfolgt in Abstimmung mit den anderen Mitarbeitern der Gruppe.

Der Umfang und die zeitliche Zuordnung der o. g. Tätigkeiten zeigt die Schwierigkeit bei der Personalbedarfsplanung im Zusammenhang mit Gruppenarbeit (heute auch mit „Teamorientierte Produktion" bezeichnet).

Es wird daher eine geteilte Vorgehensweise empfohlen:

> Bestimmung der theoretischen Anzahl von Arbeitskräften zur Bewältigung der eigentlichen Montageaufgabe, ohne zusätzliche indirekte Tätigkeiten.
>
> Berechnung s. Kap. 6.1.1 (Fließarbeit)
>
> Abschätzen des Zeitbedarfs (min/Schicht) für zusätzliche Tätigkeiten, z. B.:
>
> Umrüsten (Häufigkeit und Dauer),
>
> Teilebereitstellung an den Arbeitsplätzen,
>
> Teile beschaffen im Teilelager.

Weitere Einflussfaktoren sind:

> vorhandene Qualifikation der im Montagesystem bzw. in der Arbeitsgruppe tätigen Mitarbeiter,
>
> technische Verfügbarkeit der mechanisierten bzw. automatisierten Arbeitsgänge
>
> vorhandene Montagesystem-Grundform (z. B. Karree-, U- oder Linien-Form).

Hinweis:

Ergibt die Berechnung des Ausbringungstaktes (nach 6.1.1) eine Zeit $\leq$ 30 Sekunden und ist ein mehrmaliges Umrüsten pro Schicht aufgrund kleiner Losgrößen erforderlich, dann ist es sinnvoll, z. B. die Ausbringungstaktzeit zu verdoppeln und die Arbeit auf zwei parallele Systeme zu verteilen. Dadurch werden die Verlustzeiten der einzelnen Systeme infolge weniger Umrüstvorgänge pro Schicht entsprechend reduziert.

Das Parallelschalten von Montagesystemen mit „mehr Arbeitsplätze als Mitarbeiter" bringt vor allem bei Kleinserien- und Mittelserien-Erzeugnissen, die in kleinen Losgrößen gefertigt werden sollen, folgende Vorteile:

> die Ausbringung der Systeme kann auf einfache Weise durch variablen Mitarbeitereinsatz den Kundenabrufen angepasst werden,
>
> einfacher Austausch der Mitarbeiter ist möglich, abhängig von der jeweiligen Auslastung der einzelnen Montagesysteme,
>
> unterschiedliche Arbeitsinhalte bei Typwechsel können leichter aufgeteilt und ausgeglichen werden,
>
> Übernahme zusätzlicher Tätigkeiten (Rüsten, Teilebeschaffung, u.a.) durch Mitarbeiter der Gruppe,
>
> gute Einarbeitungsmöglichkeiten für neue Mitarbeiter.

Als Montagesystem-Grundformen eignen sich dafür besonders Systeme mit Karree- oder U-förmiger Anordnung der Arbeitsplätze (s. Kap. 4).

3.2 Grobplanung (Planungsstufe 2)

3. Verkettete Arbeitsplätze in einem Fließsystem

Arbeitsteilige Montage wahlweise

    nach dem Hauptflussprinzip mit taktgebundenen, manuellen Arbeitsplätzen

    nach dem Nebenflussprinzip mit taktunabhängigen, manuellen Arbeitsplätzen

Annahmen:

    Teilebereitstellung im Arbeitsplatzbereich erfolgt durch einen „Bandbeschicker"

    Umrüsten der Arbeitsplätze bei Typwechsel erfolgt durch Einsteller

Personalbedarf:

Berechnung s. Kap. 6.1.1 (Fließarbeit)

Hinweise:

    bei taktgebundener Fließarbeit sind ein oder mehrere Springer als zusätzliche, variabel einsetzbare Mitarbeiter einzuplanen. Die Anzahl Springer hängt ab von der Zahl der Mitarbeiter innerhalb eines Montagesystems. Die Festlegung erfolgt nach der Summe der persönlichen Verteilzeit aller im Montagesystem taktgebundenen Mitarbeiter sowie nach innerbetrieblichen Kriterien (z. B. Mithilfe bei der Teilebereitstellung und beim Umrüsten).

    Je nach Umfang der anfallenden Nacharbeit kann ein weiterer Mitarbeiter erforderlich werden.

    Bei teil- bzw. hochautomatisierten Montagesystemen ist zusätzlich ein oder mehrere Anlagenbetreuer für die Überwachung und Störungsbeseitigung einzuplanen.

    (Erfahrungswert: bis ca. 15 Stationen ein Mitarbeiter).

3.2.7 Lösungsalternativen bewerten und auswählen (Planungsschritt 7)

Nach erfolgter Grobplanung liegen meist mehrere Lösungsvorschläge so ausgearbeitet vor, dass nach einer Kostenabschätzung zwei Alternativen ausgewählt werden können, welche die Zielvorgaben am besten erfüllen.

Für diese Vorauswahl genügt zunächst eine vereinfachte Methode und Vorgehensweise (ausführliche Beschreibung s. Kap. 6.6).

Dabei wird unterschieden zwischen:

    quantifizierbare Kriterien, z. B.:

    Investitionsaufwand (Anlagen und Einrichtungen),

    Werkzeug- und Vorrichtungskosten,

    Personalkosten (Lohn- und Lohnnebenkosten),

    Service- und Reparaturkosten,

    Flächenbedarf,

    Umrüstverluste,

    nicht quantifizierbare Kriterien, z. B.:

Flexibilität bezüglich Typenvielfalt und Stückzahländerungen,

Möglichkeit zur Gruppenarbeit,

Entkopplung "Mensch - Technik",

Teilebereitstellung am Montagesystem und an den Arbeitsplätzen,

Zugänglichkeit und Übersichtlichkeit für Anlagenbetreuer und Servicepersonal.

Diese Systembewertung wird zweckmäßigerweise in einem Team kompetenter Mitarbeiter aus Fertigungsplanung, Fertigungsmittelkonstruktion, Qualitätssicherung und Fertigung (Montagebereich) durchgeführt. Die endgültige Entscheidung, welche der beiden verbliebenen Lösungsvorschläge realisiert werden soll, kann erst nach der Durchführung einer Wirtschaftlichkeitsrechnung getroffen werden.

Eine weitere Methode zur Auswahl einer bestimmten Systemalternative ist die sog. „Arbeitssystemwert-Ermittlung". Die dafür erforderlichen nicht quantifizierbaren Kriterien sind im Allgemeinen die gleichen wie in Kap. 6.6 beschrieben. Falls notwendig, können aber noch weitere Kriterien zusätzlich mit aufgenommen werden. Der Unterschied zu dem vereinfachten Verfahren ist die zahlenmäßige Festlegung von Gewichtungsfaktoren und deren Ausprägung bei den einzelnen Systemvarianten. Am Ende stehen dann Vergleichszahlen für eine abschließende Systembeurteilung zur Verfügung.

3.2.8 Projektkalkulation und Wirtschaftlichkeitsberechnung durchführen (Planungsschritt 8)

Für die kostenmäßige Bewertung von Montagesystemen gibt es mehrere Arten von Vergleichsrechnungen. Alle Berechnungsmethoden haben die Ermittlung und den Vergleich der Montagekosten eines Erzeugnisses zum Ziel, sowie die Ermittlung der Amortisationszeit der zu vergleichenden Montagesysteme.

Weitere Vergleichsgrößen, wie z. B. Kapitalertragsrate (Kapitalverzinsung am Ende der geplanten Nutzung einer Montageanlage), werden von mehreren Firmen zusätzlich in die Entscheidungsfindung mit einbezogen.

3.2.8.1 Berechnung der Montagekosten

Ein vereinfachtes Berechnungsverfahren ist in der Literatur beschrieben [1.1 und 7.1]. Mit Hilfe einer Platzkostenrechnung wird zunächst der Maschinenstundensatz ermittelt. Hinzu kommen die anfallenden Lohn- und Lohnnebenkosten, sowohl für „direkte" als auch „indirekte" Mitarbeiter.

Die Montagekosten K_M werden wie folgt berechnet (s. Kap. 7.2):

$$K_M = \frac{Maschinenstundensatz(EUR/Std) + Personalkosten(EUR/Std)}{Montagesystemausbringung(Stck/Std))} (EUR/Stck)$$

Die Haupteinflussfaktoren bei der Berechnung des Maschinenstundensatzes sind:

Wiederbeschaffungswert (Anschaffungskosten multipliziert mit dem Faktor der zu erwartenden Preissteigerung während der Nutzungsdauer der Anlage, sowie Aufstellungs- und Anlaufkosten der Anlage)

3.2 Grobplanung (Planungsstufe 2)

Auslastung der Anlage im Ein-, Zwei- oder Dreischichtbetrieb

Kalkulatorische Abschreibung

Zinsen

Nutzungsdauer.

Die Nutzungsdauer hängt davon ab, wie lange ein Erzeugnis auf dieser Anlage hergestellt wird. Entscheidend ist jedoch, ob das Montagesystem als Sondereinrichtung konzipiert oder aber durch einen hohen Anteil an standardisierten und in Grenzen universell einsetzbaren Bauelementen, Basissystemen, Arbeitsplätzen und automatischen Stationen auch für ähnliche oder andere Erzeugnisse zu einem späteren Zeitpunkt nochmals wiederverwendet werden kann.

Voraussetzung:

modularer Systemaufbau mit definierten Schnittstellen (mechanisch und steuerungstechnisch)

kurze Umbauzeit.

Dadurch ist es möglich, die kalkulatorische Abschreibung zu splitten, z. B.:

kalkulatorische Abschreibung von Sondereinrichtungen innerhalb von 2-3 Jahren,

kalkulatorische Abschreibung von Standardsystemen und -Elementen innerhalb von 5-6 Jahren.

Zu beachten ist, dass nach einer Nutzungsdauer von mehr als 5 Jahren durch Abnutzungserscheinungen (z. B. am Transfersystem) oder aber durch technologischen Wandel (z. B. Steuerungssysteme und dazugehörige Software), eine nochmalige Nutzung für ein neues Produkt ein erhöhtes Risiko bedeutet. Zusätzliche, vorher nicht bekannte Reparatur- und Instandsetzungskosten können die Rentabilität einer solchen Maßnahme negativ beeinflussen.

3.2.8.2 Berechnung der Kapitalrückflussdauer (Amortisationszeit)

Das Ziel einer Wirtschaftlichkeitsrechnung ist meist die Ermittlung der Amortisationsdauer einer Investition. Mit der häufig verwendeten Formel

$$\text{Amortisationszeit} = \frac{\text{Kapitalmehraufwand (EUR)}}{\text{Ersparnis / (EUR/Jahr)}} (\text{Jahr})$$

kann mit wenig Rechenaufwand schnell ein Orientierungswert erzielt werden.

Wird jedoch eine, nach betriebswirtschaftlichen Kriterien erweiterte Berechnungsmethode verwendet, bei der Zinsen, Kapitalertragssteuer und Abschreibung oder der Wiederbeschaffungswert der Anlage berücksichtigt werden, dann erhält man meist eine längere Amortisationszeit als zuvor mit der o. g. Formel berechnet.

Vergleichsrechnungen zeigen, dass die Kapitalrückflussdauer bei den aufwendigeren Berechnungsmethoden meist um den Faktor 1,3-1,6 größer ist als bei der o. g. Überschlagsrechnung (weitere Einzelheiten s. Kap. 7.2).

3.3 Feinplanung (Planungsstufe 3)

3.3.1 Gesamtsystem und Teilsysteme im Detail ausarbeiten (Planungsschritt 1)

3.3.1.1 Pflichtenheft ausarbeiten bzw. ergänzen

Nach der Genehmigung und Freigabe des Montage-Projektes wird empfohlen, vor Beginn der Detail-Ausarbeitung die Angaben des bereits im Entwurf vorhandenen Pflichtenhefts (s. Kap. 3.1) zu überprüfen und durch die unten genannten Ausführungsbedingungen und Richtlinien zu ergänzen. Dabei ist es sinnvoll, dass die planende Abteilung die endgültige Festlegung aller Forderungen und Pflichten zusammen mit dem späteren Anlagenbetreiber (Montagebetrieb) und der dafür zuständigen Serviceabteilung vornimmt. Dieses Pflichtenheft ist dann verbindlicher Bestandteil für eine Ausschreibung und Anfrage bei mehreren Anlagenherstellern (s. Kap. 3.3.3).

Der wesentliche Inhalt eines Pflichtenhefts ist:
1. Erzeugnis-Beschreibung
2. Leistungsangaben (Stückzahl/Schicht, Typenzahl, Umrüsthäufigkeit, u. a.)
3. Angaben zum Montageablauf und zur Erzeugnis-Prüfung
4. Anlagenkonzeption und Ausführung
5. Energieversorgung, Steuerung (Elektrik, Hydraulik, Pneumatik)
6. Arbeitssicherheit (Werksvorschriften, Normen, Richtlinien)
7. Konstruktionsrichtlinien, Dokumentation
8. Transport- und Aufstellbedingungen
9. Einkaufs-, Liefer- und Abnahmebedingungen.

3.3.1.2 Gesamtmontagesystem und Montageabschnitte konstruktiv ausarbeiten

Besteht ein Montagesystem aus mehreren Untersystemen (Abschnitte), mit unterschiedlichem Mechanisierungs- bzw. Automatisierungsgrad, dann sind zunächst die Vormontageabschnitte in ihrem technischen Umfang und in ihrer Zuordnung (Lage und Schnittstellen) zum Endmontagesystem konstruktiv festzulegen, bevor mit der detaillierten Ausarbeitung des Endmontagesystems begonnen wird.

Folgende Vorgehensweise hat sich in der Praxis als sinnvoll erwiesen:

1. Arbeitsinhalt überprüfen

Die Aufteilung des gesamten Arbeitsinhaltes der zu montierenden Erzeugnistypen und Varianten in manuelle und – falls die stückzahlabhängigen Voraussetzungen vorhanden sind – in automatisierte Montageabläufe, ist bereits in der Phase der Grobplanung vorgenommen worden. Zu Beginn der Feinplanung muss jedoch diese Festlegung nochmals überprüft und ggf. korrigiert werden.

Mögliche neue Einflussfaktoren sind:

zusätzliche Erzeugnisvarianten mit verändertem Arbeitsinhalt
konstruktive Änderungen an den bereits bestehenden Erzeugnissen,

3.3 Feinplanung (Planungsstufe 3)

Änderungswünsche der Fertigung an die Entwicklungsabteilung bezüglich automatisierungsgerechter Einzelteilgestaltung konnten noch nicht erfüllt werden, d. h. bereits geplante automatische Handhabungs- und Fügevorgänge müssen aus Gründen einer möglichst störungsfreien Montage vorerst doch noch manuell ausgeführt werden.

2. Montagelage(n) des Erzeugnisses und der Erzeugnisbaugruppen in den einzelnen Montagestufen überprüfen und, falls erforderlich, neu festlegen:

an manuellen Arbeitsplätzen,

an automatischen Montagestationen,

innerhalb der Schlussprüfung (wenn Bestandteil des Montagesystems)

3. Werkstückträgergestaltung an dem vorhandenen Muster-WT überprüfen bzw. konstruktiv überarbeiten, hinsichtlich

Werkstücklage(n) und Fixierung,

zusätzlicher Hilfsaufnahmen für ein geordnetes Bereitstellen von Einzelteilen an automatischen Stationen oder an Handarbeitsplätzen,

notwendiger WT-Codierung, entweder mit mechanischem oder mit elektronischem Datenspeicher,

einfacher WT-Gestaltung (Wertgestaltung),

erforderlicher WT-Stückzahl und Herstellkosten.

4. Gestaltung von manuellen Arbeitsplätzen:

Es ist eine möglichst gleichmäßige Auslastung aller voneinander abhängigen Arbeitsplätze anzustreben.

Die Darstellung in einem Taktdiagramm, besonders bei verketteten Plätzen, wird empfohlen (s. 6.1), um den Engpassplatz und den Taktausgleich an nicht ausgelasteten Plätzen besser zu erkennen:

Engpass-Situationen durch geordnetes Bereitstellen von Einzelteilen (z. B. in Magazinen oder über Schwingförderer) beseitigen,

an nicht ausgelasteten, verketteten Arbeitsplätzen können Einzelteile in Hilfsaufnahmen auf Werkstückträgern geordnet abgelegt werden. Dadurch ist an nachfolgenden Engpassplätzen oder automatischen Stationen ein einfaches Greifen und Fügen möglich ohne zusätzliche Kosten für eine automatische Zuführeinrichtung.

Grundsätzlich sind manuelle Arbeitsplätze so zu gestalten, dass ein Umrüsten vom Mitarbeiter selbst schnell durchgeführt werden kann. Voraussetzung dafür ist, dass z. B. Schnellspannelemente und definierte Anschlagflächen bereits bei der Konstruktion einer Montagevorrichtung vorgesehen werden. Bei der Gestaltung von nichtverketteten Gruppenarbeitsplätzen mit unterschiedlichem Arbeitsinhalt pro Erzeugnistyp/-Variante ist eine gleichmäßige Abtaktung meist nicht möglich, besonders bei mehrmaligem Umrüsten pro Schicht. Die Übernahme von „indirekten Tätigkeiten", z. B. Teilebeschaffung, Bereitstellung im Montagebereich und an den einzelnen Arbeitsplätzen, Durchführung einfacher Umrüstvorgänge durch Mitarbeiter der Gruppe kann einen entsprechenden Ausgleich ermöglichen. Weitere Hinweise zur ergonomischen Arbeitsplatzgestaltung s. Kap. 6.3.

5. Gestaltung von automatischen Stationen:

Kurze Anlaufzeiten für neue Erzeugnisse, häufigerer Typwechsel, kürzer werdende Produktlebenszyklen und abnehmende Verkaufserlöse besonders bei Massenartikeln und Großserienerzeugnissen beeinträchtigen zunehmend die Wirtschaftlichkeit automatischer Montagestationen innerhalb eines Montagesystems. Hinzu kommen noch weitere Forderungen vom Anwender, die sich zusätzlich auf die Herstellkosten einer Montagestation auswirken, z. B.

kurze Umrüstzeiten bei Typwechsel ($\leq$ 5 Minuten),

hohe Verfügbarkeit bei Fügeprozessen und automatischen Zuführeinrichtungen (s. Kap. 6.6.2),

Möglichkeit zur Verknüpfung mit einem übergeordneten Leitsystem zur Übertragung von Auftragsdaten, Rüstdaten, Qualitätsdaten, u. a.

Folgende Lösungsansätze können zu einer Verbesserung der Wirtschaftlichkeit und zur Senkung des Investitionsrisikos beitragen:

verstärkter Einsatz von modular aufgebauten Montagestationen mit einem hohen Anteil von standardisierten, serienmäßig hergestellten Baugruppen und Bauelementen (s. Kap. 5.5.3),

Grundaufbau von manuellen Arbeitsplätzen und automatischen Stationen im gleichen Raster (Länge, Breite) und mit standardisierten Schnittstellen zum WT-Transfersystem planen. Dies ist eine Voraussetzung für einen späteren, schnellen Austausch eines Handarbeitsplatzes gegen eine automatische Station, ohne zusätzliche Umbauarbeiten

Einsatz von dezentralen speicherprogrammierbaren Steuerungen (SPS) für jede automatische Station. Dies ermöglicht eine individuelle Ausprobe während der Anfertigungsphase einer Montageanlage und führt zur Verkürzung der Lieferzeit im Vergleich zu Montageanlagen mit zentralem Steuerungssystem.

Bei verspäteter Fertigstellung bzw. Ausprobe einer einzelnen Station ist eine kurzfristige Installation und ein schneller Anlauf innerhalb eines bereits produzierenden Montagesystems möglich.

Um zu erkennen, ob eine automatische Station die vorgegebene Taktzeit nicht überschreitet, ist während der Entwurfsphase ein Funktionsdiagramm (Weg-Zeit-Diagramm) zu erstellen. Darin wird der zeitliche Ablauf jeder Einzelbewegung graphisch dargestellt (s. Bild 3-25). Wird im ungünstigsten Fall die Taktzeit überschritten, dann ist zu klären, ob durch konstruktive Maßnahmen (z. B. parallel statt seriell ablaufende Bewegungsfunktionen) eine Taktzeitverkürzung erreicht werden kann.

3.3 Feinplanung (Planungsstufe 3)

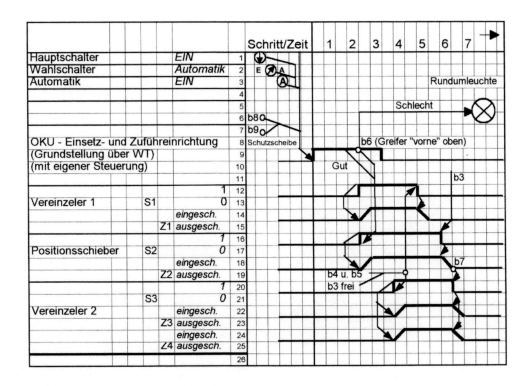

Bild 3-25 Funktionsdiagramm (Weg-Zeit-Diagramm)

Zur eindeutigen Beschreibung der steuerungstechnischen Verknüpfungsfunktionen (z. B. UND, ODER, u. a.) und deren gegenseitigen Abhängigkeiten, sowohl für den Handbetrieb (z. B. beim Einrichten), als auch für den Automatikbetrieb ist vom Konstrukteur ein sog. Funktionsplan zu erstellen (s. Bild 3-26). Dieser Plan dient dem Steuerungstechniker als Beschreibung und Anweisung, um die elektrischen Steuerfunktionen und deren ablauf- bzw. sicherheitsbedingten Verriegelungen in einen Kontakt- bzw. Stromlaufplan zu übertragen. Mit diesen Plänen kann die Steuerung aufgebaut und im Schaltschrank ausgeführt werden. Diese Projektierungs- und Planungsschritte sind notwendig, um eine funktions- und betriebssichere Steuerung schon zur Ausprobe einer Station zur Verfügung zu haben.

Nachträgliche Änderungen wegen ungenügender Funktionsbeschreibung verzögern den Fertigungsanlauf und -hochlauf.

Um kurze Umrüstzeiten bei Typwechsel zu erreichen, ist zu prüfen, ob ein manuelles Verstellen von Anschlägen für unterschiedliche Endpositionen bei Linear- und Rotationseinheiten die gestellten Forderungen erfüllen. Durch den Einsatz von NC- oder Schrittmotorantrieben an Achssystemen, anstelle von Pneumatik-Zylinder, können über das Steuerungsprogramm, ohne Zeitverlust, die neuen Anfangs- und Endpositionen angefahren werden. Die Wirtschaftlichkeit solcher Lösungen muss aber bei jedem Anwendungsfall überprüft werden.

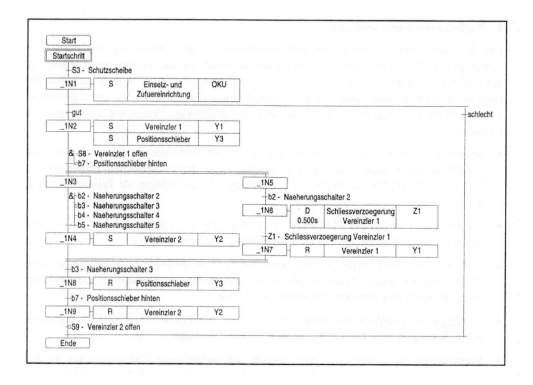

Bild 3-26   Funktionsplan

Auf gute Zugänglichkeit zu allen Stellen, an denen sich z. B. Signalgeber, Wegmesssysteme, Befestigungselemente für Werkzeuge, u. a. befinden, ist bei der Konstruktion besonders zu achten. Nur so können Einstell-, Service- und Instandsetzungszeiten auf ein Minimum reduziert werden.

Bei Stationen mit automatischen Zuführeinrichtungen kann die Verfügbarkeit deutlich verbessert werden, wenn erprobte Ordnungseinrichtungen zum Einsatz kommen und diese durch ausreichend dimensionierte Pufferstrecken (z. B. Linearförderer) von den Fügeeinrichtungen (z. B. Übergabegeräte) entkoppelt angeordnet sind.

6. Verkettungssystem festlegen

Die Auswahl eines geeigneten Verkettungssystems für die Verbindung von manuellen Arbeitsplätzen bzw. automatisierten Stationen ist bereits bei der Grobplanung erfolgt. In der Phase der Feinplanung sind jedoch, nach genauer Kenntnis der Anzahl und Ausführung der einzelnen Arbeitsplätze und Stationen sowie der gesamten Verkettungsstruktur noch zusätzliche Detailfragen zu klären, um eine endgültige Festlegung vornehmen zu können:

3.3 Feinplanung (Planungsstufe 3)

überprüfen, ob der Hallenplan mit der tatsächlich vorhandenen Situation der Aufstellfläche noch übereinstimmt, z. B. genaue Lage der vorhandenen Hallenstützen, Einspeisstellen (Elektrik, Pneumatik), Fahrwege, Zwischenlager für Teileanlieferung, u. a.

Gesamtabmessungen der Förderstrecken (Länge, Breite, Stützenanordnung, u. a.) und deren Schnittstellen zu den Arbeitsplätzen bzw. Stationen festlegen,

Belastung der Förderstrecken und Antriebseinheiten abhängig von WT-Anzahl und -Gewicht (einschl. Erzeugnis-Gewicht) überprüfen, gegebenenfalls Gesamtlänge in mehrere kürzere Streckenabschnitte unterteilen,

Fördergeschwindigkeit überprüfen, hinsichtlich Einfluss auf Taktzeit bei automatischen Stationen, z. B. Nebenzeit für WT-Ein- und Auslauf reduzieren (s. Teil B 2.2.7.1),

Freistrecken für zusätzliche Reserveplätze und notwendige Zwischenräume an Arbeitsplätzen und Stationen für Teilebereitstellung und Servicearbeiten vorsehen,

mechanische und steuerungstechnische Schnittstellen überprüfen, besonders bei Verwendung von Systemelementen unterschiedlicher Hersteller (weitere Einzelheiten s. Teil B).

3.3.1.3 Auftragsplanungs- und Steuerungssystem festlegen

Mit den bisher eingesetzten Produktionsplanungs- und Steuerungssystemen bzw. -methoden können

Durchlaufzeiten

Personalkapazität

Montagesystemauslastung

Bestände in Pufferlager

nicht mehr flexibel den Marktforderungen angepasst werden. Ein häufig bestehendes Problem in manchen Fertigungsbetrieben ist eine aktuelle und verbindliche Aussage über die Verfügbarkeit der für die Durchführung eines Montageauftrags benötigten Einzelteile und Baugruppen (Eigenfertigung und Zukauf):

wann verfügbar? (Zeit)

in welcher Stückzahl verfügbar? (Menge)

in fehlerfreiem Zustand verfügbar? (Qualität).

Ist z. B. die Einführung einer „absatzgesteuerten Montage" geplant, dann ist eine bedarfsorientierte Teilebeschaffung und Kapazitätsplanung sowie das Vorhandensein eines flexiblen Montagesystems eine notwendige Voraussetzung.

Besonders das Montieren von Erzeugnissen mit hoher Typen- und Variantenvielfalt in kleinen Losgrößen und mit kurzen Lieferzeiten zwingt zu einer Synchronisierung von Materialfluss und Informationsfluss mit ständig aktualisierten Auftragsplanungs- und Steuerungsdaten.

Für eine absatzgesteuerte, kundenorientierte Montage, mit der es möglich ist,

im Produktmix
im Variantenmix
in kleinsten Losgrößen
in beliebiger Reihenfolge

schnell auf sich ändernde Marktsituationen reagieren zu können, ist daher ein „Flexibles Montage- und Leitsystem" erforderlich, mit voller Transparenz aller dazu benötigten Daten und den jeweiligen Montagefortschritten.

Durch die Installation eines bereits erprobten Montage-Leitsystems im Werkstattbereich [3.4, 3.5], können die genannten Zielvorstellungen verwirklicht werden.

Die Forderung nach:

Kostenminimierung für nichtwertschöpfende Informationstechnik, ohne Einbuße an Flexibilität und Funktionalität

hoher Zuverlässigkeit durch Einsatz von erprobten Hard- und Software-Produkten, ohne Risiken einer Sonderlösung,

guter Beherrschbarkeit durch das Werkstattpersonal, ohne „Informatik-Spezialisten"

gewinnt dabei unter dem Gesichtspunkt einer schlanken Produktion zunehmend an Bedeutung.

Realisierungsmöglichkeit durch:

Einführung eines dezentralen Leitrechner- und Steuerungssystems auf PC-Basis vor Ort, in Verbindung mit einem flexiblen Montagesystem,

werkstücksynchroner Informationsfluss im Gegensatz zu zentraler Datenhaltung (zentrale Leittechnik)

Verwendung von Werkstückträgern mit einem programmierbaren elektronischen Datenträger und den dazugehörigen Schreib-Lese-Köpfen. Diese sind an allen manuellen Arbeitsplätzen und automatischen Stationen installiert und mit dem Leitrechner bzw. den Stationssteuerungen verbunden (s. Teil B, 2.3.2.3).

standardisierten, modularen Aufbau von WT-Transportsystem und Steuerung

standardisierte Hard- und Software-Komponenten für Auftragsplanung und Auftragsverwaltung, Datenerfassung und -auswertung, Identifikations- und Steuerungssystem

Mitarbeiterinformation am Arbeitsplatz bezüglich:

– aktuellem Arbeitsinhalt,

– Montage– und Prüfanweisungen,

– Produktwechsel bei Mix-Betrieb mit Umrüstanweisungen (Vermeidung von Montagefehlern).

Nacharbeitsplatz-Information:
- Fehlerart mit Angabe der fehlerverursachenden Station,
- Anzeige von Reparaturhinweisen am Bildschirm,
- Datenspeicherung des n.i.0.-Erzeugnisses für spätere Auswertung,
- Werkstückträger-Überwachung, (Erkennen von fehlerhaften WT),
- WT-Rückführung nach Durchführung der Nacharbeit zum richtigen Arbeitsplatz, (Ziel-Codierung).

Beispiel: Montage-Leittechnik-System (MLT-System, Bosch-Rexroth AG)

1. MLT-Systemstruktur

Mit dem MLT-System steht ein schnell einsetzbares und betriebsbereites Software-Paket zur Verfügung. Dieses bietet auf Grund einfacher Bedienung auf einem Standard-PC, unter dem Betriebssystem Windows, ein geeignetes Werkzeug für die Planung und Steuerung von Produktionsaufträgen und zur Auswertung von Qualitätsdaten auf flexiblen Montagesystemen, auch bei großer Variantenvielfalt und kleinen Losgrößen. Mit diesem System hat man einen genauen Überblick über den Status der laufenden Aufträge und man kann gezielt eingreifen, wenn sich Auftragsprioritäten oder –stückzahlen ändern oder wenn ein Eilauftrag kurzfristig in die laufende Produktion eingeschoben werden muss. Unter Verwendung einer zentralen Datenbank können Montagepläne vor Ort erstellt werden. In dieser vom Anlagenbetreiber einmalig angelegten Datenbank sind alle Informationen zu den verwendeten Werkstückträgern, Arbeitsplätzen, Arbeitsinhalten und Arbeitsfolgen gespeichert (Stammdaten). Aus diesen Daten werden nun die Montagepläne für jede Produktvariante generiert, so dass unter dem Produktnamen oder der Typ-Teilenummer der gesamte Montageablauf eines Produktes zur Verfügung steht.

Der MLT-Leitrechner nutzt die Funktionalität dezentraler Steuergeräte sowie der auf den Werkstückträgern montierten mobilen Datenträger (MDT). Für jeden Auftrag stellt er aus der Datenbank die produktbezogenen Daten bereit.

Der Montagerechner an der Anlage verwaltet eine Liste aller eingelasteten Aufträge. Startet ein Auftrag, werden die dazugehörigen Daten in das Steuergerät der ersten Station einer Arbeitsabfolge geladen. Hier werden die Daten über einen stationär angeordneten Schreib-Lesekopf (SLK) in die Mobilen Datenträger (MDT) auf den Werkstückträgern geschrieben und begleiten nun das zu montierende Erzeugnis durch den gesamten Montageprozess.

Die Ergebnisse der Bearbeitungs- bzw. Montagevorgänge werden den jeweiligen Montageschritten zugeordnet und gespeichert. Einfache Montagestationen oder Handarbeitsplätze liefern z. B. eine Gut-Schlecht-Aussage (i.O./n.i.O.), komplexe Mess- und Prüfeinrichtungen dagegen die dazugehörigen Messwerte. Diese können zur Produkt-Rückverfolgung, zur Qualitätssicherung und zu statistischen Zwecken weiter verwendet werden. Am Ende des Montageablaufs werden diese Daten zusammen mit den Werkstückkenndaten (Teile-Nr., Datum, Schicht, usw.) aus dem Datenträger gelesen und im Montagerechner gespeichert. Durch den synchronen Transport von Werkstück und zugehörigen Daten im MDT ist eine Zuordnung auch nach Stromausfall sichergestellt. Eine jederzeit abrufbare und komplette Produktionsdokumentation ist somit gewährleistet.

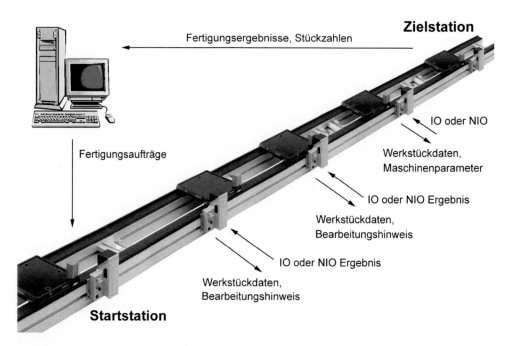

Bild 3-27 Systemstruktur (Bosch Rexroth)

2. Mobiler Datenträger (MDT)

In automatisierten Montageanlagen ist die schnelle und sichere Identifikation von Werkstücken bzw. Erzeugnissen unverzichtbar. An jeder Montagestation (siehe auch Bild 3-27) müssen zu jedem ankommenden Erzeugnis die dazugehörigen Informationen bereitstehen. Dies gilt besonders dann, wenn mehrere Produktvarianten im Typ-Mix gleichzeitig auf einer Montageanlage gefertigt werden. Über einen MDT werden alle produkt- und prozessbezogenen Daten direkt auf einem Werkstückträger gespeichert und begleiten ihn als sog. „Elektronischer Laufzettel" durch den Montageprozess. Diese dezentrale Datenhaltung garantiert kurze Zugriffszeiten und eine hohe Verfügbarkeit. Bild 3-28 zeigt den Aufbau und Inhalt eines MDT.

Ein stationär am WT-Transportsystem angeordneter Schreib-Lesekopf (SLK) überträgt alle vom Montagerechner oder von der Steuerung der jeweiligen Montagestation kommenden Daten auf den MDT. Umgekehrt werden Daten, z. B. über den Bearbeitungszustand eines zu orientierenden Erzeugnisses, aus dem MDT über den SLK an den Montagerechner bzw. die Montagestation zurückübertragen. Die Datenübertragung erfolgt wahlweise über eine serielle Schnittstelle (RS232) oder über einen Feldbus (z. B. Profibus-DP, CAN-Bus, Interbus-S).

3.3 Feinplanung (Planungsstufe 3)

Aufbau und Inhalt eines MDT

Auftragsdaten	Nummer, Datum, u. a.
Erzeugnisdaten	Typ-Teile-Nummer, u. s.
Montagevorschriften	Status, Folge, Inhalt, Parameter, u. a.
Montage- und Prüfergebnis	Fehlerinformationen, Meßdaten, u. a.
Werkstückträger-Daten	WT-Nummer, Typ, u. a.

Bild 3-28 Elektronischer Laufzettel (Bosch Rexroth)

3. Datenstruktur

Mit dem MLT-System werden in Form von „Stammdaten" Montagepläne erstellt, in denen bestimmte Arbeitsinhalte in einer vorgegebenen Reihenfolge den am Montagesystem vorhandenen Arbeitsplätzen bzw. Stationen zugeordnet werden. Für die eigentliche Produktion müssen noch die erforderlichen Auftragsdaten, z. B. Produktname, Typ-Teile-Nr., Stückzahl, u. a., in den Montagerechner eingegeben werden. Das System generiert automatisch aus den Stamm- und Auftragsdaten die erforderlichen Daten für den Montageablauf. Diese werden mit dem Identifikationssystem (SLK und MDT) an die einzelnen Werkstückträger übertragen.

Während und nach erfolgter Montage eines Auftragsloses werden mit dem MLT-System Informationen, z. B. Qualitätsaussagen, erreichte Stückzahl, u. a., angezeigt, erfasst und zur späteren Auswertung gespeichert. (s. Bild 3-29)

3.3.2 Terminplan erstellen (Planungsschritt 2)

Die Qualität einer Projektplanung und Realisierung wird auch durch die Einhaltung geplanter Termine der einzelnen Projektstufen geprägt. Nicht rechtzeitig erkannte Engpässe in den einzelnen Projektphasen führen zu unnötiger Überzeit-Arbeit oder aber zu Terminverschiebungen bis hin zu verspätetem Fertigungsanlauf.

Ein Hilfsmittel für ein fortschrittliches Projektmanagement ist eine rechnerunterstützte Terminplanung, z. B. mit Hilfe am Markt angebotenen Software-Programmen. Mit diesen Programmen ist es möglich, jederzeit den aktuellen, terminbestimmenden „kritischen Pfad" zu erkennen, um dann die erforderlichen Maßnahmen einzuleiten. Voraussetzung ist jedoch die regelmäßige Terminüberprüfung und Aktualisierung, z. B. im 1- oder 2-Wochen-Rhythmus.

Die Frage, welche Arbeiten parallel und welche nur nacheinander abgearbeitet werden können, ist vom Projektleiter in Absprache mit den Teilprojektverantwortlichen in regelmäßig stattfindenden Terminbesprechungen zu klären.

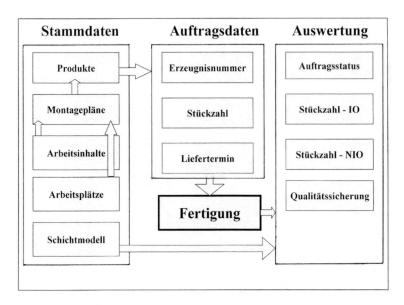

Bild 3-29   Datenstruktur (Bosch Rexroth)

3.3.3 Ausschreibung durchführen (Planungsschritt 3)

Die wesentlichen Bestandteile einer Ausschreibung für ein geplantes Montagesystem sind:

Pflichtenheft
Erzeugnis-Zeichnungen (von Einzelteilen, Baugruppen, Erzeugnis)
Gesamt-Layout der geplanten Anlage mit Teilsystemen
Musterteile
Hallenplan

Beim Angebotsvergleich ist vor allem auf unterschiedliche technische Lösungen der anbietenden Firmen zu achten. Kostengünstige Einfach-Lösungen (z. B. fehlende aber notwendige Handhabungsfunktionen bei Teilezuführung) können genauso die Störungsanfälligkeit einer Anlage erhöhen wie eine zu komplizierte Alternativlösung.

Werden durch höhere Angebotspreise die Kostenabschätzungen und Kostenziele aus der Grobplanung wesentlich überschritten (>5 %), dann muss die Rentabilität des Projektes durch eine nochmalige Wirtschaftlichkeitsrechnung überprüft werden.

3.3.4 Kritische Prozesse absichern (Planungsschritt 4)

Beim erstmaligen Einsatz kritischer Fügeverfahren, z. B.

Weichlöten (Mikrolöten, Schwall-Löten, Reflow-Löten u. a.)
Schweißen (Schutzgasschweißen, Widerstandsschweißen, Laserschweißen)
Automatisches Kleben (Kunststoff-Verbindung oder Metall-Kunststoff-Verbindung)
Automatisches Vergießen mit Ein- oder Zwei-Komponenten-Gießharzen,
Bonden (Dickdraht, Dünndraht)

3.3 Feinplanung (Planungsstufe 3)

sind rechtzeitig Voruntersuchungen zu planen. Die Durchführung von Versuchen muss den Forderungen einer statistischen Auswertbarkeit entsprechen.

Voraussetzung dabei ist die Festlegung bzw. Bewertung von:
- Prozessparametern
- Prozesshaupt- und -nebenzeiten
- Prozesssicherheit

Weichen die Versuchsergebnisse von den ursprünglichen Vorgaben bzw. Annahmen ab, dann ist eine entsprechende Korrektur im Pflichtenheft vorzunehmen und dem Fertigungsmittel-Konstrukteur bekanntzugeben.

Die Beurteilung der Prozesssicherheit, insbesondere bei einer der o.g. Fügeverbindung, erfolgt am besten mit Hilfe der FMEA-Methode (Fehler-Möglichkeits- und Einfluss-Analyse).

3.3.5 Personaleinsatz planen (Planungsschritt 5)

Für einen erfolgreichen Fertigungsan- und hochlauf ist mitentscheidend, dass die für das neue Montagesystem benötigten Mitarbeiter rechtzeitig und entsprechend den Anforderungen am zukünftigen Arbeitsplatz geschult werden. Das betrifft besonders Anlagenführer, Einsteller und Servicetechniker.

Ist die Einführung von Gruppenarbeit im Sinne einer „Teamorientierten Produktion" Produktiongeplant, dann müssen so früh wie möglich die für eine Teamarbeit geeigneten Mitarbeiter ausgewählt und auf ihre neue, anspruchsvollere Tätigkeit gut vorbereitet werden.

Damit steht und fällt der Erfolg eines Projekts, bei dem sowohl durch technische als auch arbeitsorganisatorische Veränderungen gegenüber dem Ist-Zustand erhöhte Anforderungen an die Mitarbeiter gestellt werden.

3.3.6 Wirtschaftlichkeitsnachweis überprüfen (Planungsschritt 6)

Zum Abschluss der Feinplanung ist es erforderlich, eine nochmalige Wirtschaftlichkeitsrechnung durchzuführen, und zwar mit den aktuellen Kosten- und Investitionsdaten. Die Vorgehensweise ist in Kap. 3.2.8 beschrieben.

4 Grundformen Montage- und Transfersysteme

4.1 Manuelle Systeme ohne automatisierten Werkstück-Umlauf

4.1.1 Karree

Die erste Grundform eines manuelle Montagesystems (Bild 4-1) bezieht sich auf die Viereckform (oder auch als Karree bezeichnet).

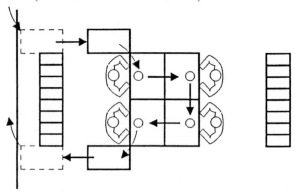

Bild 4-1   Arbeitsplätze in Karree-Anordnung

Merkmale:

    paarweise gegenüberliegend angeordnete Arbeitsplätze
    Erzeugnistransport zwischen den Arbeitsplätzen manuell, z. B. durch Weiterschieben oder über Rutsche
    keine Werkstückträger erforderlich
    Teilebereitstellung am Montagesystem von allen Seiten möglich.

Vorteile:

    gute Eignung für Gruppenarbeit (mit/ohne Platzwechsel)
    guter Blickkontakt und gute Kommunikationsmöglichkeit
    übersichtliche Teilebereitstellung
    schneller Aufbau aus Standardelementen
    geringer Investitionsaufwand für Grundsystem.

Nachteile:

    Zugänglichkeit beim Wechseln und Beschicken von Greiferbehältern im Innenbereich der Tische erschwert
    geringe bzw. keine Zwischenpuffer zwischen den Plätzen.

4.1.2 U-Form

Eine weitere beliebte Anordnung (Bild 4-2) ist die Systemausführung in U-Form.

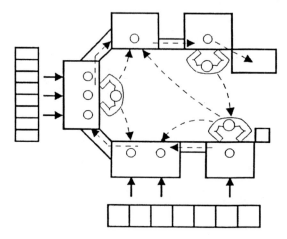

Bild 4-2 Arbeitsplätze in U-Anordnung

Merkmale [4.1]:
  Handarbeitsplätze im Innenbereich des U-förmig aufgebauten Montagesystems angeordnet
  Arbeitsplatzwechsel zwangsläufig, wenn mehr Arbeitsplätze als Mitarbeiter vorhanden sind
  besonders geeignet für Arbeitsinhalt pro Arbeitsplatz ≥ 1,5 min und Anzahl Mitarbeiter ≤ 6
  Erzeugnisweitergabe von Hand (kein WT)
  Teilebereitstellung von außen zu den einzelnen Arbeitsplätzen (hauptsächlich Großteile).

Vorteile:
  Variabel bezüglich Stückzahlausbringung
  Weitergabemenge gering, wenn keine oder nur kleine Zwischenpuffer vorhanden sind
  keine gleichmäßige Abtaktung der Arbeitsplätze untereinander erforderlich (z. B. bei Erzeugnis-Varianten mit unterschiedlichem Arbeitsinhalt)
  gute Eignung für Gruppenarbeit mit Arbeitsplatzwechsel (z. B. 7 Arbeitsplätze und 5 Mitarbeiter)
  kurze Wege von Platz zu Platz, kurze Reaktionszeiten bei Störungen
  gute Übersichtlichkeit
  geringe Investitionen für Grundsystem.

Nachteile:
  höhere körperliche Belastung durch Gehen von Platz zu Platz, besonders bei Teile-/ Erzeugnis-Gewicht > 5 kg (gegenüber Sitz-/Steharbeitsplätzen ohne Platzwechsel)
  schnellere Ermüdung der Mitarbeiter bei Taktzeiten- bzw. Platzwechselrhythmus < 1,5 Minuten

kein direkter Blickkontakt zu anderen Mitarbeitern
Bereitstellen von Großteilen in Eurogitterbox nur von außen sinnvoll, Bereitstellung im Innenbereich schränkt Bewegungsmöglichkeit ein, Sitz-/Steh-Arbeitsplätze schwer realisierbar.

4.1.3 Linie

Häufig bzw. oft platzbedingt wird die Linien-Anordnung (Bild 4-3) gewählt.

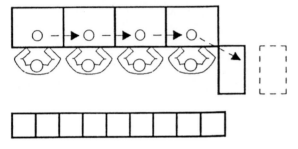

Bild 4-3   Manuelle Arbeitsplätze in Linien-Anordnung

Merkmale:
- Reihenanordnung der Arbeitsplätze
- Weitergabe der Erzeugnisse durch Schieben von Hand über Rutsche ohne WT oder über Schiene mit WT
- Teilebereitstellung auf einer Seite entlang der Linie.

Vorteile:
- schmale Bauform, geringer Flächenbedarf
- gute Teilebereitstellung von beiden Seiten
- einfacher Aufbau aus Standardelementen
- Bereitstellung von Großteilen in Eurogitterbox am Arbeitsplatz möglich
- Sitz-/Steharbeitsplatz realisierbar.

Nachteile:
- wenig geeignet für Gruppenarbeit
- wenig kommunikationsfreundlich (besonders ab Linienlänge > 10 m)
- kein Blickkontakt der Mitarbeiter zueinander
- Arbeitsplatzwechsel nicht sinnvoll, wegen Rücklaufstrecken.

4.1.4 Sonderformen (Variante 1)

Die Anzahl der Plätze und der Materialfluss beeinflussen vielfach die Systemform (Bild 4-4).

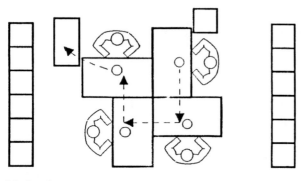

Bild 4-4
Arbeitsplätze kreuzförmig angeordnet

Merkmale:

kreuzförmige Anordnung von Arbeitsplätzen als unabhängige Einzelarbeitsplätze (ganzheitliche Montage) oder als Gruppen-Arbeitsplätze (arbeitsteilige Montage)
Teilebereitstellung von allen Seiten möglich.

Vorteile:

guter Blickkontakt und gute Kommunikationsmöglichkeiten
günstige Beschickung der Teilebehälter von der Rückseite des Arbeitsplatzes
einfacher Aufbau aus Standard-Bauelementen
geringer Investitionsaufwand für Grundsystem.

Nachteile:

nur für 4er Gruppen geeignet.

4.1.5 Sonderformen (Variante 2)

Produkt und Montagereihenfolge lassen aufgrund der Vielfalt oft ganz neue Systeme (Bild 4-5) entstehen.

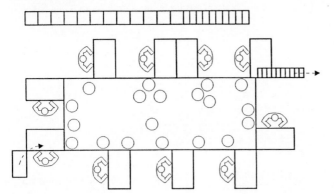

Bild 4-5
Arbeitsplätze an einem zentralen Flächenpuffer

Merkmale:

Tisch dient als Verteilsystem und als Puffer zwischen den Arbeitsplätzen
Teile werden auf runden WT bereitgestellt und von Hand oder mit „Hakenstange" weiterbewegt
manuelles Umsetzen der WT am Anfang und Ende des Tisches; Rücklauf auf schiefer Ebene unterhalb des Tisches
Eignung für Kleinserien-Montage von unterschiedlichen Erzeugnistypen.

Vorteile:

Gute Eignung für Gruppenarbeit
Variable Besetzung der Arbeitsplätze abhängig von zu fertigender Stückzahl, Erzeugnistypen und Arbeitsinhalt
keine exakte Abtaktung erforderlich
gleichzeitige Montage von zwei unterschiedlichen Typen bzw. Varianten möglich
guter Blickkontakt und gute Kommunikationsmöglichkeiten
günstige Beschickung der Teilebehälter von der Rückseite des Arbeitsplatzes
einfacher Aufbau der Arbeitsplätze aus Standard-Bauelementen
geringe Investitionen.

Nachteile:

bei zu hoher Zahl von Werkstückträgern Gefahr der Unübersichtlichkeit und „Blockade"
hoher Flächenbedarf durch Tisch (im Vergleich zu U-Form, s. 4.1.2)
manuelles Holen und Weiterschicken eines Werkstückträgers zum nächsten Arbeitsplatz kann durch andere WT behindert sein
manuelles Umsetzen der WT am Anfang und am Ende des Tisches.

4.2 Manuelle und teilautomatisierte Systeme mit automatisiertem Werkstückträger-Umlauf

4.2.1 Karree

Mit dem automatischen Werkstücktransport z. B. im Karree (Bild 4-6) lässt sich das System gut ausbauen.

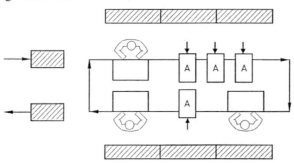

Bild 4-6
Arbeitsplätze und automatische Stationen (A) in Karree-Anordnung

Merkmale:

Handarbeitsplätze und automatische Stationen im Hauptschluss auf beiden Seiten des WT-Umlaufsystems

direkte Material-Anlieferung von 2 Seiten an Arbeitsplätze und Stationen oder zentrale An- und Ablieferung an Stirnseite.

Vorteile:

geringere Investitionen für WT-Umlauf im Vergleich zu U-Form und Linien-Anordnung (s. 4.3.4)
kleiner Flächenbedarf
gute Teilebereitstellung direkt am Arbeitsplatz (besonders Großteile in Eurogitterbox)
Eignung für Gruppenarbeit, guter Blickkontakt und Kommunikation bei gegenüberliegenden Handarbeitsplätzen
WT-Rückführung wird genutzt.

Nachteile:

Zugänglichkeit im Innenbereich eingeschränkt, besonders bei automatischen Stationen (Reparaturfall)
geringere Übersichtlichkeit und größere Wegstrecken für Anlagenbetreuer im Vergleich zu U-Form.

4.2.2 U-Form

4.2.2.1 U-Form (WT-Rücklauf in Arbeitsebene)

Bei kleineren Erzeugnissen kann ein Werkstückträger-Umlaufsystem in U-Form (Bild 4-7) gut eingesetzt werden.

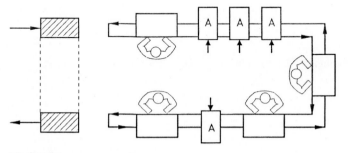

Bild 4-7
Arbeitsplätze und automatische Stationen (A) in U-Anordnung

Merkmale:

Handarbeitsplätze und Bedienseite der automatischen Stationen im Innenbereich des WT-Umlaufsystems
zentrale An- und Ablieferung an der Stirnseite
WT-Umlauf und Rückführung auf Arbeitsebene
Mindestabstände im Innenbereich für Arbeitsplatzgestaltung und Teilebereitstellung s. 6.5.4.

Vorteile:

gute Eignung für Gruppenarbeit mit Arbeitsplatzwechsel (z. B. mehr Plätze als Mitarbeiter)
geringere Investitionen für Verkettungssystem im Vergleich zu Alternative 2, (s. 4.2.2.2 u. 4.3.4),
geringe Wegstrecke innerhalb des Systems für Anlagenbetreuer bzw. Mitarbeiter,
gute Übersichtlichkeit,
kurze Reaktionszeiten bei Störungen.

Nachteile:

höhere Investitionen für Verkettungssystem im Vergleich zu Karree-System (s. 4.3.4)
höhere Anzahl von WT gegenüber Karree-System
ungünstigere Teilebereitstellung am Arbeitsplatz im Vergleich zu Karree- bzwLinien-System, besonders bei Großteilen in Eurogitterbox
keine bzw. nur eingeschränkte Nutzung der Bandstrecken in den beiden Eckbereichen
nur für WT-Breite bis 240 mm geeignet (bei WT-Rückführung in Arbeitsebene).

4.2.2.2 U-Form (WT-Rücklauf oberhalb Arbeitsebene)

Für größere Werkstücke geeignet und ohne Nutzung der Rücklaufstrecke ist dieses Werkstückträger-Umlaufsystem in U-Form (Bild 4-8) vorgesehen.

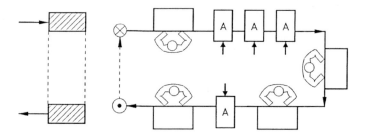

Bild 4-8   Arbeitsplätze und automatische Stationen (A) in U-Anordnung

Merkmale:

Handarbeitsplätze und Bedienseite der automatischen Stationen im Innenbereich des WT-Umlaufsystems
zentrale An- und Ablieferung an der Stirnseite
WT-Rückführung oberhalb der Arbeitsebene mit Lift
Mindestabstände im Innenbereich für Arbeitsplatzgestaltung und Teilebereitstellung s. 6.5.4.

Vorteile:

gute Eignung für Gruppenarbeit mit Arbeitsplatzwechsel (z. B. mehr Plätze als Mitarbeiter)

4.2 Manuelle und teilautomatisierte Systeme mit automatisiertem Werkstückträger-Umlauf

geringe Wegstrecke innerhalb des Systems für Anlagenbetreuer bzw. Mitarbeiter
gute Übersichtlichkeit
kurze Reaktionszeiten bei Störungen
geringere Anzahl von WT im Vergleich 4.2.2.1
weniger Flächenbedarf bei gleicher WT-Breite im Vergleich zu 4.2.2.1
auch für WT-Breite > 240 mm geeignet.

Nachteile:

höhere Investitionen für Verkettungssystem wegen teurer WT-Liftanlage (≥ 28 T€) im Vergleich zu Alternative 1 (s. 4.3.4)
ungünstigere Teilebereitstellung am Arbeitsplatz im Vergleich zu Karree- bzw. Linien-Form (besonders bei Großteilen in Eurogitterbox)
keine bzw. nur eingeschränkte Nutzung der Bandstrecken in den beiden Eckbereichen.

4.2.3 Linie

Bei arbeitsteiliger Montage wird diese Grundform (Bild 4-9) am häufigsten eingesetzt.

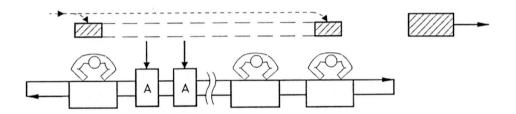

Bild 4-9 Arbeitsplätze und automatische Stationen (A) in Linien-Anordnung

Merkmale:

Anordnung der Handarbeitsplätze und automatischen Stationen nur auf einer Seite des WT-Bandsystems
WT-Durchlauf und Rückführung auf Arbeitsebene (alternativ: unterhalb oder oberhalb der Arbeitsebene)
direkte Materialanlieferung von einer Seite an Arbeitsplätze und Stationen.

Vorteile:

geringere Investitionen für Verkettungssystem im Vergleich zu U-Form (s. 4.3.4)
geringerer Flächenbedarf im Vergleich zu U-Form
bei Bandabschnitten < 20 m noch gute Übersichtlichkeit für Anlagenbetreuer
Teileanlieferung- und -bereitstellung direkt an Arbeitsplätzen und Stationen (besonders Großteile in Eurogitterbox)
gute Zugänglichkeit zu Automatikstationen.

Nachteile:

für Gruppenarbeit mit Arbeitsplatzwechsel nicht geeignet

geringe bzw. keine Kommunikation zwischen Handarbeitsplätzen am Bandanfang und Bandende (besonders bei Bandstrecken > 10 m)

Wegstrecken für Anlagenbetreuer länger im Vergleich zu U-Form

nur begrenzte Möglichkeit zur Nutzung der WT auf der Rückführstrecke (z. B. für Nacharbeitsplatz), bei WT-Rückführung oberhalb oder unterhalb der Arbeitsebene keine Nutzung möglich.

4.2.4 Anordnung von Handarbeitsplätzen im Nebenschluss

Die Trennung von Automatikstationen (A) und Entkopplung von dem manuellen Bereich bietet viele Vorteile (siehe unten). Diese Forderung kann an einem Karree-System (Bild 4-10) gut realisiert werden.

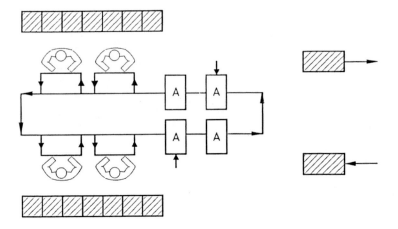

Bild 4-10   Karree-System mit Handarbeitsplätzen im Nebenschluss

Merkmale:

Anordnung der automatischen Stationen im Hauptschluss und der Handarbeitsplätze im Nebenschluss

Gründe:
– Arbeitsinhalt an den manuellen Arbeitsplätzen (Arbeitstakt) ist größer als der Takt an den automatischen Stationen,
– stufenweiser Ausbau bei Stückzahlhochlauf über längeren Zeitraum ohne Umgestaltung der vorhandenen Arbeitsplätze, nur durch Duplizierung,

Entkopplung manueller Bereich von Automatikbereich durch zwischengeschalteten Puffer möglich (nicht dargestellt).

Vorteile:
Eine Nebenschlussanordnung von manuellen Arbeitsplätzen reduziert:

4.2 Manuelle und teilautomatisierte Systeme mit automatisiertem Werkstückträger-Umlauf

die gegenseitige Abhängigkeit bei Leistungsschwankungen

die Kosten für Taktausgleich durch gleichmäßigere Auslastung (höherer Arbeitsinhalt bei Parallelplätzen)

die Verlustzeiten des Gesamtsystems beim Umrüsten (s. Beispiel Kap. 5.2)

die Störeinflüsse beim Einlernen neuer Mitarbeiter und ermöglicht das Mitbetreuen von benachbarten automatischen Stationen (z. B. Teilebeschickung, Beseitigung von kleinen Störungen).

Ein weiterer Vorteil ist die Möglichkeit, gleichzeitig zwei oder mehrere Erzeugnisvarianten im „Typ-Mix" zu montieren.

Nachteile:

WT-Codierung erforderlich

höhere Investitionen für WT-Ausschleus-Systeme, im Vergleich zu Alternative 4.2.1 und 4.2.3 (Gesamtvergleich s. Kap. 4.3.4).

4.2.5 Anordnung von Handarbeitsplätzen und automatischen Stationen im Nebenschluss

Eine weitere Entkopplung der Automatikstationen (A) im Nebenschluss (gegenüber 4.2.4) und eine andere Anordnung des manuellen und automatischen Bereiches zeigt das folgende System (Bild 4-11) auf.

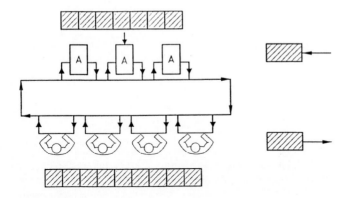

Bild 4-11 Karreesystem mit Handarbeitsplätzen und automatischen Stationen (A) im Nebenschluss

Merkmale:

wie 4.2.4, jedoch zusätzlich auch automatische Stationen im Nebenschluss angeordnet

automatische Stationen können zusätzlich im Hauptschluss miteinander verbunden werden (nicht dargestellt), d. h. mehrere aufeinanderfolgende automatische Füge- und Prüfprozesse werden auf „direktem Weg" durchlaufen

diese Systemanordnung erlaubt eine „ganzheitliche" Montage an jedem Handarbeitsplatz (alles Parallelarbeitsplätze) zur Durchführung eines automatischen Füge- und Prüfprozesses wird der WT am Handarbeitsplatz ausgeschleust und nach erfolgtem automatischen Fügeprozess(en) wieder zu dem jeweiligen Handarbeitsplatz zurücktransportiert

jeder Mitarbeiter ist für die Qualität „seines Produktes" verantwortlich.

Vorteile:

wie 4.2.4

parallele Montage unterschiedlicher Typen und Varianten möglich (Typ-Mix). Voraussetzung: automatische Füge- und Prüfprozesse sind universell einsetzbar (z. B. bei NC-gesteuerten Füge- und Prüfstationen durch automatisches kurzzyklisches Umrüsten).

Nachteile:

wie 4.2.4

noch höherer steuerungstechnischer und verkettungstechnischer Aufwand

zusätzliche Investitionen für das automatische Umrüsten der automatischen Stationen beim Montieren im „Mix-Betrieb"

es können Wartezeiten an den Handplätzen wegen fehlender Werkstückträger entstehen, abhängig von:

– Anzahl paralleler Handarbeitsplätze

– Arbeitsinhalte pro Handarbeitsplatz (Taktzeit)

– Anzahl der Automatikstationen, die wechselweise angefahren werden

– Fördergeschwindigkeit des WT-Umlaufbandes.

4.3 Kostenvergleiche von Montage-Grundsystemen

Die Herstellkosten eines Montagesystems werden besonders bei der Verkettung von manuellen Arbeitsplätzen durch die Kosten für die Arbeitsplatzgestaltung, aber auch durch die Wahl des geeigneten Grundsystems bestimmt.

Die Auswahl eines Grundsystems nach arbeitsorganisatorischen und ablaufbedingten Kriterien, sowie die räumliche Einbindung in den gesamten Materialfluss führt zu unterschiedlichen Systemkosten. Nachfolgend werden drei Grundformen und deren Varianten am Beispiel einer nutzbaren Bandstrecke von 20 m Länge und einer Werkstückträger-Abmessung von 240 x 240 mm bezüglich ihrer Herstellkosten (einschließlich Montage) miteinander verglichen.

Hinweise:

Die Kalkulation erfolgte auf der Basis von (Stand 10/2002):

45 €/Std. für Werkstatt-Arbeit

60 €/Std. für Projektierung

die genannten Preise sind Richtpreise, ab Werk (abhängig vom jeweiligen Hersteller), s. Teil B.

Die nachfolgenden Grundsysteme (Bild 4-12 bis Bild 4-17) zeigen die vereinfachte Darstellung der benötigten Bauteile um einen Werkstückträgerumlauf kalkulieren bzw. vergleichen zu können.

4.3 Kostenvergleiche von Montage-Grundsystemen

4.3.1 Karree

Karree-Form/Variante 1

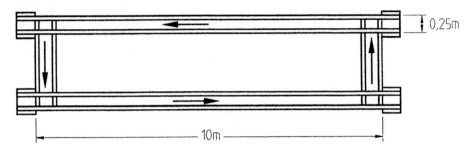

Bild 4-12 Doppelgurtband mit Querförderstrecken und Hub-Quer-Einheiten
(Lichter Längsbandabstand 1000 mm)

☐ Verkettungselemente:
  – 2 Bandstrecken (Doppelgurtband)
  – 2 Querförderstrecken
  – 4 Hub-Quereinheiten

☐ Antriebs- und Steuerungselemente:
  – 4 Elektromotore
  – 8 Pneumatikzylinder (Hubeinheiten, Vereinzeler)
  – 10 Signalglieder

☐ Gesamtkosten Grundsystem   rd. 25 T€
  (einschl. Montage):
  – davon für Mechanik   18 T€
  – davon für Elektrik (Steuerung, Installation) 5 T€
  – davon für Montage   2 T€

Karree-Form/Variante 2

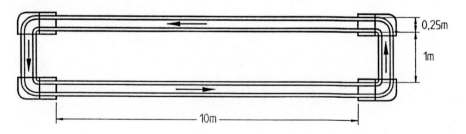

Bild 4-13 Doppelgurtband mit Querstrecken und 4 Kurvensegmenten (90°)

- ☐ Verkettungselemente:
  - 2 Bandstrecken (Doppelgurtband)
  - 2 Querförderstrecken

  - 4 x 90° Kurvensegmente

- ☐ Antriebs- und Steuerungselemente:
  - 4 Elektromotore
  - 2 Zylinder und 4 Signalglieder zur Stauregulierung in den beiden Querstrecken

- ☐ Gesamtkosten Grundsystem   rd.   18 T€
  (einschl. Montage):
  - davon für Mechanik   13 T€
  - davon für Elektrik (Steuerung, Installation)   3 T€
  - davon für Montage   2 T€

4.3.2 U-Form

U-Form/Variante 1

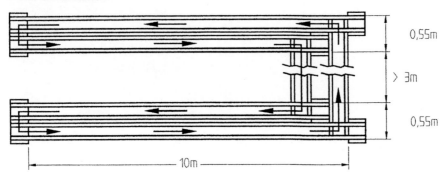

Bild 4-14 Doppelgurtband mit Querförderstrecken in U-Anordnung, WT-Rücklauf in Arbeitsebene

- ☐ Verkettungselemente:
  - 4 Bandstrecken (Doppelgurtband)
  - 2 Querförderstrecken

  - 8 Hub-Quereinheiten

- ☐ Antriebs- und Steuerungselemente:
  - 8 Elektromotore
  - 12 Pneumatikzylinder (Hubeinheiten, Vereinzeler)
  - 12 Signalglieder

- ☐ Gesamtkosten Grundsystem   rd.   42 T€
  (einschl. Montage):
  - davon für Mechanik   33 T€
  - davon für Elektrik (Steuerung, Installation)   6 T€
  - davon für Montage   3 T€

4.3 Kostenvergleiche von Montage-Grundsystemen

U-Form/Variante 2

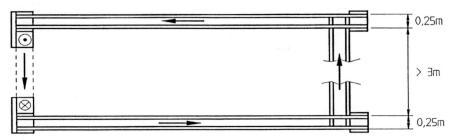

Bild 4-15 Doppelgurtband mit Querförderstrecken in U-Anordnung, Werkstückträger-Rückführung oberhalb der Arbeitsebene über 2 Lifte am Bandende direkt zum Bandanfang

☐ Verkettungselemente:
 – 2 Bandstrecken (Doppelgurtband)
 – 2 Querförderstrecken
 – 2 Hub-Quereinheiten
 – 2 Lifteinheiten

☐ Antriebs- und Steuerungselemente:
 – 12 Elektromotore
 – 8 Pneumatikzylinder (Hubeinheiten, Vereinzeler)
 – 16 Signalglieder

☐ Gesamtkosten Grundsystem (einschl. Montage): rd. 68 T€
 – davon für Mechanik 51 T€
 – davon für Elektrik (Steuerung, Installation) 13 T€
 – davon für Montage 4 T€

4.3.3 Linie

Linien-Form/Variante 1

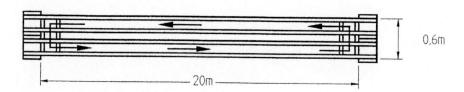

Bild 4-16 Doppelgurtband mit Werkstückträger-Rücklauf in der Arbeitsebene (keine Nutzung des WT-Rücklaufes)

☐ Verkettungselemente:
- 2 Bandstrecken (Doppelgurtband, je 21 m lang)
- 4 Hub-Quereinheiten

☐ Antriebs- und Steuerungselemente:
- 4 Elektromotore
- 6 Pneumatikzylinder
- 12 Signalglieder

☐ Gesamtkosten Grundsystem (einschl. Montage):   rd.   25 T€
- davon für Mechanik   20 T€
- davon für Elektrik (Steuerung, Installation)   3 T€
- davon für Montage   2 T€

Linien-Form/Variante 2

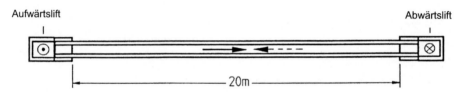

Bild 4-17   Doppelgurtband mit WT-Rücklauf in der Flurebene

☐ Verkettungselemente:
- 2 Bandstrecken (Doppelgurtband, je 21 m lang)
- 2 Liftstationen (m. Pneumatikzylinder)

☐ Antriebs- und Steuerungselemente:
- 4 Elektromotore
- 4 Pneumatikzylinder
- 8 Signalglieder

☐ Gesamtkosten Grundsystem (einschl. Montage)   rd.   37 T€
- davon für Mechanik   31 T€
- davon für Elektrik (Steuerung, Installation)   4 T€
- davon für Montage   2 T€

Hinweis:
Wegen nicht genutzter WT-Rückführung erhöhen sich die Kosten des Montagesystems durch zusätzliche Werkstückträger, im Vergleich zur Karree-Form.

4.3.4 Gesamtvergleich

Die zuvor dargestellten 6 Systeme sind in der Tabelle 1 zu einem Kostenvergleich zusammengestellt und mit dem preisgünstigsten System verglichen worden. (Basis aller, unterschiedlicher Systemformen sind Doppelgurtbänder als Transportmittel mit 20 m nutzbarer Bandstrecke).

Tabelle 4-1 Kostenvergleich Montage-Grundsysteme

Nr.	System	Richtpreise (2002) (T€)	Unterschied zu System Nr. 2
1	Karree-Form / Variante 1	25	+ 39 %
2	Karree-Form / Variante 2	18 (= 100 %)	± 0 %
3	U-Form / Variante 1	42	+ 134 %
4	U-Form / Variante 2	68	+ 278 %
5	Linien-Form / Variante 1	25	+ 39 %
6	Linien-Form / Variante 2	37	+ 105 %

Ergebnis:

Der Vergleich zeigt, dass bei manuellen und auch teilautomatisierten Montagesystemen das Karreesystem mit Kurvenumlenkungen (Nr. 2) den niedrigsten Investitionsaufwand und die geringste Zahl von Werkstückträgern erfordert.

Unabhängig von der Grundform ist jedoch der Investitionsaufwand für die verkettungstechnische Anordnung eines manuellen Arbeitsplatzes.

Um detailliert die technische Ausführung der Umlaufsysteme und die Gestaltung der Handplätze zu planen, sollten die Informationen aus den Datenblättern im Buchteil B aufgegriffen werden. Während die Verkettung sehr stark vom Erzeugnis (Gewicht, Größe usw.) bestimmt wird, kann über den Handarbeitsplatz aus Tabelle 2 erste Hinweise entnommen werden.

Tabelle 4-2 Ausführung, Richtpreise und Hinweis für weitere Details zu Handarbeitsplätzen (s. Teil B)

Anordnung von Handarbeitsplätzen	Kosten pro Platz	Komponenten
im Hauptschluss (Bandstrecke mit 2 m Länge)	rd. 1,1 – 1,7 T€	1.2.1.1
im Nebenschluss techn. Varianten:		
a) nur WT-Ausstossen automatisch, Überschieben zurück auf Band von Hand	rd. 2,8 – 4,5 T€	2.2.6.1
b) automatische Ein- und Ausschleusstrecke mit einem Schieber oder mit einer reversierbaren Bandstrecke	rd. 8,4 T€	2.2.6.2
c) automatischer Karree-Umlauf	rd. 17 - 20 T€	1.2.1.2...5

5 Beispiele von Montagesystemen

Die nachfolgend beschriebenen Beispiele zeigen Lösungsmöglichkeiten für die Montage von Erzeugnissen und Erzeugnisbaugruppen, die in Klein-, Mittel- oder Großserien hergestellt werden.

5.1 Manuelle Montage

5.1.1 Einzelarbeitsplatz

Beispiel: Freilaufgetriebe

1. Montageaufgabe:

Ein Freilaufgetriebe, bestehend aus 6 Einzelteilen, soll mit einer Leistung von 6 Stck/min montiert werden. Dabei muss ein Freilaufring vor dem Einbau im Innenbereich gefettet werden. Bedingt durch hohe Variantenvielfalt und kleine Losgrößen ist eine hohe Umrüstflexibilität mit kurzen Umrüstzeiten erforderlich.

Das Fügen von zwei Halbscheiben in einen Einstich am Ritzel und das gleichzeitige Einsetzen in eine Blechkapsel ist schwierig und erfordert bei manueller Montage Geschick und entsprechende Übung.

2. Montagesystem (Lösung):

Die genannten Planungsprämissen und der relativ kleine Arbeitsinhalt der Montageaufgabe ergaben als wirtschaftlichste Lösung ein nach MTM methodisch gestalteter Handarbeitsplatz (Bild 5-1). Die besonderen Merkmale sind:

- symmetrische Anordnung der Greifbehälter in Verbindung mit einer Doppel-Montageaufnahme und Doppel-Fettvorrichtung für das gleichzeitige Herstellen von zwei Freilaufgetrieben,
- Platzaufbau mit standardisierten Bauelementen (Arbeitstisch, Greifbehälter, Leichtbandförderer für die Zuführung der Kapsel), s. Teil B, 1.1.1.1 und 2.2.2.1,
- Investition: rd. 3 500 €,
- um die geforderte Leistung zu erbringen, ist nur ein manueller Arbeitsplatz erforderlich.

5.1 Manuelle Montage

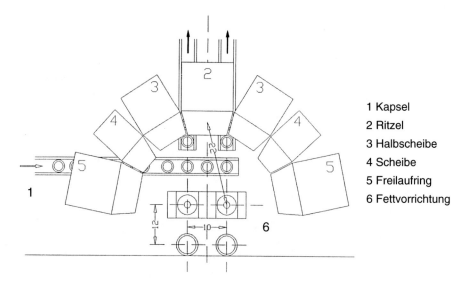

1 Kapsel
2 Ritzel
3 Halbscheibe
4 Scheibe
5 Freilaufring
6 Fettvorrichtung

Bild 5-1   Manueller, methodisch gestalteter Handarbeitsplatz

3. Vergleich mit möglichen Alternativlösungen:

Das Ergebnis eines erzeugnisspezifischen Systemvergleichs mit zwei weiteren, alternativen Montagesystemen zeigt nachfolgende Übersicht (Tabelle 5-1):

☐ mechanisierter Handarbeitsplatz mit einem über Fußauslösung gesteuerten Rundtisch (Funktionsbeschreibung und Merkmale s. Teil B, 1.1.2.1),

☐ Rundtisch-Automat mit elektro-pneumatischer Steuerung der einzelnen Stationen (s. Teil B, 5.2.1).

Tabelle 5-1   Einzel-Handarbeitsplätze

System Kriterien	System 1 Handarbeitsplatz (1 Platz)	System 2 Handarbeitsplatz mit Erzeugnisumlauf	System 3 Rundtischautomat (8 Stationen)
Lohnkostenanteil an Montagekosten	rd. 98 %	< 90 %	< 10 %
Mögliche Leistung	rd. 9 sec/Stck.	rd. 7 sec/Stck	rd. 3 sec/Stck (el.-pn. gesteuert)
Erforderliche Investition	≤ 3,5 T€	≤ 17 T€	≤ 140 T€
Umrüstflexibilität (Umrüstdauer/Typ)	< 3 min/Typ	< 10 min/Typ	< 20 min/Typ
Verfügbarkeit bez. techn. Störungen	rd. 100 %	rd. 100 %	≤ 90 % (bei 0,2 % Störhäufigkeit/Stat.)

4. Auswertung:

☐ bei einer Stückzahlsteigerung um ≈ 20 % ist System 2 wirtschaftlicher als System 1,

☐ bei einer Stückzahlsteigerung um ≥100 %, einem einmaligen Umrüsten pro Schicht und einer Nutzung im 2-Schicht-Betrieb ist System 3 wirtschaftlicher als System 1 und 2.

5.1.2 Montagesysteme mit mehreren manuellen Arbeitsplätzen

Beispiel: Wischergestänge

1. Montageaufgabe:

Wischergestänge mit unterschiedlichen Ausführungsvarianten sollen mit einer Leistung von bis zu 120 Stck/Std montiert werden.

Das Erzeugnis besteht aus einer Blechplatine mit Wischermotor, Gelenkstangen, Umlenkhebel, Wischerlager, Haltewinkel, Abdeckkappen, Unterlegscheiben, Sicherungsscheiben und Muttern. Neben den manuellen Arbeitsgängen werden mehrere Fügearbeitsgänge, wie Schrauben, Verstemmen, Einpressen und Fetten, mechanisiert ausgeführt.

Abhängig vom jeweiligen Fahrzeugtyp und dessen Einbauverhältnissen unterscheiden sich die Erzeugnisbaugruppen durch unterschiedliche Anzahl von Einzelteilen und somit auch durch unterschiedlichen Arbeitsinhalt.

Die Forderung nach einer „absatzgesteuerten Montage" mit kurzen Durchlaufzeiten und minimalen Beständen zwingt zur Fertigung in kleinen Losgrößen und somit zu einer zunehmenden Umrüsthäufigkeit.

2. Bisheriges Montagesystem und Montageablauf:

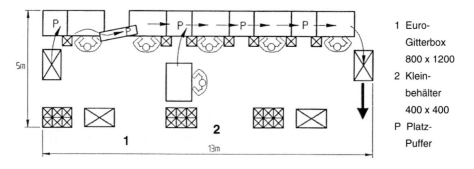

Bild 5-2 Arbeitsplatz-Anordnung in Linienform

☐ Anordnung von 5 manuellen Arbeitsplätzen in Linien-Form (Bild 5-2) und einem Vormontageplatz im Nebenschluss,

☐ Weitergabe der vormontierten Baugruppen von Hand in zwischengeschalteten Arbeitsplatz-Puffer,

☐ Teilebereitstellung am Arbeitsplatz durch Mitarbeiter selbst oder durch „Springer" (anteilig, für mehrere Montagesysteme).

5.1 Manuelle Montage

Problem:

- zunehmende Typen- und Variantenzahl mit unterschiedlichem Arbeitsinhalt machen eine gleichmäßige Auslastung der Arbeitsplätze immer schwieriger,
- steigende Kosten für Taktausgleich verschlechtern die Rentabilität dieses Montagesystems,
- eine Umstellung auf „Gruppenarbeit" innerhalb eines Systems mit „mehr Arbeitsplätze als Mitarbeiter" wird notwendig, um die genannten Probleme zu lösen. Die Anordnung der Arbeitsplätze in Linien-Form ist dafür aber nicht geeignet.

3. Neues Montagesystem

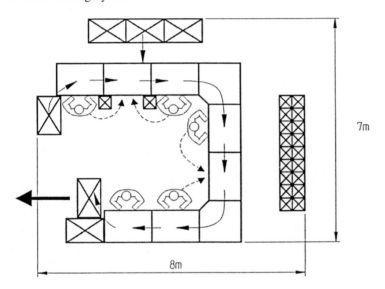

Bild 5-3   Arbeitsplatz-Anordnung in U-Form

Die Einführung von Gruppenarbeit in Verbindung mit einer Anordnung der Arbeitsplätze in U-Form führte zu einer Verbesserung der Effizienz:

- statt ursprünglich 6 Mitarbeiter sind nur noch 5 Mitarbeiter erforderlich,
- das Problem der ungleichen Arbeitsinhalte pro Arbeitsplatz wurde durch ein Überangebot von Arbeitsplätzen (7) bei nur 5 Mitarbeitern innerhalb des Montagesystems (Bild 5-3) gelöst,
- alle Mitarbeiter sind durch Platzwechsel in der Lage alle Arbeitsgänge auszuführen,
- kurze Wege und Reaktionszeiten gegenüber der vorhergehenden Linienanordnung führen zu einer besseren Systemauslastung.

Kleine Puffer (2-3 Erzeugnisse) zwischen den Arbeitsplätzen dienen jedoch zur Entlastung der Mitarbeiter, da ein zu häufiger Arbeitsplatzwechsel pro Schicht zu erhöhten physischen und psychischen Belastungen führt.

4. Auswertung:

Die gewählte Arbeitsorganisation und die Gestaltung des Montagesystems in U-Form ermöglicht das Montieren in kleinen Losgrößen (z. B. ≤ 20 Stck) und somit:

- eine absatzgesteuerte Fertigung (ohne größere Zwischenlager)
- Reduzierung der Bestände
- kurze Durchlaufzeiten.

5.2 Teilautomatisierte Montage

Beispiel: Innentürschloss

1. Montageaufgabe

Das im Bild 5-4 dargestellte Türschloss soll mit einer Produktionsmenge von 4800 Stck/ Schicht hergestellt werden. Das Erzeugnis besteht aus einem bereits vormontierten Basisteil (Schlosskasten mit drei Führungs- und Distanzstiften, Pos. 1) und acht weiteren Einzelteilen (Pos. 2 - 9). Nach der Montage wird eine Funktionsprüfung mit einem passenden Schlüssel durchgeführt. Die entsprechende Schlüsselform ist bereits in Pos. 1 und Pos. 2 eingestanzt. Als letzter Arbeitsgang innerhalb des Montagesystems erfolgt das Verpacken wahlweise in einem Sammelkarton oder Einzelkarton, abhängig von der jeweiligen Kundenanforderung.

Da das Türschloss in mehreren Typen und Varianten auf nur einem Montagesystem gefertigt werden soll, ist die Häufigkeit des Typwechsels pro Schicht und die dafür notwendige Umrüstzeit bzw. die daraus resultierenden Stückzahlverluste ein wesentliches Kriterium für die Auswahl und Gestaltung eines Montagesystems. Für zwei verschiedene Umrüstsituationen (Fall A und B) sind dafür geeignete Montagesysteme zu entwickeln und miteinander zu vergleichen bezüglich:

- Montagekosten pro Stück in Abhängigkeit der Umrüsthäufigkeit
- Ausbringungsverluste in Abhängigkeit der Umrüsthäufigkeit
- Wirtschaftlichkeit (Amortisationszeit) für zusätzlichen Investitionsaufwand bei einem Montagesystem mit hoher Typflexibilität.

5.2 Teilautomatisierte Montage

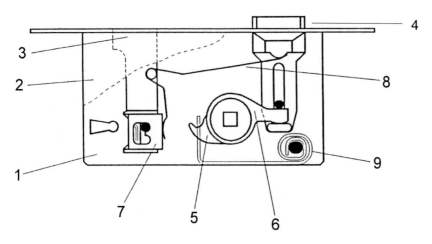

1	Schlosskasten	6	obere Nusshälfte
2	Abdeckblech	7	Zuhaltung
3	Falle	8	Flachformfeder
4	Riegel	9	Flachspiralfeder
5	Untere Nusshälfte	10	Schlüssel (nicht dargestellt)

Bild 5-4   Türschloss

2. Lösungsvariante 1

Unter der Annahme von nur einem Umrüstvorgang pro Schicht (Fall A) und einer Umrüstdauer für das gesamte Montagesystem von rd. 10 Minuten, sowie einer Arbeitszeit von 7,5 Std. pro Tag bei 1-Schicht-Betrieb, ergab die Planungsrechnung eine Zieltaktzeit (Vorgabezeit) von 6,9 sec/Stck. Bei einem Leistungsgrad von 130 % und einer Verteilzeit von 5 % (bei Springereinsatz) sind, bezogen auf den manuell auszuführenden Arbeitsinhalt, sechs Mitarbeiter erforderlich. Die Arbeitsgänge Fetten, Nieten des Schlosskastens mit Abdeckblech und Spannen der Flachspiralfeder werden automatisch ausgeführt.

Die realisierte Lösung ist in Bild 5-5 dargestellt. Als Montagesystem wurde ein Doppelgurtband in Karree-Form gewählt. Die Fügearbeitsgänge werden mit Hilfe von Werkstückträgern (WT) an drei manuellen und zwei automatischen Stationen durchgeführt. Für die Funktionsprüfung mit einem passenden Schlüssel und der anschließenden Verpackung der Türschlösser ist kein WT erforderlich. Die dafür vorgesehenen drei Handarbeitsplätze sind als Parallelarbeitsplätze über einen Bandförderer mit dem Montageband verbunden. Die Werkstückübergabe erfolgt automatisch.

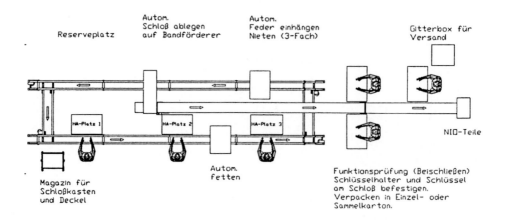

Bild 5-5   Montagesystem - Lösungsvariante 1 (Flächenbedarf 3 m x 15 m)

Um die geforderte Produktionsmenge im Rahmen der vorgegebenen Planungsdaten bei zunehmender Umrüsthäufigkeit zu erreichen, müsste bei einer arbeitsteiligen Montage die Taktzeit ständig verkürzt werden. Dies ist jedoch nur noch begrenzt möglich und mit folgenden Problemen bzw. Nachteilen verbunden:

- der Arbeitsinhalt muss durch „Umtakten" auf eine zunehmende Anzahl von Arbeitsplätzen oder automatischen Stationen neu verteilt werden,
- eine gleichmäßige Aufteilung des Arbeitsinhaltes bei manuellen Arbeitsplätzen wird immer schwieriger, d. h. der zu bezahlende Taktausgleich (Verlustzeit) nimmt zu,
- eine weitere Verkürzung der Taktzeit gegenüber derjenigen bei nur einmaligem Umrüsten pro Schicht stößt bei Montagesystemen mit lose verketteten Arbeitsplätzen und automatischen Stationen auch an technische Grenzen (Prozesszeit + WT-Durchlaufzeit einschließlich Positionierung).

Diese Auswirkungen sind bei der Entwicklung eines alternativen Montagesystems mit hoher Umrüstflexibilität besonders zu beachten.

3. Lösungsvariante 2

Unter der Annahme einer Umrüsthäufigkeit von ≥ 5 x pro Schicht ist ein alternatives Montagesystem zu entwickeln, bei welchem die Nachteile, wie bei Variante 1 beschrieben, möglichst nicht auftreten.

Anstelle einer arbeitsteiligen Montage wurde ein Montageablauf nach dem Prinzip der Mengenteilung gewählt. Durch Anordnung von drei parallelen Montagearbeitsplätzen im Nebenschluss eines WT-Umlaufsystems (Bild 5-6) hat sich die Zieltaktzeit (Vorgabezeit) pro Arbeitsplatz auf rd. 21 sec pro Stück erhöht, bei sonst gleichen Planungsdaten wie bei Variante 1.

5.2 Teilautomatisierte Montage

Daraus ergeben sich folgende Vorteile:

- Möglichkeit der Montage von gleichzeitig drei unterschiedlichen Erzeugnistypen in kleinen Losgrößen, im Sinne einer absatzorientierten Fertigung,
- hohe, gleichmäßige Auslastung der drei Montagearbeitsplätze,
- ein sog. „Umtakten" der Arbeitsplätze bei zunehmender Rüsthäufigkeit ist nicht mehr erforderlich,
- ein Taktausgleich (Verlustzeit) wie bei Variante 1 von rd. 1,5 sec/Stck entfällt,
- durch eine Taktreserve von rd. 2 sec pro Stück (der gesamte Arbeitsinhalt beträgt nur 19 sec/Stck) kann der Arbeitsgang „Fetten" mit noch rd. 2 sec/Stck zusätzlich manuell ausgeführt werden. Somit entfallen die erforderlichen Investitionen für die Automatisierung des Arbeitsganges „Fetten",
- das Umrüsten eines Parallelarbeitsplatzes hat keinen Einfluss auf die Ausbringung der beiden anderen Montageplätze.

Die Nachteile einer Nebenschluss-Anordnung von Handarbeitsplätzen sind folgende:

- höhere Investitionen für den WT-Umlauf an drei taktunabhängigen Arbeitsplätzen einschließlich WT-Codierung für die Typerkennung und den dazu gehörigen Schreib-Lese-Stationen,
- zusätzlich 2 - 3 WT pro Arbeitsplatz,
- größerer Flächenbedarf.

Die Arbeitsgänge Nieten und Federspannen werden wie bei Variante 1 automatisch ausgeführt. Die Funktionsprüfung und das Verpacken der Türschlösser könnte ebenfalls an taktunabhängigen Arbeitsplätzen innerhalb des WT-Umlaufsystems erfolgen. Aufgrund der wesentlich geringeren Investitionen wurde jedoch die technische Ausführung der Lösungsvariante 1 übernommen.

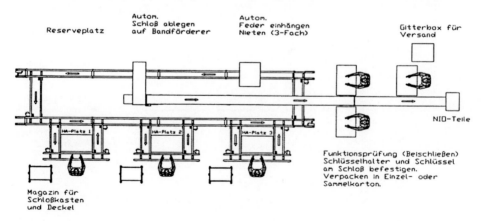

Bild 5-6 Montagesystem - Lösungsvariante 2 (Flächenbedarf 4 m x 15 m)

4. Montagesystem - Vergleich

In Bild 5-7 sind die Montagekosten in Abhängigkeit von der Rüsthäufigkeit von 1 bis 12 Umrüstungen pro Schicht bei einer Umrüstdauer von 5 Minuten pro Typwechsel bzw. 10 Minuten pro Typwechsel dargestellt. Die einzelnen Werte wurden auf der Basis eines Wiederbeschaffungswertes von 124 T€ für System 1 und 197 T€ für System 2, einer Nutzungsdauer von ca. 6 Jahren, Personalkosten von 34 T€ pro Mitarbeiter und Jahr, Abschreibung der Anlage in 4 Jahren und 10 % Zinsen (von 50 % der Investitionskosten) berechnet

Berechnungsformel:

$$K_S = \frac{K_G}{S_T - V_R \cdot R} \text{ (EUR/Stck)}$$

K_S : Montagekosten/Stck
K_G : Gesamtmontagekosten/Schicht
S_T : theoret. mögliche Stückzahl ohne Rüsten
V_R : Stückzahlverlust/Rüstvorgang
R : Rüsthäufigkeit/Schicht

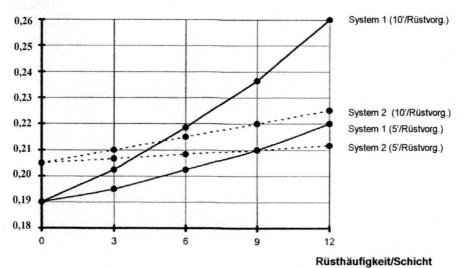

Bild 5-7   Montagekosten in Abhängigkeit von der Rüsthäufigkeit

Bei jedem Rüstvorgang geht infolge der damit verbundenen Wartezeit ein bestimmter Teil der maximal möglichen Produktionsstückzahl pro Schicht verloren. Das heißt, dass die Gesamt-Montagekosten pro Schicht mit weniger produzierten Erzeugnissen verrechnet werden müssen.

Auf die beiden Montagesystem-Varianten bezogen bedeutet dies:

5.2 Teilautomatisierte Montage

- bei einer Umrüstdauer von 10 Minuten und einer Rüsthäufigkeit >5 pro Schicht sind die Montagekosten pro Stück von System 2 geringer als die von System 1,

- bei einer Umrüstdauer von 5 Minuten und einer Rüsthäufigkeit >9 pro Schicht sind die Montagekosten pro Stück von System 2 geringer als die von System 1.

In Bild 5-8 sind die Ausbringungsverluste durch Umrüsten von beiden Systemen in Abhängigkeit der Rüsthäufigkeit pro Schicht dargestellt.

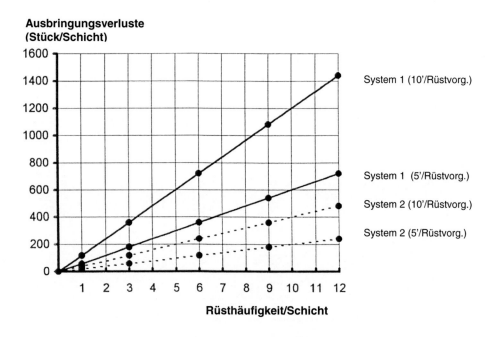

Bild 5-8   Ausbringungsverluste in Abhängigkeit der Rüsthäufigkeit

Es ist zu erkennen, dass die Ausbringungsverluste pro Rüstvorgang bei System 1 um den Faktor 3 höher sind als bei System 2.

Müssen die Stückzahlverluste ausgeglichen werden, um die Planstückzahl von 4800 Stück pro Tag im 1-Schicht-Betrieb zu gewährleisten, dann kann dies ohne zusätzliche Investitionen erreicht werden durch Verlängerung der Schichtzeit (Überzeit), oder durch eine verkürzte zusätzliche Schicht.

Das hat jedoch zur Folge, dass bei System 1 das Dreifache an Mehrlöhnen bezahlt werden muss, im Vergleich zu System 2.

Ein abschließender Wirtschaftlichkeitsvergleich beider Systeme (über den Kapitalmehraufwand bei Umbau von System 1 auf System 2) ist in Bild 5-9 dargestellt. Man erkennt die abnehmende Amortisationszeit von System 2 bei zunehmender Rüsthäufigkeit pro Schicht.

$$\text{Amortisationszeit} = \frac{\text{Kapitalmehraufwand}}{\text{jährl. Kosteneinsparung}}$$

Folgende Kosten wurden bei der Berechnung zugrundegelegt:

- Kapitalmehraufwand: 73 T€ (für System 2)
- Kosteneinsparung (System 2 gegenüber System 1):
- Taktausgleichkosten: rd. 39 €/Schicht
- Mehrkosten für Umrüsten (Syst. 1): 1.50 €/min
- Mehrkosten für Überzeitarbeit (Syst. 1): 2.40 €/min

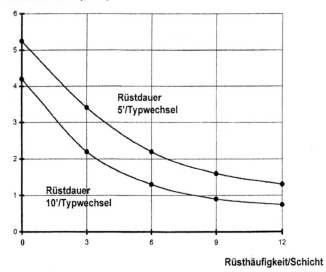

Bild 5-9
Amortisationszeit
von System 2

Zusammenfassung:

Unter der Annahme, dass bei einer „dynamischen Wirtschaftlichkeitsrechnung" (s. Kap. 7.2) die Amortisationszeiten um den Faktor 1,3 - 1,5 höher ausfallen als hier berechnet, ist das System 2 ab einer Umrüsthäufigkeit von:

- 4 Umrüstungen pro Schicht (bei einer Rüstdauer von 10 min/Typ)
- 6 Umrüstungen pro Schicht (bei einer Rüstdauer von 5 min/Typ)

wirtschaftlicher als System 1.

Dabei wurde eine Amortisationszeit von höchstens 3 Jahren als Zielvorgabe vorausgesetzt.

Hinweis:

Ein Vergleich der „nichtquantifizierbaren Kriterien" von Systemvariante 1 und 2 ist in Kap. 6.6.1 enthalten.

5.2 Teilautomatisierte Montage

Beispiel: Differenzdruckschalter

Zwei Typen von Differenzdruckschaltern sollen innerhalb eines Montagesystems mit einer Ausbringung von 2500 bis 3200 Stück/Schicht hergestellt werden. Dazu wurde ein Montagesystem entwickelt, welches aus manuellen Arbeitsplätzen, Automatikstationen und einem Werkstückträger-Umlaufsystem besteht. Auf dem Werkstückträger (200 x 200 mm) befinden sich 3 Aufnahmen (Nester) für unterschiedliche Montagestufen. Durch die Systemausführung (siehe Bild 5-10) ist eine gleichzeitige (chaotische) Montage von zwei Erzeugnisvarianten möglich. Die automatische Montage erfolgt - nach Typ unterschiedlich - im 7 bzw. 10,5 Sekunden-Takt. An den taktunabhängigen Handarbeitsplätzen erfolgt die Entnahme der fertig montierten Differenzdruckschalter, das Fügen, Vormontieren und Einlegen der Gehäuse sowie der übrigen Einzelteile.

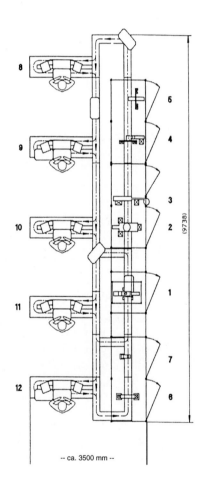

Montageablauf:

1	Automat
	2 bzw. 3 Schrauben zuführen und in Werkstückträger einlegen
2	Automat
	2 bzw. 3 Nieten einpressen
3	Automat
	Ultraschall-Verschweißen von Gehäuseober- und -unterteil.
4	Automat
	Eindrehen von unten der eingelegten Schrauben aus Station 1
5	Automat
	Staubabsaugeinrichtung
6	Automat
	Heißnieten von Blattfedern
7	Automat
	Eindrehen einer Regulierschraube auf vorbestimmte Tiefe
8-12	Parallel-Handarbeitsplätze
	Entnahme der fertig montierten Differenzdruckschalter aus Nest 2; Fügen, Vormontieren und Einlegen der Gehäuse und der übrigen Bestandsteile in Nest 3

Bild 5-10   Montagesystem – Differenzdruckschalter (Lanco AG)

5.3 Automatisierte Montage

Die weitgehend automatisierte Montage von Erzeugnissen bzw. Erzeugnisbaugruppen ist in erster Linie abhängig von

- einer automatisierungsgerechten Produktgestaltung
- der Erzeugnisstückzahl und Erzeugnisvarianten
- der Umrüsthäufigkeit und Umrüstdauer bei Typwechsel.

Bei den nachfolgenden Beispielen werden Einsatzmöglichkeiten von sog. flexiblen Montagesystemen aufgezeigt.

Hinweis:

Auf Beispiele von Montagesystemen mit starrer Verkettung der einzelnen Stationen (Rund- und Längstransfer-Montageautomaten), so wie sie in Kap. 3.2.4.3. beschrieben wurden, wird bewusst verzichtet, da hierzu umfangreiche Fachliteratur bereits seit längerer Zeit am Markt angeboten wird[1.1; 3.3]. Basissysteme ohne Erzeugnisbezug sind jedoch im Teil B enthalten.

Einsatzschwerpunkte für Roboter-Montagezellen in der Klein-, Mittel- und Großserienfertigung sind die Bereiche:

- Handhabungstechnik,

  z. B. gezielte Entnahme von Einzelteilen, die geordnet in Paletten bereitgestellt und in Werkstückträger eingesetzt werden. Hier spielt die Flexibilität des Industrieroboters (IR) hinsichtlich schnelle Anpassung an unterschiedliche Einzelteile und Greifpositionen eine entscheidende Rolle [5.2].

  Hinzu kommen noch kurze Zykluszeiten, die bei einfach zu handhabenden Teilen bereits unter 2 sec/Zyklus liegen (z. B. SCARA-IR mit 250 mm Horizontal- und mit 100 mm Vertikal-Hub).

- Fügetechnik,

  z. B. Montieren von Einzelteilen mit hoher Wiederholgenauigkeit von $\leq \pm 0,025$ mm bei gleichzeitig hoher Steifigkeit und Verfahrgeschwindigkeit der einzelnen NC-Achsen. Das gilt auch für das Handhaben von Fügewerkzeugen, wie z. B. von Schraubern, Lötpistolen mit Lötdrahtzuführung und gleichzeitiger Prozesskontrolle und Dosiereinheiten zum Auftragen von Klebstoffen oder Dichtmassen.

- Prüftechnik,

  z. B. Handhabung des Prüfobjektes (Erzeugnis, Ez-Baugruppe), Handhabung des Messmittels (Messtaster, CCD-Kamera) oder Durchführung der Prüffunktion durch IR selbst. Im Einzelnen sind dies Regel- und Justiervorgänge, wie das Verdrehen eines Potentiometers oder Betätigen von Schaltern. Diese Funktionen kann ein mit Greifern, Werkzeugen und Sensoren ausgestatteter IR durchführen.

5.3 Automatisierte Montage

5.3.1 Roboter-Einsatz bei Klein- und Mittelserien-Erzeugnissen

Beispiel: Baugruppen für Elektrowerkzeuge

Bei der Montage von Getriebebaugruppen für Kettensägen werden 9 Einzelteile (Zahnräder, Wellen, Wälzlager, Kleinteile) über Stapelmagazine und Schwingförderer einer IR-Zelle zugeführt. Das Getriebegehäuse wird von einem entkoppelten Handarbeitsplatz über ein Werkstückträger-Umlaufsystem (Bild 5-11) in den Greifbereich des IR transportiert. Der IR montiert innerhalb 70 Sekunden in Verbindung mit 3 Einpressstationen die komplette Getriebebaugruppe, welche nach Ablegen auf den Werkstückträger die Montagezelle automatisch verläßt.

Um die Auslastung dieser Montagezelle im 2-Schicht-Betrieb noch zu erhöhen, wird zusätzlich eine vormontierte Ankerbaugruppe, bestehend aus 5 Einzelteilen (Anker, zwei Wälzlager, Distanzbuchse. Sicherungsring) montiert. Die Taktzeit hierfür beträgt rd. 35 Sekunden. Die Bereitstellung des vormontierten Ankers zur IR-Zelle erfolgt ebenfalls über das vorhandene WT-Umlaufsystem.

Durch Schnellspannvorrichtungen können die entsprechenden Magazine und das Greifersystem innerhalb von 15 Minuten auf die jeweils andere Erzeugnis-Baugruppe umgerüstet werden.

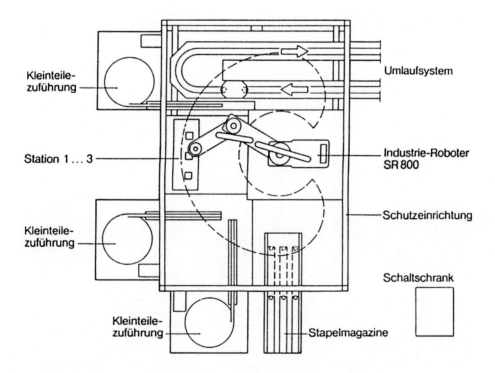

Bild 5-11   Montagezelle für Elektrowerkzeug-Baugruppen (Robert Bosch GmbH)

Ein wirtschaftlicher Einsatz (Amortisationszeit < 4 Jahre) einer solchen IR-Montagezelle im Bereich der Klein- und Mittelserienmontage kann jedoch nur erreicht werden, im Vergleich zu einem gut gestalteten Handarbeitsplatz, wenn:

- ein hoher Wiederverwendungsanteil serienmäßig hergestellter Einzelkomponenten sichergestellt ist, Wertanteil ≥ 70 % an den Gesamtherstellkosten der IR-Zelle,
- möglichst einfache Zuführeinrichtungen, z. B. Schachtmagazine, verwendet werden,
- ein Einsatz im 2- oder 3-Schichtbetrieb erfolgt,
- ein Pausendurchlauf und Abschaltbetrieb ohne Mitarbeiterbetreuung möglich ist,
- eine hohe Systemverfügbarkeit (> 95 %) gewährleistet ist,
- die anteilige Betreuung eines Mitarbeiters für Magazinbeschickung, WT-Beschickung und Sichtprüfung ≤ 25 % der Produktionszeit der IR-Zelle beträgt.

Hinweis:
Standardisierte Handhabungs- und Montagezellen mit Roboter s. Teil B, 5.1.2.

5.3.2 Robotereinsatz bei Mittel- und Großserien-Erzeugnissen

Beispiel: Gasarmatur

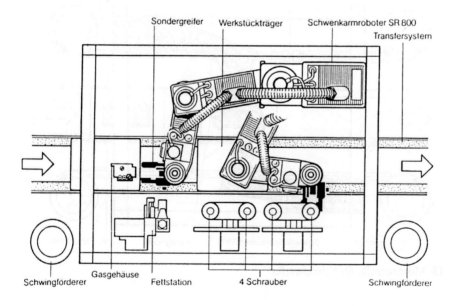

Bild 5-12   Montagezelle für Gasarmatur (Robert Bosch GmbH)

5.3 Automatisierte Montage

Die dargestellte IR-Montagezelle (Bild 5-12) ist über ein Doppelgurtband-System mit vor- und nachgeschalteten Arbeitsstationen verkettet. Der IR entnimmt die Armatur und führt sie zu einer stationär angeordneten Fettstation. Danach erfolgt das Verschrauben von vormontierten Komponenten. Die Schrauben werden über Schwingförderer und Zuführschlauch der einzelnen Schraubspindel „zugeschossen". Nach erfolgtem Arbeitsablauf wird das Gehäuse wieder auf den WT zurückgelegt.

Beispiel: Scheinwerfer

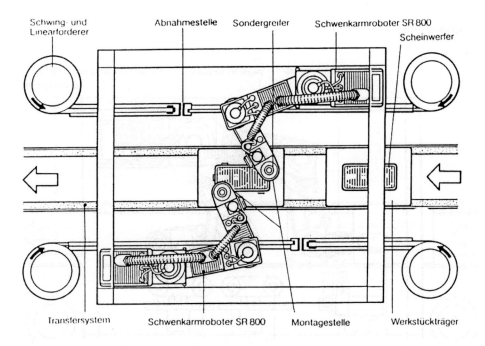

Bild 5-13   Montagezelle für Scheinwerfer (Robert Bosch GmbH)

Auf einem weitgehend automatisierten Montageabschnitt einer Scheinwerfer-Montagelinie werden Halteklammern zur Befestigung des Scheinwerferglases mit dem Gehäuse und Reflektor gleichzeitig mit zwei SCARA-Robotern (Bild 5-13) montiert. Die Halteklammern werden mit einem Sondergreifer an der Abnahmestelle (Vereinzelung) der beiden Schwingförderer-Zuführeinrichtungen übernommen.

Um einen möglichst störungsfreien Lauf dieser Doppelstation zu gewährleisten, müssen die Halteklammern mit hoher und gleichbleibender Formgenauigkeit angeliefert werden.

Die Leistung der Zelle beträgt rd. 180 Stck/Std.

Beispiel: Benzineinspritz-Einheit

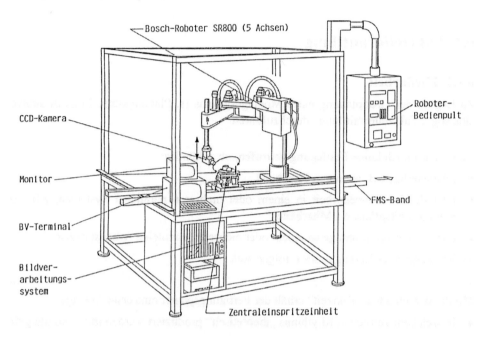

Bild 5-14 Sichtprüfzelle für Benzineinspritz-Einheit (Robert Bosch GmbH)

In einer weitgehend automatisierten Montagelinie soll auch die Sichtprüfung möglichst automatisch erfolgen. Dabei handelt es sich um eine Kontrolle auf vollständige und richtige Montage von unterschiedlichen Anschlussrohren, Schrauben, Stehbolzen, Unterlegscheiben, Federn, Kunststoff-Verschlusskappen, Anschlussstecker, Klemmhebel und verschiedenen Arten von Beschriftungen. Mit dieser Forderung ist das Ziel verbunden, die Anzahl nicht erkannter Einzelfehler weitgehend einzuschränken. Rund 50 Merkmale sollen innerhalb einer Taktzeit von 20 Sekunden überprüft werden.

Für die Erkennung dieser Vielzahl von Prüfmerkmalen und deren unterschiedliche Lage am Produkt kam als Sensorsystem nur eine oder mehrere Kameras in Verbindung mit einem Grauwert-Bildverarbeitungssystem (BV-System) in Frage. Aus Kosten- und Flexibilitätsgründen entschied man sich für eine Kamera, die von einem Industrie-Roboter (IR) an die einzelnen Prüfpositionen (Bild 5-14) geführt wird. Durch den IR-Einsatz ist es möglich, die Kameraposition so zu wählen, dass die bestmöglichen Kontraste auf dem Bild erreicht werden.

Je nach Lage der einzelnen Prüfpositionen und der erforderlichen Prüffunktionen, z. B. nur Vorhandensein eines bestimmten Einzelteils oder genaue Maßprüfung und Abstandsvermessung, muss im Auflicht- oder Durchlicht-Verfahren die Bilderkennung und -Verarbeitung erfolgen. Das BV-System kontrolliert und vermisst mit verschiedenen frei wählbaren Messfunktionen (Durchmesser, Abstand, Kante, Fläche, usw.) die Einzelheiten des Erzeugnisses.

5.3 Automatisierte Montage

Die verwendete Kamera hat eine Auflösung von 768 x 512 Pixel, das nachgeschaltete Bildverarbeitungssystem unterscheidet 256 Grauwertstufen.

Zum Einlernen von Prüfkriterien wird ein so genanntes Grenzmuster gewählt. Untersucht wird nicht das ganze Bild, sondern nur bestimmte Ausschnitte daraus.

Die Qualitätssicherung in der Fertigung erfordert in vielen Fällen Sichtprüfungen, um Bearbeitungs- oder Montagefehler zu erkennen und zu beheben. Das Ziel der „Null-Fehler-Lieferung" ist nur mit einer objektiven, d. h. personenunabhängigen Prüfung erreichbar.

Durch den Einsatz eines Bildverarbeitungssystems in Verbindung mit einem Industrieroboter kann die Mehrzahl der oben genannten Prüffunktionen automatisch durchgeführt werden.

5.3.3 Flexible, automatisierte Montagelinien

Beispiel: Stellmagnet

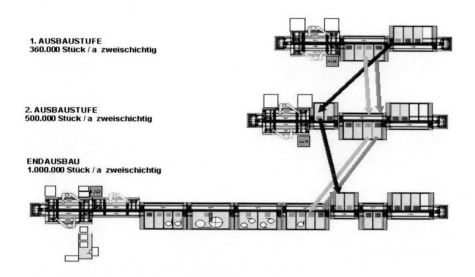

Bild 5-15 Flexible Montagelinie (Fa. Teamtechnik)

Die dargestellte Anlage für die Montage von elektromagnetischen Betätigungselementen (Bild 5-15) basiert auf einem Modulkonzept von beliebig anreihbaren Basiseinheiten in Form von Handarbeitsplätzen und/oder Automatikstationen. Der Werkstücktransfer erfolgt über Werkstückträger, die mit einem Doppelgurtbandsystem von Station zu Station transportiert werden [5.3].

Zwei Arten von Basismodulen stehen zur Verfügung. Diese bestehen aus Grundgestell, Bandantriebs- und –umlenkeinheit und zentraler Steuerungseinheit (SPS oder PC). Zwei bzw. vier Prozessmodule gehören jeweils zu einer Prozesseinheit.

Über ein WT-Codiersystem in Verbindung mit einem Anlagenrechner und entsprechender Gestaltung der Automatik-Stationen (z. B. mit NC-Achsen oder Industrieroboter) ist ein automatisiertes Umrüsten bei der Montage von Erzeugnisvarianten ohne Umrüstverluste möglich.

Der Austausch eines Prozessmoduls kann in wenigen Minuten mit Hilfe eines Hubwagens erfolgen. Selbstzentrierende Konusaufnahmen justieren die Prozeßmodule beim Absenken. Standardisierte Steckverbindungen ermöglichen eine Strom- und Druckluftversorgung sowie einen Datenbus-Anschluss.

Nichtautomatisierbare Arbeitsgänge können entkoppelt vom Automatikbereich über entsprechende Handarbeitsmodule in das Transfersystem integriert werden.

Ein Hauptmerkmal dieses Konzeptes ist die Möglichkeit, durch stufenweisen Ausbau bzw. schnellen Modulwechsel die Anlagenleistung dem Marktbedarf anzupassen. Zudem ist der Wiederverwendungsanteil aller Komponenten durch konsequente Standardisierung der Module (Rastermaße, mechanische und steuerungstechnische Schnittstellen) sehr hoch und das Investitionsrisiko gegenüber Sonderlösungen deutlich reduziert.

Nach dem Umbau bzw. der Erweiterung einer vorhandenen Anlage infolge Erzeugniswechsel, zusätzlicher Erzeugnisvarianten oder Stückzahlveränderung ist eine kurzfristige Anlagenverfügbarkeit gewährleistet. Dies geschieht durch dezentral erprobte Prozesseinheiten bzw. methodisch gestaltete Handarbeitsplatz-Module.

Technische Merkmale:

- Werkstückträger-Bereich: 160 mm – 240 mm – 320 mm (Bandbreite)
- Belastung (WT + Ez-Gewicht): bis 20 kg/WT
- Taktzeit: $\geq$ 4 sec/WT

Hinweis:

Weitere Einzelheiten zu:

- Verkettungssystem   siehe Teil B, 2.2.1 – 2.2.3
- Produktionszellen   siehe Teil B, 5.1.1 – 5.1.6

6 Planungshilfsmittel

6.1 Taktzeitermittlung

6.1.1 Fließarbeit

Zu Beginn der Grobplanung eines Montagesystems (s. Kap. 3.2 Planungsstufe 2) ist es sinnvoll, eine sog. „Taktzeitermittlung" durchzuführen.

Damit wird noch keine Festlegung getroffen, ob zukünftig

arbeitsteilig, z. B. an einem Fließband

oder durch Gruppenarbeit in einem oder mehreren parallelen Systemen, z. B. „mit mehr Arbeitsplätze als Mitarbeiter"

oder als Gesamtmontage an einem oder mehreren parallelen Arbeitsplätzen die Montage eines Erzeugnisses erfolgen soll.

Mit der berechneten „Taktzeit" erhält der Fertigungsplaner eine erste Aussage

in welchem zeitlichen Rhythmus „theoretisch" produziert werden muss, um die geforderten täglichen, wöchentlichen oder monatlichen Planstückzahlen (Lieferzahl) sicher zu erreichen

für die Personalbedarfsplanung, d. h. wieviel Mitarbeiter für die Durchführung einer Montageaufgabe erforderlich sind (abhängig von Menge, Arbeitszeit und Arbeitsinhalt eines Erzeugnisses und dessen Varianten).

Planungsrechnung für Fließarbeit:

Diese Planungsrechnung wurde abgeleitet von der Vorgehensweise bei der Robert Bosch GmbH, ist jedoch teilweise vereinfacht wiedergegeben.

Ausbringungs-Taktzeit:

$$t_{AT} = \frac{(T_{AZ} - \sum t_r) \cdot f_{Be}}{m \cdot f_v} \text{ (min / Stck)}$$

Ziel-Taktzeit

$$t_Z = t_{AT} \cdot f_v \cdot f_L \text{ (min/Stck)}$$

Anzahl Arbeitsplätze bzw. Stationen (theoretisch):

$$AS_{theor.} = \frac{\sum t_e}{t_Z} = ... \text{(Mitarbeiter, Stationen)}$$

Begriffserläuterung:

T_{AZ} (min/Mon): Netto-Arbeitszeit (bei 1-2-3-Schichtbetrieb), abzügl. tariflich festgelegter Kurzpausen

t_r (min/Mon): Rüstzeit

t_{AT} (min/Stck): Ausbringungs-Taktzeit

f_{Be}: Montagesystem-Belegungsgrad, nicht in der Verteilzeit enthaltene Störzeiten, die zu Unterbrechungen führen, ab hängig von Schichtbetrieb (1-2-3-Schicht), Automatisierungsgrad, Materialverfügbarkeit

m (Stck/Mon): zu fertigende Stückzahl pro Monat, oder pro Schicht,

f_V: Verteilzeitfaktor, beinhaltet die vom Springer nicht übernommene persönliche Verteilzeit

t_Z (min/Stck): Ziel-Taktzeit ist nur eine rechnerische Größe. Sie ist die je Arbeitsstation zur Verfügung stehende Zeit und ist Grundlage für die Leistungsabstimmung der Arbeitsplätze und Stationen untereinander

f_L: Leistungsfaktor, entspricht der durchschnittlich zu erwartenden Arbeitsleistung der Mitarbeiter

t_e: Zeit je Einheit (n. REFA), Vorgabezeit für die Ausführung eines Ablaufes durch den Menschen. Σt_e ergibt sich aus dem Arbeitsinhalt der gesamten Montageaufgabe

AS: Anzahl Arbeitsplätze bzw. Stationen (theoretisch).

Hinweise zur Abtaktung (bei Fließarbeit):

Für die Ermittlung der Zeitanteile aller manuell zu verrichtenden Arbeitsvorgänge bietet sich besonders das MTM-Verfahren an.

Bei Taktunterschreitung an einem Handarbeitsplatz ist zu untersuchen, ob

- eine andere Verteilung und Zuordnung von Teilarbeitsgängen (Übernahme eines Teilarbeitsganges von einem Platz mit Taktzeitüberschreitung) vorgenommen werden kann
- durch Füllarbeitsgänge (Vormontieren mehrerer Teile und Ablegen auf Werkstückträger-Hilfsaufnahmen) ein Ausgleich der Taktzeit möglich ist
- durch Automatisierung der Handarbeitsplatz entfallen kann (z. B. Einsatz einer automatischen Schraubstation, anstatt Schrauben mit Handschrauber).

Bei Taktzeitüberschreitung ist zu untersuchen, ob

- durch günstigere Platzgestaltung (Verkürzung der Griffwege, bessere Anordnung von Tcilebehältern) geringfügige Taktzeitüberschreitungen (max. 5 % von t_{AT}) reduziert werden können
- durch Einsatz von Zubringeeinrichtungen Teile geordnet zugeführt werden können, damit ein manuelles Ausrichten der Teile entfallen kann

6.1 Taktzeitermittlung

- ein Parallelarbeitsplatz erforderlich ist
- mit einer Mechanisierung eines Teilvorganges (Fügeprozess) die Taktzeit verringert werden kann.

Taktzeitfestlegung bei automatischen Stationen:

Die Taktzeit der automatischen Stationen an Montagesystemen mit Handarbeitsplätzen sollte maximal 75 % des Anlagentaktes betragen, damit eine Leistungssteigerung der Arbeitspersonen nicht behindert wird.

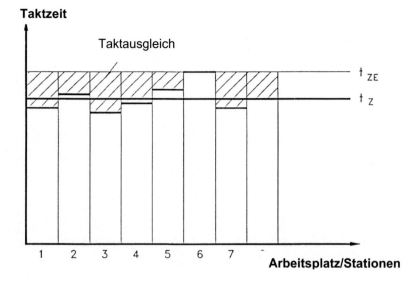

Bild 6-1 Taktdiagramm

Die Darstellung der Taktzeiten der einzelnen Arbeitsplätze bzw. Stationen (Bild 6-1) zeigt die zeitliche Auslastung des Montagesystems im Verhältnis zum rechnerischen Zieltakt. Bei Fließbandarbeit bestimmt der Engpass-Platz (t_{ZE}) letztendlich den Ausbringungstakt der Anlage und den zu bezahlenden Taktausgleich aller restlichen manuellen Arbeitsplätze, deren Arbeitstakt unterhalb des Engpasstaktes liegt (Maßnahmen für eine Optimierung des Leistungsabgleiches s. 3.2.2 und 3.3.1).

6.1.2 Taktzeitermittlung bei Roboterstationen

Die nachfolgend, anhand eines Beispiels beschriebene Vorgehensweise erlaubt eine überschlägige Abschätzung von Taktzeiten (Zeit-Abweichung $< \pm 5$ %).

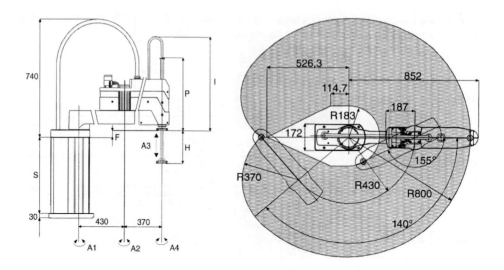

Bild 6-2 Darstellung der Bewegungsachsen (links) und des Arbeitsraumes (rechts) eines SCARA-Roboters - Typ SR 8 (Bosch-Rexroth)

Mit einem Schwenkarmroboters SR 8 (Abbildung, Abmessung und Reichweite siehe Bild 6-2) soll die Taktzeit für die in Bild 6-3 dargestellte Handhabungsaufgabe ermittelt werden. Zu prüfende Erzeugnisse werden über ein Bandsystem der Roboterstation zugeführt; der Roboter übernimmt die Entnahme der geprüften Erzeugnisse und erneute Eingabe in den Prüfrundtisch (Weg XABY) sowie einen kurzen Rückweg (YX) für die günstigste Ausgangsposition.

Der Roboter beginnt oberhalb X mit einer Tiefbewegung auf X, greift das bereits geprüfte Erzeugnis (Ez), durchfährt die angegebene Bahn nach A und dreht dabei den Greifer um 180°. In A wird das Erzeugnis losgelassen, es erfolgt eine kurze Hubbewegung (Z-Hub über WT ca. 36 mm), der Werkstückträgerauslauf wird freigegeben und das ungeprüfte Ez in B angefahren, gegriffen, 90 mm nach oben bewegt und durch wagrechtes Verfahren über die Rundtischposition Y gebracht. Dabei wird die Handachse um 45° gedreht. Es erfolgt eine vertikale Fügebewegung 90 mm nach unten zum Punkt Y. Anschließend wird das Ez losgelassen und während der Hochbewegung (90 mm) wird der Rundtisch weitergeschaltet. Jetzt kann der Roboter die Position oberhalb X erneut anfahren, die Handachse dreht dabei gleichzeitig um 135°. Damit ist der Handhabungszyklus beendet und kann erneut gestartet werden.

Das Handhabungsgewicht (Erzeugnis und Greifer) beträgt 1,5 kg.

Für Greifen bzw. Loslassen in Punkt X, B bzw. A, Y wird eine Zeit von je 0,3 Sekunden berücksichtigt.

6.1 Taktzeitermittlung

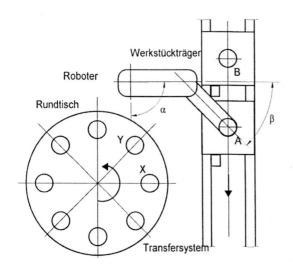

	1. Achse		2. Achse
α_A	90°	β_A	48°
α_B	138°	β_B	66°
α_X	42°	β_X	60°
α_Y	66°	β_Y	114°

Z - Hub (Achse 3):
zwischen XA, BY oder
XY = 90 mm
zwischen AB = 36 mm
Pinole Ø 25 mm

Handachse (Achse 4):
in A = 0° in X = 180°
in Y = 45°

Bild 6-3   Bewegungsskizze des SCARA-Roboters (SR 8)

Vorgehensweise zur Taktzeitermittlung:

Zuerst wird die Anlage skizziert und beschrieben (Bild 6-3), sowie die maßgebenden Randbedingungen (Greifer-, Teilegewicht, Prozesszeiten, usw.) festgelegt. Anhand der Skizze oder weiterer Hilfsmittel (z. B. einer Planungsschablone für den Robotertyp SR 8) ermittelt man die Winkelstellungen der Einzelachsen in Ausgangs-, Zwischen- und Endstellung.

Für die ermittelten Schwenkwinkel und dem Vertikalhub (Z-Achse) aus der Anlagenskizze wird nun die zugehörige Fahrzeit durch Ablesen der Einzelzeiten in dem Diagramm Bild 6-4 ermittelt. Da sich Achse 1 und Achse 2 gleichzeitig bewegen, ist der Maximalwert der Einzelachse für die Zeitermittlung beider Achsen auszuwählen. Zweckmäßigerweise trägt man diese Einzelwerte in eine Tabelle ein, um die Einzelzeiten sicher zu erfassen. [6.1]

Diese Tabelle (Tab. 6-1) enthält die Bewegungszeiten der Achse 1 und 2, Achse 3 (Z-Bewegung), Achse 4 (Handrotation), Positionierzeiten (Pos. A und Y) und sonstige Zeiten (Greifer schließen bzw. öffnen, Prozesszeiten, Nebenzeiten).

Für exakt anzufahrende Positionen ist außerdem eine Positionierzeit von 0,06 Sekunden zu berücksichtigen, dies trifft besonders bei Fügepositionen zu.

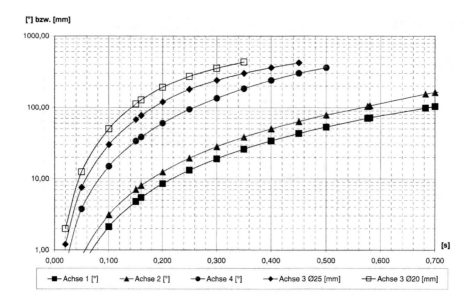

Bild 6-4   Taktzeitdiagramme für die Achsen 1, 2, 3 und 4

Tabelle 6-1 (Teil 1)   Taktzeitermittlung für SR 8 (Beispiel Ez-Handhabung an Prüfrundtisch).

Bewegungsvorgang	Winkeldifferenz bzw. Hub:	Taktzeit:	Maßgebende Zeit: Sekunden
Hub -90 mm	90 mm	0,18	0,18
Greifer schließen		0,3	0,30
Hub 90 mm	90 mm	0,18	0,18
Strecke XA - Achse 1	48°	0,50*	0,50
Strecke XA - Achse 2	12°	0,12	-----
Drehen -180°	-180°	0,35	-----
Hub -90 mm	90 mm	0,18	0,18
Greifer Loslassen		0,3	0,30
Hub 36 mm	36 mm	0,11	0,11
Strecke AB - Achse 1	48°	0,50*	0,50
Strecke AB - Achse 2	18°	0,24	-----
Hub -36 mm	36 mm	0,11	0,11
Greifer schließen		0,3	0,30
Hub 90 mm	90 mm	0,18	0,18
Strecke BY - Achse 1	72°	0,58*	0,58
Strecke BY - Achse 2	42°	0,36	-----

6.1 Taktzeitermittlung

Tabelle 6-1 (Teil 2) Taktzeitermittlung für SR 8 (Beispiel Ez-Handhabung an Prüfrundtisch)

Bewegungsvorgang	Winkeldifferenz bzw. Hub:	Taktzeit:	Maßgebende Zeit: Sekunden
Drehen 45°	45°	0,17**	-----
Hub -90 mm	90 mm	0,18	0,18
Greifer Loslassen		0,3	0,30
Hub 90 mm	90 mm	0,18	0,18
Strecke YX - Achse 1	24°	0,34	
Strecke YX - Achse 2	54°	0,42*	0,42
Drehen 135°	135°	0,36	-----
Positionierzeit A			0,06
Positionierzeit Y			0,06

* längste Zeit   4,62
** Drehbewegung geht in Verfahrbewegung Strecke BY unter

Gesamtzeit: 4,62 Sekunden

Hinweis:

Einige Hersteller bieten zur Optimierung des Bewegungsablaufes unterschiedlicher Robotertypen dafür geeignete Simulations-Software an.

6.1.3 Zeitermittlung für Werkstückträgertransport

Nachfolgend wird die Berechnung der Werkstückträgerdurchlaufzeit innerhalb einer Montagestation beschrieben. Als Transportsystem wird ein Doppelgurtband verwendet, andere Fördersysteme sind jedoch vergleichbar, wenn gleiche Transportgeschwindigkeiten und ähnliche Reibungs- bzw. Mitnahmeverhältnisse vorhanden sind.

Betrachtet wird ein Werkstückträger (WT) mit der Länge s. Dieser wird vom Bandförderer zu einer Hub- und Indexierstation transportiert, vom Band ausgehoben und fixiert. Geht man von der Voraussetzung aus, dass ein weiterer Werkstückträger (WT) in 60 mm Abstand als Nachfolger bereitsteht (z. B. an der Vorvereinzelung), und die empirisch ermittelte Indexierzeit 1,5 Sekunden beträgt, so kann die Werkstückträgerdurchlaufzeit t nach folgender Formel berechnet werden:

$t = t_i + (s + a) \cdot 0{,}06/v$ (Sekunden)

- s: Werkstückträgerlänge (mm)
- a: Abstand zum nächsten WT (mm)
- t_i: Zeit für Indexierung (1,5 Sek.)
- v: Bandgeschwindigkeit (m/min)

oder

$t = 1{,}5 + (s + 60) \cdot 0{,}06/v$ (Sekunden)

Die Tabelle 6-2 zeigt verschiedene WT-Durchlaufzeiten für unterschiedliche Transportgeschwindigkeiten und Werkstückträgerlängen.

Tabelle 6-2 Werkstückträgerdurchlaufzeit in Sekunden bei unterschiedlicher Werkstückträgerlänge und Transportgeschwindigkeit

Transport-geschwindigkeit (m/min)	Werkstückträgerlänge s (mm)					
	160	200	240	320	400	480
6	3,70	4,10	4,50	5,30	6,10	6,90
9	2,97	3,23	3,50	4,03	4,57	5,10
12	2,60	2,80	3,00	3,40	3,80	4,20
15	2,38	2,54	2,70	3,02	3,34	3,66
18	2,23	2,37	2,50	2,77	3,03	3,30
	Werte in Sekunden					

Um WT-Wechselzeiten von über 2 Sekunden zu verkürzen, kann eine Schnelleinzugseinheit (siehe Katalogteil Blatt 2.2.7.1) eingesetzt werden. Damit ist eine WT-Wechselzeit von rd. 0,5 Sek. erreichbar.

6.2 Vorranggraph

Der Vorranggraph, eine Art Netzplan, ist ein geeignetes Hilfsmittel zur übersichtlichen, graphischen Darstellung der Struktur einer Montageaufgabe mit allen Arbeitsgängen sowie deren Abhängigkeiten, Zeiten und anderen Merkmalen (s. Bild 6-5).

Der Arbeitsinhalt des zu montierenden Erzeugnisses oder der Baugruppe wird in Teilvorgänge zergliedert, die als selbständige Einheit betrachtet und ausgeführt werden können. Diese Aufgliederung ist nicht endgültig. Es ist im Verlauf der Planung immer wieder zu prüfen, ob Arbeitsgänge weiter aufgelöst, zusammengefasst oder neu abgegrenzt werden.

Der nächste Schritt ist die Untersuchung der zwischen den Teilvorgängen bestehenden Abhängigkeiten oder Reihenfolgebedingungen. Hierbei sind nicht die bisher „üblichen" Reihenfolgen, sondern nur die technisch notwendigen zu berücksichtigen.

Folgende „Regeln" sind zu beachten (s. Bild 6-6):

Teilvorgänge werden durch Knoten (Kreise oder besser Rechtecke), Abhängigkeiten durch Pfeile dargestellt (a).

Ein Vorranggraph kann beliebig viele Anfangsknoten (Knoten ohne Vorgänger) und Endknoten (Knoten ohne Nachfolger) aufweisen (b).

Die nachfolgende Darstellung (in c) besagt, dass Teilvorgang 3 erst nach Ausführung von Teilvorgang 1 und 2 möglich ist.

Es dürfen keine Schleifen auftreten.

6.2 Vorranggraph

Der Vorranggraph muss kein geschlossenes Ganzes sein, er darf aus mehreren unabhängigen Teilgraphen bestehen und auch völlig unabhängige Teilvorgänge ohne Vorgänger und ohne Nachfolger enthalten. Es handelt sich dabei um Teilvorgänge, die an beliebiger Stelle ausgeführt werden können. In der Praxis haben sie jedoch im Allgemeinen die Schlussprüfung als Nachfolger.

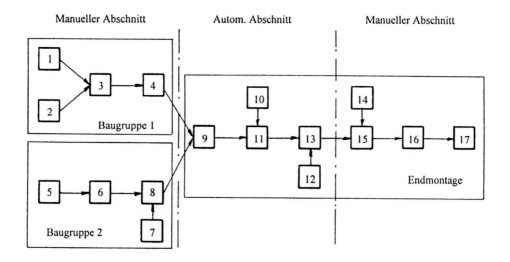

Bild 6-5 Vorranggraph, in manuelle und automatische Abschnitte aufgeteilt

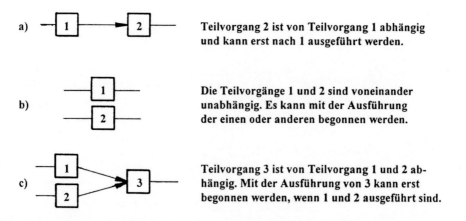

Bild 6-6 Elemente eines Vorranggraphen

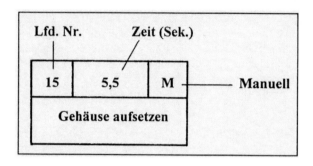

Bild 6-7
Kennzeichnung eines Teilvorgangs

Im Anschluss an die graphische Darstellung erfolgt eine Bewertung und Kennzeichnung der Teilvorgänge entsprechend Bild 6-7:

- automatisch montierbar (A)
- manuell montierbar (M)
- Arbeitsinhalt und Taktzeit (sec).

Der Vorranggraph zeigt nun die Gesamtstruktur des Montagesystems sehr übersichtlich und bildet nach Überprüfung und Diskussion die Grundlage für eine mögliche Gliederung in manuelle und automatische Abschnitte (s. Bild 6-5).

Man beginnt mit den ersten Teilvorgängen im Vorranggraphen (d. h. Knoten ohne Vorgänger) und eröffnet zunächst einen entsprechenden Streckenabschnitt (z. B. Handarbeit).

Diesem Abschnitt können nun alle Teilvorgänge zugeordnet werden, die von gleicher Art (z. B. Handarbeit) wie der betreffende Abschnitt sind, keine Vorgänger haben oder deren unmittelbare Vorgänger bereits einem Abschnitt zugeteilt sind.

Die Zuordnung kann so lange fortgesetzt werden, bis keine Teilvorgänge der betreffenden Art mehr die obigen Forderungen erfüllen (z. B. Arbeitsgänge 1, 2, 3, 4 bzw. 5, 6, 7 und 8).

Jetzt ist mit einem Abschnitt der anderen Art, z. B. Automatik, zu beginnen und die Zuordnung auf gleiche Weise fortzusetzen (z. B. Arbeitsgänge 9, 10, 11, 12, 13).

Dies wiederholt sich so lange im Wechsel von Handarbeit und Automatik, bis alle Teilvorgänge eingeordnet sind.

Man hat jetzt einen ersten Überblick über die Struktur der Montagelinie als Grundlage für Diskussionen sowie für eine anschließende Verfeinerung bzw. Entwicklung von Alternativen.

Hinweis:

Die Darstellung der Teilvorgänge in runder und rechteckiger Form ist nicht zwingend vorgeschrieben. Bei EDV-Einsatz werden Rechteckformen bevorzugt verwendet.

Beispiel: Instrumentenkombination

Für die in Bild 6-8 abgebildete Instrumententafel wurde ein Vorranggraph erstellt. Zur Herstellung, Prüfung und Verpackung sind insgesamt 15 Teilverrichtungen erforderlich.

6.2 Vorranggraph

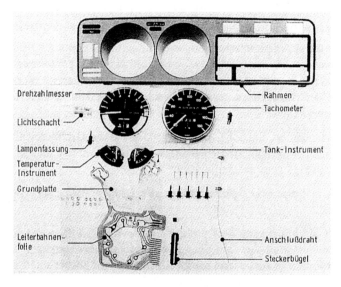

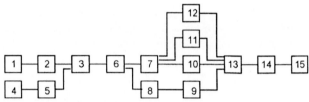

Teilverrichtung	Beschreibung
1	Tank- und Temperaturinstrument in Grundplatte klipsen
2	Grundplatte mit Tank- und Temperaturinstrumenten an Drehzahlmesser schrauben
3	Sichtkontrolle durchführen
4	Rahmen auspacken
5	4 Gummikappen und Lichtschacht auf Rahmen stecken
6	Drehzahlmesser und Tachometer in Rahmen einlegen
7	Leiterbahnenfolie und 3 Lampenfassungen montieren
8	Steckerbügel und 1 Lampenfassung montieren
9	Drehzahlmesser und Tachometer mit Mehrfachschrauber an Rahmen schrauben
10	3 Lampenfassungen montieren
11	Anschlußdraht mit 1 Lampenfassung montieren
12	Anschlußdraht zweimal einklipsen und anschrauben
13	Beleuchtungskontrolle durchführen
14	Endkontrolle durchführen
15	Instrumentenkombination verpacken

Bild 6-8 Baugruppen, Einzelteile, Vorranggraph und Beschreibung der Teilverrichtungen zur Instrumentenkombination

6.3 Arbeitsplatzgestaltung und Zeitermittlung

6.3.1 Arbeitsplatzgestaltung nach ergonomischen Gesichtpunkten

Voraussetzung für ein methodisch richtiges und möglichst ermüdungsarmes Arbeiten ist ein nach ergonomischen und arbeitswissenschaftlichen Erkenntnissen gestalteter Arbeitsplatz. Dieser sollte sowohl ein Arbeiten im Sitzen als auch im Stehen ermöglichen und mit einfachen Handgriffen an die unterschiedlichen Körpermaße des Mitarbeiters angepasst werden können.

Die richtige Arbeitshöhe, Sitzhöhe, Beinfreiheit, sowie der Greif- und Sehbereich sind durch wissenschaftliche Untersuchungen ermittelt worden und in den folgenden Darstellungen auszugsweise wiedergegeben.

In Bild 6-9 ist in Form von Standardmaßen der Grundaufbau eines Sitz-Steh-Arbeitsplatzes dargestellt.

Bild 6-10 zeigt die günstigen Greifbereiche für die Bereitstellung der zu montierenden Einzelteile bzw. die mögliche Anordnung von Montagevorrichtungen. Dabei sollte die Lage der Griffstellen an den einzelnen Greifbehältern möglichst nicht mehr als 35 cm von der jeweiligen Montageposition des zu montierenden Erzeugnisses entfernt sein (dies gilt hauptsächlich für die Montage kleinerer Erzeugnisse).

Schwieriger ist es, wenn Teilekisten oder größere Behälter, die nicht auf dem Arbeitstisch untergebracht werden können, seitlich am Arbeitsplatz bereitgestellt werden. Mit Hilfe von Kistenhubeinrichtungen bzw. Hub-Kipp-Gestellen kann jedoch die Greifebene auf Arbeitshöhe angehoben werden.

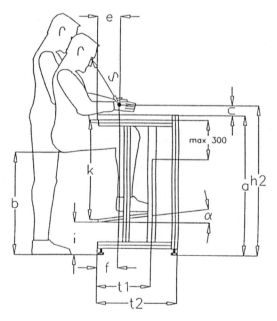

Standardmaße/Anhaltswerte:

a = 900 - 1080 mm
b = Verstellbereich mind. 250 mm
c = möglichst klein halten
e = 0-325 mm
f = max. 150 mm
h2 = 900 - 1200 mm
i = 120 - 350 mm
k = 520 - 750 mm
s = von mehreren Einflussgrößen abhängig
t1 = mind. 350 mm
t2 = mind. 550 mm
α = 5° - 10°

Bild 6-9   Sitz-Steh-Arbeitsplatz mit Standardmaßen

6.3 Arbeitsplatzgestaltung und Zeitermittlung

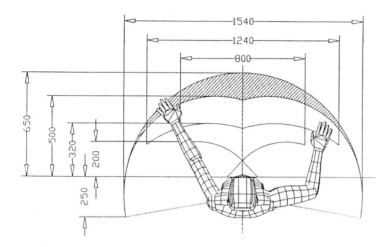

Bild 6-10 Griffbereiche an einem Beidhandarbeitsplatz

Die Elemente für den Aufbau und die Gestaltung von Handarbeitsplätzen mit stationär angeordneten Greifbehältern oder mit umlaufenden oder verschiebbaren Teilebehältern sind im Teil B, Kap. 1, dargestellt.

6.3.2 Ermittlung der Montagezeit (Vorgabezeit)

Um den Zeitbedarf für die Durchführung einer Montageaufgabe im Voraus ermitteln zu können, werden heute überwiegend „Methoden vorbestimmter Zeiten" bei der Planung und Gestaltung manueller Montagearbeitsgänge eingesetzt. Unter „vorbestimmten Zeiten" sind Verfahren zu verstehen, die manuelle Tätigkeiten in einzelne Grundbewegungen zerlegen und jeder dieser Grundbewegungen einen vorbestimmten Zeitwert (Normalzeitwert) zuweisen.

Das MTM-Verfahren (Methods Time Measurement) ist das am weitesten verbreitete Verfahren. Die MTM-Normalzeitwerte sind in umfangreichen Versuchsreihen durch die Amerikaner Dr. Maynard, Schwab und Stegemerten empirisch ermittelt und 1948 zum allgemeinen Gebrauch freigegeben worden. Zur MTM-Maßeinheit wurde das TMU (Time Measurement Unit) erklärt:

1 TMU = 0,036 sec = 0,0006 min = 0,00001 Std

Die Vorteile des MTM-Verfahrens sind:

Arbeitsmethoden können bereits in der Planungsphase entwickelt und unter Berücksichtigung aller Details festgelegt werden.

Arbeitsplätze können im Planungsstadium zeitkritisch untersucht werden. Das ist besonders bei der Auslegung von Fließfertigungen wichtig, bei denen die Arbeitsplätze zeitlich aufeinander abgestimmt werden müssen.

Objektive Auswahl der wirtschaftlichsten Arbeitsmethode aus mehreren Alternativlösungen.

Das Schätzen eines Leistungsgrades entfällt.

Sachliche Klärung bei Meinungsverschiedenheiten anhand von Analysen sind möglich.

Mit Hilfe einer MTM-Zeitwertkarte können für insgesamt 18 Bewegungsfunktionen die entsprechenden Zeitwerte ermittelt werden. In Deutschland wird diese Karte von der Deutschen MTM-Vereinigung herausgegeben.

Für die Erzeugnismontage sind besonders die folgenden 5 Grundbewegungen von Bedeutung:

       Hinlangen   (Symbol R   – Reach)
       Greifen   (Symbol G   – Grasp)
       Bringen   (Symbol M   – Move)
       Fügen   (Symbol P   – Position)
       Loslassen   (Symbol RL – Release)

Weitere ergänzende Bewegungen sind:

       Drücken (AP)
       Trennen (D)
       Drehen (T)
       Blick verschieben (ET)
       Prüfen (EF)

sowie Körper-, Bein- und Fußbewegungen (Gehen).

Beispiel: *Berechnung der Grundzeit (t_g) nach der MTM-Methode*

Montieren eines zylindrischen Teils in eine Werkstückaufnahme (Doppelaufnahme) an einem Beidhandarbeitsplatz (Bild 6-11).

Teile werden ungeordnet in zwei Greifbehältern in einem Abstand von ca. 26 cm zur Fügeposition bereitgestellt.

Der Werkstückträgertransport erfolgt automatisch auf einem Doppelgurtband.

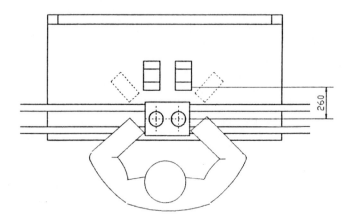

Bild 6-11
Beidhandarbeitsplatz

6.3 Arbeitsplatzgestaltung und Zeitermittlung

Tabelle 6-3 Grundzeitermittlung nach MTM-Methode (Beispiel Beidhandarbeitsplatz)

Nr.	Linke Hand	Symbol	TMU	Symbol	Rechte Hand
1	Hinlagen zum Teil	R26C	13,0	R26C	Hinlangen zum Teil
2	Greifen Teil	G4B	9,1	-	-
	-	-	9,1	G4B	Greifen Teil
3	Bringen zur Fügeposition	M26C	13,7	M26C	Bringen zur Fügeposition
4	Fügen Teil	P1SE	5,6	P1SE	Fügen Teil
5	Loslassen	RL1	2,0	RL1	Loslassen
		Summe	52,5		

Das Ergebnis (vergleiche Tabelle 6-3) für das Greifen und Fügen von zwei Einzelteilen (gleichzeitig) beträgt:

$$t_g = 52,5 \times 0,036 = \underline{1,9 \text{ sec}/2 \text{ Teile}}$$

Anmerkung:

Die Anwendung des Systems vorbestimmter Zeiten führt ohne gründliche Ausbildung zu falschen Ergebnissen. Für das Erlernen dieser Methode wurde von der Deutschen MTM-Vereinigung eine Grundausbildung von 3 Wochen festgelegt, die den theoretischen Aufbau des Verfahrens sowie praktische Übungen enthält. Vorausgestellt wird eine Information über die Grundlagen des Bewegungsstudiums, da ohne genaue Kenntnisse der Regeln der Bewegungslehre eine optimale Anwendung von MTM nicht gewährleistet ist.

6.3.3 Nebenzeiten für Erzeugnisweitergabe an Handarbeitsplätzen

Die Erzeugnisweitergabe an manuellen Arbeitsplätzen kann auf verschiedene Weise erfolgen:
1. manuelle Weitergabe der Erzeugnisse ohne WT, d. h. keine definierte Ez-Lage,
2. manuelle Weitergabe des Erzeugnisses mit WT, d. h. Erzeugnis in definierter Lage,
3. automatische Weitergabe mit einem WT-Transportsystem.

Die Nebenzeiten t_n, die bei einer manuellen Weitergabe eines Erzeugnisses entstehen, müssen im Zusammenhang mit dem Arbeitsinhalt und daraus resultierender Vorgabezeit an den einzelnen Arbeitsplätzen gesehen und entsprechend berücksichtigt werden.

Richtwerte:

Fall 1:

Weitergabe Erzeugnis ohne WT, von Hand ausrichten, in Montagevorrichtung einsetzen, entnehmen und weitergeben in den Greifbereich des nächsten Platzes,
$t_n = 3,5 - 4$ sec/Ez

Fall 2:
Weitergabe Erzeugnis mit WT, d. h. greifen und in Montageposition schieben, weiterschieben in den Greifbereich des nächsten Platzes,
t_n = 2 - 2,5 sec/Ez

Fall 3:
Erzeugnis wird mit WT automatisch von Platz zu Platz transportiert, WT-Freigabe über Fußschalter, gleichzeitig Hinlangen zu Teilebehälter, Greifen und Bringen weiterer Einzelteile für nachfolgendes Erzeugnis,
t_n = 0 sec.

6.4 Gestaltung von Speichersystemen

6.4.1 Übersicht – Definition

Der Begriff Speicher lässt sich, wie Bild 6-12 zeigt, unterteilen in:

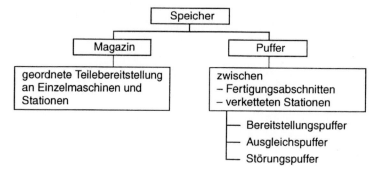

Bild 6-12 Begriffsabgrenzungen – Speicher

6.4.2 Einsatz von Puffer in der Montage

Speichersysteme bzw. Puffer werden im Allgemeinen vor und nach automatischen Stationen oder Abschnitten angeordnet, um diese von manuellen Abschnitten zu entkoppeln.

Vorteile:

Ausgleich kurzer Stillstandszeiten infolge:

technischer Störungen, z. B. beim automatischen Ordnen und Zuführen von Einzelteilen,

organisatorisch bedingter Stillstandszeiten, z. B. Umrüsten,

dispositiv bedingter Stillstandszeiten, z. B. Teile nachfüllen,

unterschiedlich auftretender persönlicher Verteilzeiten,

Erhöhung des Nutzungsgrades eines Montagesystems, z. B. durch Pausendurchlauf und Abschaltbetrieb.

6.4 Gestaltung von Speichersystemen

Nachteile:

- verdeckt Schwachstellen, z. B. bei störanfälligen automatischen Stationen
- erhöhter Flächenbedarf
- meist angepasste Sonderkonstruktion (Flächen- und Raumpuffer)
- Kosten für Puffer und für zusätzliche Werkstückträger
- zusätzliche steuerungstechnische und organisatorische Maßnahmen beim Umrüsten von Montagelinien mit Nebenschlusspuffer
- Erhöhung der Durchlaufzeit.

Das Ziel muss sein:

Einsatz von Störungspuffer möglichst vermeiden, durch Verbesserung des Prozessablaufs.

6.4.2 Pufferarten und Anordnung in verketteten Systemen

Die wesentlichen Pufferarten sind prinzipiell in Bild 6-13 dargestellt.

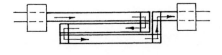

1 Durchlaufpuffer bzw. Hauptschlusspuffer

   Reihenfolge:
   „first in - first out" (fifo)

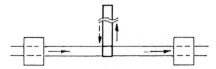

2 Rücklaufpuffer bzw. Nebenschlusspuffer

   Reihenfolge:
   „last in - first out" (lifo)

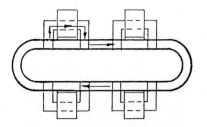

3 Umlaufpuffer zur Verkettung von Stationen im Nebenschluss

   Reihenfolge:
   undefiniert, WT-Codierung erforderlich

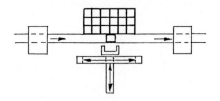

4 Direktzugriffspuffer zur Speicherung unterschiedlicher Teile

   Reihenfolge:
   wahlfreier Zugriff
   Anordnung: in mehreren Etagen möglich
   Speicherplatzverwaltung mit Rechner (PC)

Bild 6-13   Arten und Anordnung von Puffer

6.4.4 Wirkung, Verhalten und Dimensionierung von Puffer

In verketteten Montagesystemen ohne Puffer wirken sich alle Arbeitsunterbrechungen und Montagezeitstreuungen jedes Arbeitsplatzes und jeder Station unmittelbar auf alle anderen Plätze und Stationen aus, was zu einer mehr oder weniger starken Störung des Gesamtablaufs führt, d. h. ein Mitarbeiter kann keine persönliche Verteilzeit in Anspruch nehmen, ohne andere Arbeitsplätze zu stören, es sei denn, ein „Springer" ist verfügbar. Dieser Effekt ist umso stärker, je mehr Arbeitsplätze oder automatische Stationen miteinander verkettet sind, und je unterschiedlicher deren Arbeits- und Störverhalten ist.

Ein unterschiedliches Ausstoßverhalten von miteinander verketteten Arbeitsplätzen und Stationen kann in gewissen Grenzen durch den Einbau eines Puffers ausgeglichen werden, ohne dass kurze Arbeitsunterbrechungen oder Leistungsschwankungen sich fortpflanzen oder addieren. Grundsätzlich wird jedoch die Ausbringung des Gesamtsystems durch die Leistung der sog. „Engpass-Station" begrenzt, d. h. der Einbau von Puffer vor und nach dieser Station löst das bestehende Problem nicht. Ist die Engpass-Situation durch häufig auftretende Störungen bzw. durch die der Fehlerbeseitigung bedingt, können folgende Maßnahmen eine Abhilfe bringen:

1. Technische Störungen beseitigen durch geänderte konstruktive Lösung des Fügeprozesses.
2. Wenn Störungen durch automatische Zuführeinrichtung entstehen, dann:

    Ordnungseinrichtung über Linearförderstrecke von Fügestation entkoppeln (Zugänglichkeit sicherstellen),

    überprüfen, ob andere Art der Teilezuführung eine Reduzierung der Störungshäufigkeit bewirkt,

    Teilequalität verbessern

    Teile automatisierungsgerecht gestalten, falls Änderungen konstruktiv noch durchführbar und eine deutliche Senkung der Störungshäufigkeit gewährleistet ist.

3. Redundante Station (Parallelstation) vorsehen, wenn Taktzeit des Fügeprozesses nicht weiter verkürzt werden kann (Kosten?).
4. Ist eine kostengünstige und wirtschaftlich noch vertretbare Änderung nicht möglich, dann anstelle der automatischen Station einen gutgestalteten, teilmechanisierten Handarbeitsplatz vorsehen.

6.4.4.1 Starr verkettete Stationen (Montageautomat)

Eine deutliche Verbesserung der Verfügbarkeit eines Montageautomaten mit einer größeren Anzahl starr verketteter Stationen (davon ≥ 50 % Zuführstationen mit ungeordnet bereitgestellten Kleinteilen) kann erreicht werden durch eine Aufteilung in zwei Montageabschnitte, die lose miteinander über einen zwischengeschalteten Puffer verkettet sind.

Beispiel:

Automatisches Montieren eines kleinen Erzeugnisses im 6-Sekunden-Takt

   Anzahl der Einzelteile: 8 (mit Schwingförderer zuführen), Abmessung der Grundplatte ca. 50 x 50 mm

   Anzahl der Verfahrens- und Prüfstationen: 8

   Gesamtzahl der erforderlichen Stationen: 16

6.4 Gestaltung von Speichersystemen

durchschnittl. Störungshäufigkeit pro Zuführstation: 0,5 %
durchschnittl. Ausfallzeit pro Störung: 1 Minute
Störungshäufigkeit der Verfahrens- und Prüfstationen: < 0,01 %
(wird nicht berücksichtigt)

Alternative 1: Rundtischautomat mit 16 Stationen

0,5 % Störungshäufigkeit pro Zuführstation bedeuten bei einer theoretischen Taktzahl von 100 Takten:

– 96 störungsfreie Takte

– 4 Störtakte

Verfügbarkeit: (s. 6.6.2)

$$V = \frac{T_o}{T_o + 4 \cdot T_A}$$

$$= \frac{96 \cdot 6}{576 + 4 \cdot 60} = \frac{576}{816} = 0{,}71$$

Ergebnis: Die Verfügbarkeit des Rundtischautomaten beträgt 71 %.

Alternative 2: 2 Rundtischautomaten lose verkettet über einen Bandförderer

Anzahl Stationen pro Automat: 8 davon Anzahl Zuführstationen: 4

0,5 % Störungshäufigkeit pro Zuführstation bedeuten bei einer theoretischen Taktzahl von 100 Takten:

– 98 störungsfreie Takte
– 2 Störtakte

Verfügbarkeit eines Automaten:

$$V = \frac{T_o}{T_o + 2 \cdot T_A}$$

$$= \frac{98 \cdot 6}{588 + 2 \cdot 60} = \frac{588}{588 + 120} = 0{,}83$$

Ergebnis: Die Verfügbarkeit der beiden Automaten beträgt jeweils 83 %.

Erforderliche Puffergröße (n) zwischen den beiden Automaten:

$$n = \frac{SD_1 + SD_2}{t_{AT}}$$

$$= \frac{120 + 120}{6} = 40 \text{ Erzeugnisse}$$

SD_1, SD_2 = Störddauer von Automat 1 und 2

t_{AT} = Ausbringungstaktzeit

Ergebnis: Pufferlänge l = 40 Ez x 5 cm/Ez = 200 cm

Annahme:
- gleichartiges Störverhalten beider Automaten,
- gleichmäßige Verteilung der auftretenden Störungen,
- Pufferbelegung durchnittl. 50 %,
- Puffer kann bei Störung von Automat 2 max. noch 20 Erzeugnisse von Automat 1 aufnehmen, wenn dieser noch mind. 120 Sekunden störungsfrei arbeitet.

Anmerkung:
Da ein gleichartiges Störverhalten von zwei oder mehr miteinander lose verketteten Montageautomaten im Normalfall kaum eintritt, ist eine Anwendung der o.g. Puffer-Formel nur als Überschlagsrechnung geeignet.

6.4.4.2 Montagesystem mit lose verketteten Arbeitsplätzen und Stationen

1. Simulation von Montagesystemen

Bei der Auslegung von komplexen Montagestrukturen, z. B. mit Verzweigungen, ist eine zutreffende Aussage über:

das Ausbringverhalten

die richtige Anordnung und Wirkung von Entkopplungspuffer

Verteilstrategien in Umlaufsystemen mit taktunabhängigen Arbeitsplätzen

max. Anzahl von Parallelplätzen mit gleichem Arbeitsinhalt

notwendige WT-Transportgeschwindigkeit im Umlaufpuffer (s. 4.2.5 und 4.2.6) mit einfachen Formeln nicht mehr möglich.

Die Einflussgrößen wie

Störverhalten von automatischen Stationen

Stillstandsdauer

Taktzeitschwankungen

Rüstzeitstreuungen

unterschiedliche Losgrößen

treten nur noch „stochastisch", d. h. nicht genau vorhersehbar, auf. Eine Aussage über das dynamische Verhalten eines solchen Montagesystems kann nur noch mit Hilfe einer „Simulation" erreicht werden.

Mit den heute verfügbaren Simulationswerkzeugen ist es möglich, den Einfluss von Struktur und Systemparametern auf das Systemverhalten zu ermitteln, auch wenn die theoretischen Zusammenhänge nicht bekannt sind und das betreffende System vorher nicht realisiert worden ist.

Voraussetzung für die richtige Anwendung eines Simulationsprogramms sind ausreichende Kenntnisse auf einer EDV-Anlage, komplexe Abläufe in abstrakter Form zu beschreiben bzw. zu modellieren.

Verschiedene Universitäten und Ingenieur-Büros bieten als Dienstleister entsprechende Unterstützung an und führen selbst Simulationsstudien durch.

Empfehlenswert ist die Simulation von Montagesystemen, bei denen mehrere parallel angeordnete Handarbeitsplätze im Nebenschluss an eine Montagelinie oder mehrere parallele Handarbeitsplätze im Nebenschluss an einem Umlaufband angeordnet sind.

6.4 Gestaltung von Speichersystemen

Im ersten Fall besteht die Gefahr, dass am letzten Parallelplatz alle Erzeugnisse (WT) warten, die noch nicht bearbeitet sind, und damit den Abfluss der WT aus den vorangehenden Parallelplätzen behindern. Im zweiten Fall darf auch die letzte Parallelstation alle unbearbeiteten WT passieren lassen. Diese werden nach einer nochmaligen Umrundung im zentral angeordneten Umlaufpuffer wieder erneut einer der Parallelstationen zugeteilt (s. Kap. 4.2.4 und 4.2.5).

2. Wirkung von Pufferstrecken zwischen lose verketteten automatischen Stationen.

Verschiedene Untersuchungen haben gezeigt, dass mit zunehmender Puffergröße sich die Ausbringung eines Systems immer weniger steigert und sich asymptotisch dem Grenzwert, nämlich der Ausbringung der Engpass-Station nähert [6.2].

An einem Beispiel soll die Auswirkung des Speichervolumens zwischen einzelnen automatischen Stationen auf die Gesamtverfügbarkeit eines Montageabschnitts dargestellt werden:

☐ Anzahl automat. Stationen: 5
☐ Taktzeit: 10 sec
☐ durchschnittl. Störduuer: 2 min

Störduuer und Störabstände sind negativ exponentiell verteilt. Die Einzelverfügbarkeit aller Stationen ist gleich und beträgt wahlweise 80, 85, 90, 95, 98 %.

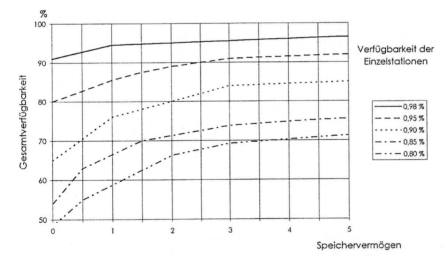

Bild 6-14   Auswirkung von Störungspuffer

Aus dem obigen mit Hilfe einer Simulation erstellten Diagramm (Bild 6-14) ist erkennbar:

Nur Puffer, die den ein- bis zweifachen Arbeitsinhalt einer durchschnittlichen Störduuer speichern können, sind wirkungsvoll. Eine weitere Puffervergrößerung bringt keine wesentliche Verbesserung.

Eine Verfügbarkeitserhöhung der Einzelstationen von beispielsweise 95 % auf 98 % bringt einen größeren Nutzeffekt als eine Puffervergrößerung (Speichervermögen) von 2 auf 5.

6.5 Materialflussgestaltung und Teilebereitstellung

6.5.1 Kriterien und Ziele

Ein wichtiges Kriterium bei der Planung eines Montagesystems ist die Einbindung der Teilebereitstellung in den innerbetrieblichen Materialfluss und in das „Logistik-System" eines Werkes.

Die dafür erforderlichen Fördersysteme umfassen alle Einrichtungen zum Transport, Verteilen, Sammeln, Sortieren und Speichern von Fördergütern innerhalb des gesamten Produktionssystems.

Ein innerbetriebliches Materialfluss- und Fördersystem hat die Aufgabe, entsprechend den Vorgaben eines Dispositions- und -Steuerungssystems, die Abschnitte bzw. Stationen eines Produktionssystems (Materialeingang, Teilefertigung, Montage, Prüfung und Versand) zeit- und bedarfsgerecht zu ver- und entsorgen.

Zielsetzung:

die richtige Ware (Stoffe, Teile, Baugruppen, Erzeugnisse)

in der richtigen Menge

zum richtigen Zeitpunkt

am richtigen Platz.

Die optimale Erfüllung dieser Ziele kann gemessen werden an:

kurzen Durchlaufzeiten

kleinen Beständen

geringer Kapitalbindung

kurzen Reaktionszeiten auf Kundenwünsche.

Erreicht werden kann dies durch:

flussorientierte Fertigungsauslegung

Minimierung der Schnittstellen im gesamten Fertigungsablauf

Vermeidung von Zwischenlager, z. B. durch Direktanlieferung

Minimierung von nicht wertschöpfenden Handhabungs- und Pufferfunktionen und Prüfarbeitsgängen

geordnete Teilebereitstellung, besonders in der Montage

tagesaktuelle Fertigungssteuerung unter Berücksichtigung von

aktueller Werkstatt- und Maschinenbelegung, Teileverfügbarkeit (Menge, Qualität), Personalverfügbarkeit, hohe technische Verfügbarkeit, besonders bei Engpass-Einrichtungen und Maschinen, kleine Losgrößen, kurze Umrüstzeiten bei Typenwechsel.

6.5.2 Einfluss auf die Auswahl eines Montagesystems

Bei der Layout-Planung und bei der Auswahl und Festlegung eines oder mehrerer Montagesysteme sind folgende Einflussfaktoren zu berücksichtigen:

Anordnung der geplanten Montagefläche und des Montagesystems zu den vorhandenen Transportwegen

vorhandene Transportsysteme, Arten der Transportmittel (fahrerloses Transportsystem, Gabelstapler, Elektrohängebahn, u. a.), Transporthilfsmittel (Eurogitterbox-Paletten, Kleinteilebehälter u. a.)

Teilemenge pro Zeiteinheit (Volumen, Gewicht)

Anlieferung von Vorfertigung bzw. Anlieferung vom Eingangslager direkt an das Montagesystem, auf zentrale Anlieferungsplätze oder direkt an den Arbeitsplatz bzw. die automatische Station

kommissionierte Bereitstellung von Großteilen und Sonderteilen

Bereitstellung von Kleinteilen und Gleichteilen in Durchlaufregalen direkt am Montagesystem in größeren Zeitabständen nach dem 2-Kisten-Prinzip.

6.5.3 Transporthilfsmittel

Als Transporthilfsmittel werden in der Regel verwendet:

Flachpaletten	800 x 1200 mm
Gitterboxen	840 x 1240 x 970 mm hoch

Für die Bereitstellung von Kleinteilen werden verschiedene Behälterarten eingesetzt:

in Kunststoff-Ausführung: 600 x 400 mm, 400 x 300 mm, 300 x 200 mm, jeweils in verschiedenen Behälterhöhen,

in Blech-Ausführung: 400 x 400 mm, Behälterhöhe 130 mm und 250 mm

Die Größe (Behältervolumen), Menge und Anlieferungsart (z. B. mit Gabelstapler) der Transporthilfsmittel haben einen wesentlichen Einfluss auf den Flächenbedarf eines Montagesystems. Es ist daher notwendig, dass die erforderlichen Bereitstellungsflächen rechtzeitig in die Montagesystem-Planung mit einbezogen werden.

6.5.4 Teilebereitstellung an Montagelinien

Die notwendigen Freiräume für Transportmittel und Transporthilfsmittel bei unterschiedlichen Grundformen von Montagesystemen sind aus den nachfolgenden Darstellungen (Bild 6-15 bis Bild 6-18) ersichtlich:

1. Karree-System (s. 4.2.1)
Teilebereitstellung am Arbeitsplatz in Gitterbox und Kisten mit Hilfe eines Handhubwagens.

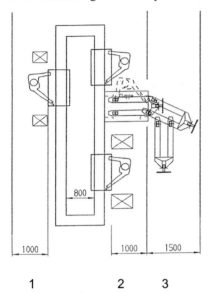

1, 2 Arbeitsbereich
3   Nebenweg

Bild 6-15 Teilebereitstellung außerhalb des Montagesystems mit Handhubwagen

2. U-Form-System (s. 4.2.2)
Teilebereitstellung in Gitterbox und Kisten mit Hilfe eines Handhubwagens

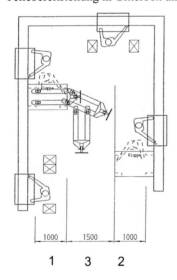

1, 2 Arbeitsbereich
3   Nebenweg

Bild 6-16 Teilebereitstellung innerhalb des Montagesystems mit Handhubwagen

6.5 Materialflussgestaltung und Teilebereitstellung

Teilebereitstellung nur in Kisten (max. 400 x 600 mm) von Hand, ohne Hubwagen

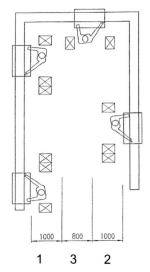

1, 2 Arbeitsbereich
3 Nebenweg

Bild 6-17   Teilebereitstellung innerhalb des Montagesystems von Hand

3. Linien-System (s. 4.2.3)
Teilebereitstellung in Gitterbox und Kisten mit Hilfe eines Gabelstaplers

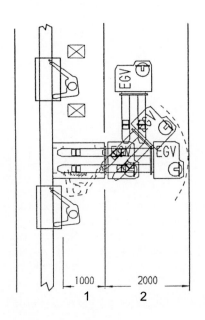

1 Arbeitsbereich
2 Hauptweg

Bild 6-18   Teilebereitstellung am linienförmigen Montagesystem mit Gabelstapler

6.6 Beurteilung von Systemalternativen

6.6.1 Quantifizierbare und nicht quantifizierbare Kriterien

Die letztendliche Entscheidung für die Auswahl eines geeigneten Montagesystems erfolgt im Allgemeinen durch einen Wirtschaftlichkeitsvergleich. Dabei werden in erster Linie sog. „quantifizierbare Kriterien" rechnerisch erfasst und bewertet.

Liegen am Ende der Grobplanungsphase jedoch mehr als zwei Lösungsalternativen vor, dann ist es mit Hilfe einer einfachen und weniger zeitaufwendigen Methode (im Vergleich zu einer umfangreichen Wirtschaftlichkeitsrechnung) möglich, eine Vorauswahl zu treffen, bei der neben quantifizierbaren Kriterien auch nicht quantifizierbare Kriterien berücksichtigt werden. Für die beiden besten Lösungen wird dann am Ende der Grobplanungsphase eine Wirtschaftlichkeitsrechnung durchgeführt.

Die Berücksichtigung von „nicht quantifizierbaren Kriterien" ist aber auch dann sinnvoll bzw. notwendig, wenn nach erfolgtem Wirtschaftlichkeitsvergleich keine eindeutige Entscheidung zugunsten einer der beiden Lösungsalternativen möglich ist.

Am Beispiel Türschlossmontage (s. Kap. 5.2) wird nachfolgend ein Systemvergleich (siehe Tabelle 6-4 und Tabelle 6-5) durchgeführt:

Tabelle 6-4 Systemvergleich Quantifizierbare Kriterien

Quantifizierbare Kriterien	System 1	System 2	System
Investitionen (T€)	118	188	
Werkstückträgerkosten (T€)	5,6	8,4	
Lohn- und Lohnnebenkosten (T€/Jahr)	184 + ...*	184	
Service- und Reparaturkosten (T€/Jahr)	~3,5	~5,6	
Flächenbedarf (m²)	45	60	
Umrüstverluste (Stck/Schicht)	(s. Bild 5-8)		
Durchlaufzeit (min)	<10'	<10'	

* Mehrkosten abhängig v. Rüsthäufigkeit s. Bild 5-7 und 5-9

Die Bewertung der nichtquantifizierbaren Kriterien kann aber auch mit Hilfe einer sog. „analytischen Arbeitssystemwert-Methode" erfolgen. Dabei wird nach einer zuerst durchgeführten Gewichtung der einzelnen Kriterien die Erfüllung dieser Kriterien bei den zu vergleichenden Montagesystemen vorgenommen. Durch ein Team, bestehend aus Fachleuten der verschiedenen Planungs- und Betriebsbereiche, wird beurteilt, wie gut die einzelnen Systeme diese Kriterien erfüllen [6.2].

Diese Art der Systembeurteilung ist jedoch wesentlich zeitaufwendiger im Vergleich zu der o. g. einfachen Methode.

6.6 Beurteilung von Systemalternativen

Tabelle 6-5 Systemvergleich Nichtquantifizierbare Kriterien

Nichtquantifizierbare Kriterien	System 1	System 2	System
Flexibilität bezüglich Typenvielfalt und Stückzahlschwankungen	-	++	
Möglichkeit zur Gruppenarbeit mit Arbeitsplatzwechsel	-	+	
Anbindung an innerbetrieblichen Materialfluss	+	+	
Zugänglichkeit der Bereitstellungsfläche Teilebereitstellung am Arbeitsplatz/Station	-	+	
Übersichtlichkeit für Anlagenbetreuer (schnelle Störungserkennung)	+	+	
Wegstrecken für Anlagenbetreuer	0	0	
Zugänglichkeit der Stationen	+	+	
Verfügbarkeit	+	++	
Entkopplung Mensch-Technik	-	++	
Erweiterbarkeit (zusätzl. Arbeitsplätze/ Stationen)	+	+	

Bewertungsstufen: ++ / + / 0 / - / --

6.6.2 Verfügbarkeit von Montagesystemen

Mit zunehmendem Automatisierungsgrad wird die Verfügbarkeit bzw. das Störverhalten von automatischen Stationen zu einem wichtigen Kriterium für die Beurteilung eines Montagesystems. Nach der VDI-Richtlinie 3649 wird die Verfügbarkeit wie folgt definiert:

„Als Verfügbarkeit wird die Wahrscheinlichkeit bezeichnet, ein System zu einem vorgegebenen Zeitpunkt in einem funktionsfähigen Zustand anzutreffen."

Berechnen lässt sich die Verfügbarkeit einer automatischen Einrichtung bzw. Station nach der Formel:

$$V = \frac{T_O}{T_O + T_A} \cdot 100(\%)$$

T_O = mittlere störungsfreie Laufdauer

T_A = mittlere Ausfalldauer

Werden mehrere Stationen miteinander starr verkettet, dann wird unter der Annahme, dass bei Ausfall einer Station die gesamte Anlage zum Stillstand kommt, die Gesamtverfügbarkeit wie folgt berechnet:

$$V_{ges} = \frac{T_O}{T_O + T_{A1} + T_{A2} + T_{A3} + \ldots} \cdot 100(\%)$$

Hinweis:

Ausbringungsverluste infolge organisatorischer oder personeller Probleme (fehlende Einzelteile, Ausfall eines Mitarbeiters, u. a.) sowie anfallende Rüstzeiten werden bei der Berechnung der Verfügbarkeit einer Anlage nicht berücksichtigt. Diese Faktoren sind u. a. in der „Nutzungsgrad-Berechnung" enthalten.

Die Gesamtverfügbarkeit von starr verketteten Montagesystemen, aber auch von automatisierten Fließbandsystemen mit nur geringer Pufferstrecke zwischen zwei benachbarten Stationen, hängt ab von:

Anzahl automatischer Stationen, (besonders mit automatischer Teilezuführung oder mit kritischen Fügeprozessen)

Verfügbarkeit der Einzelstationen, abhängig von
– Taktzeit
– Störungshäufigkeit pro Station
– Störungsdauer/Station, (Wartezeit + Instandsetzungszeit).

Die folgenden Diagramme (Bild 6-19 und Bild 6-20) wurden mit einem Rechenprogramm erstellt, unter der Annahme eines gleichartigen Störverhaltensder Einzelstationen. Sie zeigen beispielhaft die Verfügbarkeit von starr verketteten Stationen (z. B. mit automatischer Teilezuführung) in Abhängigkeit von Taktzeit, Störungshäufigkeit und Störungsdauer.

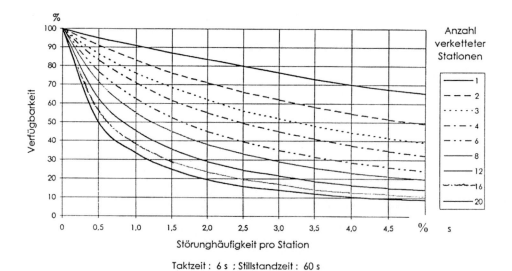

Bild 6-19 Verfügbarkeit von starr verketteten Stationen bei einer Taktzeit von 6 Sekunden und einer Ausfalldauer von 60 Sekunden pro Störung

6.6 Beurteilung von Systemalternativen

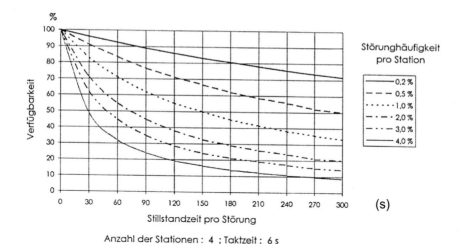

Bild 6-20 Verfügbarkeit von 4 starr verketteten Stationen bei einer Taktzeit von 6 Sekunden

Untersuchungen des Instituts für Fabrikanlagen der Universität Hannover an 25 Montagesystemen ergaben, dass die sog. technische Verfügbarkeit zwischen rd. 58 % und 96 %, der Mittelwert bei rd. 80 % liegt. Die störungsfreie Laufzeit beträgt im Mittel rd. 4 Minuten und die Stillstandszeit rd. 0,85 Minuten [6.3, 6.4].

Untersucht wurden:

Rundtaktautomaten und Längstaktautomaten mit starrer Verkettung

Montagelinien mit loser Verkettung der Stationen und Handarbeitsplätze.

Eine Untersuchung innerhalb verschiedener Montagebereiche eines Großunternehmens mit unterschiedlichem Produktspektrum erbrachte bezüglich der Störanfälligkeit von Montageautomaten und teilautomatisierten Montagelinien folgendes Ergebnis:

rund 50 % der Störungen werden verursacht durch automatische Zuführeinrichtungen für ungeordnet bereitgestellte Einzelteile, infolge:

– nicht automatisierungsgerechter Teile,

– fehlerhafter Einzelteile (Maßhaltigkeit, Beschädigungen), Fremdteile,

– störanfällige bzw. für den Anwendungsfall ungeeigneter Zuführeinrichtungen

rd. 30 % der Störungen sind nicht sicher beherrschte Fügeverfahren und Prozesse infolge:

– enger Passungstoleranzen, nicht vorhandener Einführfase,

– nicht ausreichender Oberflächenqualität der zu verbindenden Teile für automatisierten Prozess (z. B. beim Schweißen, Löten, Kleben,...),

– zu schwach dimensionierter Maschinenelemente oder Baueinheiten (Schwingungen, Verformungen),

- neuer, nicht ausreichend erprobter, handelsüblicher Bauelemente und Baueinheiten,
- steuerungstechnischer Probleme durch nicht ausgetestete Software,
- störanfälliger Sensoren durch Verschmutzung (z. B. optische Sensoren)

rd. 20 % der Störungen entstehen an der Schnittstelle Mensch-Maschine, infolge:
- nicht ausreichender Qualifikation der Anlagenbediener, Einsteller, Servicetechniker (zu lange Ausfallzeit bis Fehler erkannt und Ursache beseitigt ist),
- zu geringer Kapazität an qualifizierten Mitarbeitern (zu lange Wartezeit bis zum Beginn der Fehlersuche bzw. Beseitigung),
- schwer verständlicher Fehleranzeigen an komplexen Stationen und Anlagen,
- schwieriger Bedienung von Steuerpulten im Störungsfall und bei Neustart durch unterschiedliche Funktionsweise und Gestaltung der Bedienelemente und Anzeigsysteme, z. B. Referenzpunkte bei NC-Achsen anfahren (fast jeder Hersteller von Montageanlagen hat sein eigenes System),
- mangelhafter Definition der werksinternen Forderungen im Pflichtenheft bei Neubeschaffung, bezüglich einheitlicher Bedienung einer Montageanlage.

Maßnahmen zur Verbesserung der Verfügbarkeit von Montagesystemen:

1. Automatisierungsgerechte Erzeugnisgestaltung:

    Automatisierungsgerechte Erzeugnis-, Baugruppen- und Teilegestaltung, sowie eine zeichnungs- und prozessgerechte Anlieferung ist eine wesentliche Voraussetzung für eine hohe Verfügbarkeit von automatisierten Montagesystemen.

    Mit Hilfe von produktspezifischen Konstruktionsrichtlinien, die von der Fertigungsplanungsabteilung gemeinsam mit der zuständigen Entwicklungsabteilung zu erstellen sind, können Fertigungserfahrungen schon bei der Produktentwicklung voll umgesetzt werden.

2. Verringerung der Komplexität:

    Die Ausfallwahrscheinlichkeit eines Systems steigt überproportional an bei zunehmender Verknüpfung (mechanisch und steuerungstechnisch) von Teilsystemen und Einzelkomponenten. Durch Ausfall einer Funktion kommt es sehr schnell zum Stillstand der ganzen Anlage.

    Vermeiden von nichtwertschöpfenden Funktionen:

    Schon in der Planungsphase mit Hilfe einer Funktionsanalyse die Anzahl wertschöpfender Funktionen und nichtwertschöpfender Funktionen eines Anlagenkonzeptes überprüfen und mit Layout-Alternativen vergleichen.

    Mangelnde Zuverlässigkeit von automatischen Stationen nicht durch Einbau von Störungspuffer ausgleichen.

    Nebenschlussanordnung von manuellen Arbeitsplätzen und automatischen Stationen in Verbindung mit Umlaufpuffer und der dann notwendigen Werkstückträger-Codierung kritisch überprüfen. Eventuell aus einem komplexen Nebenschlusssystem zwei einfachere Hauptschlusssysteme bilden.

6.6 Beurteilung von Systemalternativen

3. Robuste und bedienerfreundliche Zuführeinrichtungen und Fügeverfahren (Prozesse):

   Automatische Teileordnungs- und Zuführeinrichtungen durch lineare Pufferstrecken von der Fügestation entkoppeln. Auf gute Zugänglichkeit achten, durch konstruktive Gestaltung Voraussetzungen schaffen für schnelle Störungsbeseitigung (z. B. aufklappbare Überdeckungen an Zuführschienen und Kleinförderbändern).

   Überprüfen: kann anstelle einer ungeordneten Teilebereitstellung eine magazinierte Teilebereitstellung erfolgen? Dies ist dann kostengünstig durchführbar, wenn die Teilefertigung direkt dem Montagebereich vorgelagert ist.

4. Verbessertes Einbeziehen des Bedienungs- und Servicepersonals:

   Ausbildung und Unterweisung von Anlagenbediener, Einsteller und Servicepersonal rechtzeitig vor Inbetriebnahme im Werk (beim Hersteller).

   Bedienung der Anlage/Station bzw. Benutzerführung über Steuer- und Bedienpult auf betriebliche Gegebenheiten abstimmen. Verständliche Bedien- und Anzeigeelemente verwenden.

   Einfache Funktions- und Ablaufbeschreibung für Anlagenbediener an jeder Station anbringen.

   Systematische Störungserfassung und -behebung beim An- und Hochlauf der Anlage in der Fertigung.

   Ersatz- und Verschleißteile rechtzeitig festlegen und direkt an Anlage/Station bereitstellen (unter Verschluss).

6.6.3 Wertschöpfende und nichtwertschöpfende Funktionen

Eine weitere Möglichkeit zum Vergleich von Alternativlösungen am Ende der Grobplanungsphase besteht mit der Durchführung einer Funktionsanalyse. Dabei werden die Grundfunktionen eines Montagesystems aufgeteilt in

   wertschöpfende Funktionen, die dem Arbeitsfortschritt dienen,

   nicht wertschöpfende Funktionen, bei denen das Werkstück oder Erzeugnis bewegt oder angehalten wird, aber im eigentlichen Sinne kein Arbeitsfortschritt stattfindet.

Diese Methode ist aber auch geeignet für die Untersuchung eines Produktionsbereiches, bei der noch weitere Funktionen wie Lagern, Transportieren und Zwischenpuffern (beispielsweise an Einzelmaschinen und Arbeitsplätzen) berücksichtigt werden.

Wertschöpfende Funktionen (WF) sind:

   Bearbeiten (z. B. Teileherstellung)

   Fügen (Baugruppen- und Erzeugnisse montieren)

   Einstellen, Justieren (wenn eine optimale Funktion konstruktiv anders nicht erzielt werden kann).

Nicht wertschöpfende Funktionen (NWF) sind:

Lagern (im Eingangslager, Zwischenlager, Erzeugnislager)

Transportieren (innerbetrieblicher Materialfluss oder innerhalb eines Montagesystems)

Zwischenpuffern (am Arbeitsplatz oder innerhalb eines Verkettungssystems)

Prüfen (Sichtprüfen, Funktionsprüfen).

Eine Wertschöpfungs-Kennziffer (WS) kann wie folgt berechnet werden:

$$WS = \frac{WF}{WF + NWF}$$

Bei der Durchführung einer solchen Analyse werden nur die Anzahl der o. g. Grundfunktionen gezählt, jedoch ohne irgendwelche Gewichtung. Dadurch ist diese Methode einfach in der Praxis anwendbar. Das jeweils erzielte Resultat darf aber nicht dazu verleiten, vorschnell über die „Qualität" eines Montagesystems, z. B. mit taktunabhängigen, im Nebenschluss angeordneten Handarbeitsplätzen oder Automatikstationen zu entscheiden. Wie in Kap. 3 und 4 dargestellt, können andere Kriterien (z. B. Typflexibilität, minimale Umrüstverluste, kein Taktausgleich u. a.) trotz einer niedrigen Wertschöpfungs-Kennziffer im Vergleich zu einer „schlanken Montagelinie" bei einem verkettungstechnisch aufwendigeren Montagesystem überwiegen.

6.6.4 Durchlaufzeit

Die Durchlaufzeit (DLZ) eines Erzeugnisses innerhalb einer gesamten Fertigung oder aber innerhalb einzelner Fertigungsabschnitte (z. B. Montagebereich) ist ein weiteres Kriterium für die Beurteilung eines technischen Konzeptes oder von Alternativlösungen während der Planungsphase.

Die Durchlaufzeit für ein Fertigungslos setzt sich zusammen aus:

DLZ = Bearbeitungszeiten + Liegezeiten + Transportzeiten.

Bearbeitungszeiten sind Zeiten für:
– Einzelteilherstellung,
– Montage (Baugruppen- und Endmontage),
– Prüfung.

Liegezeiten entstehen durch:
– nicht flussorientierte Fertigung,
– nicht synchronisierte Fertigungsabschnitte
  (Teilefertigung - Baugruppenmontage - Endmontage - Schlussprüfung – Versand)
– zu große Weitergabemengen,
– technische Störungen (Wartezeiten, Instandsetzungszeiten),
– Rüstzeiten bei Typwechsel,
– personelle Einflüsse (fehlendes Personal, Pausen, persönliche Verteilzeiten),
– organisatorische Einflüsse (fehlende Teile, fehlende Informationen).

Transportzeiten werden bestimmt durch:
- Anzahl der Transportstrecken innerhalb der Fertigung,
- Entfernungen zwischen den einzelnen Fertigungsabschnitten,
- Transportgeschwindigkeit,
- Anzahl Transportzyklen für ein Fertigungslos.

Verschiedene Untersuchungen zeigen, dass die eigentliche Bearbeitungszeit (Wertschöpfungsphase) nur einen geringen Anteil (meist < 10 %) an der Durchlaufzeit hat. Der Hauptanteil wird durch die Liegezeiten bestimmt. Diese gilt es zu reduzieren. Wirksame Maßnahmen sind:

die Festlegung einer kleinen Weitergabemenge (Losgröße) zwischen den einzelnen Arbeitsstationen

Synchronisierung des Fertigungsdurchlaufs

Reduzierung der Rüstzeiten.

Das Ziel muss sein:

möglichst gleiche Rüstzeiten pro Arbeitsplatz bzw. Station

Rüsten im Takt

bei komplexeren Abläufen: Rüstzeit ≤ 10 Minuten pro Typwechsel

Die Durchlaufzeit eines Erzeugnisses vom Materialeingang (Einzelteile) bis zum Versand kann auf einfache Art berechnet werden aus:

Bestandssumme des werthöchsten Einzelteils (z. B. Basisgehäuse eines Erzeugnisses) innerhalb der einzelnen Fertigungsabschnitte einschließlich Zwischenlagerungen

Ausbringung pro Arbeitstag (AT)

$$DLZ = \frac{\sum WerthöchstesEinzelteil(\text{Stück})}{Ausbringung\,/\,Arbeitstag(\text{Stück}\,/\,\text{AT})}(\text{AT})$$

6.7 Rechnerunterstützte Planung von Montagesystemen

Um den Planungsaufwand gegenüber einer manuellen Planung zu verringern und um die Planungsqualität zu verbessern, wurden rechnergestützte Planungshilfsmittel entwickelt. Die Planungssoftware, z. B. FMSsoft von Bosch Rexroth AG, ist aus mehreren Programmpaketen aufgebaut. FMSsoft ist auf Personal-Computern unter dem Betriebsystem Windows lauffähig und basiert auf dem CAD-System AutoCAD.

Mit dem Programmpaket TSsoft (Planung, Auslegung und Konstruktion von Transfersystemen) kann das Layout eines Montagesystems aus Baukastenelementen, die in einer Stammdatenbank abgespeichert sind, geplant werden, einschließlich automatischer Stücklistengenerierung. Anschließend können für verschiedene Alternativen die Herstellkosten ohne Zusatzaufwand berechnet werden. Bild 6-21 zeigt ein mit TSsoft erstelltes Layout und in Bild 6-22 einen Ausschnitt in dreidimensionaler Darstellung.

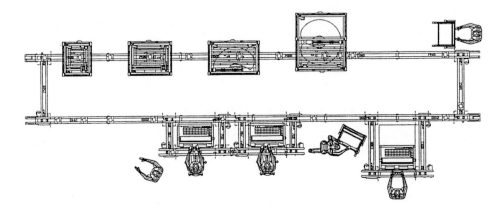

Bild 6-21   Rechnergestützte Montagesystem-Planung

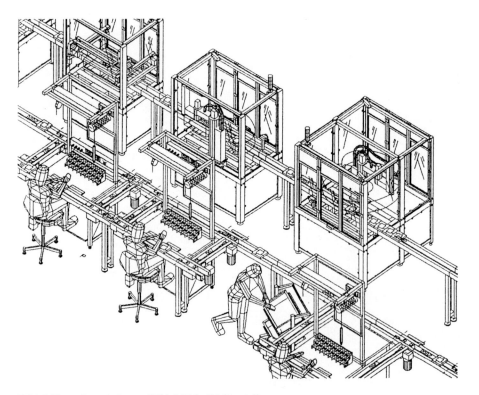

Bild 6-22   Ausschnitt von Bild 6-21 in 3D-Darstellung

6.7 Rechnerunterstützte Planung von Montagesystemen

Für die Planung und Konstruktion der manuellen Arbeitsplätze dient MASsoft. Ausgehend von den zu montierenden Teilen werden interaktiv die richtigen Bereitstellungsbehälter ausgewählt und die voraussichtliche Zykluszeit bestimmt. Der Arbeitsplatz wird dann am Bildschirm konfiguriert. Ergonomisch abgesicherte Planungsergebnisse werden durch den Einsatz eines dreidimensionalen „Personen-Modells" und weiterer Planungsfunktionen ermöglicht (s. Bild 6-23). Durch die frühzeitige Simulation der Arbeitsplatzbedingungen, wie Greifräume und Blickfelder, können vor dem endgültigen Aufbau im Methodenraum oder in der Fertigung Fehler erkannt und behoben werden. Die dreidimensionalen Planungsentwürfe haben den Vorteil, eine komplexe Anlage oder die Gestaltung eines Handarbeitsplatzes in leicht verständlicher Form darzustellen.

Für die Konstruktion von Gestellbaugruppen, z. B. für Roboter-Zellen aus Mechanik-Grundelementen, steht das Software-Paket MGEsoft zur Verfügung (s. Teil B, 5.1.1).

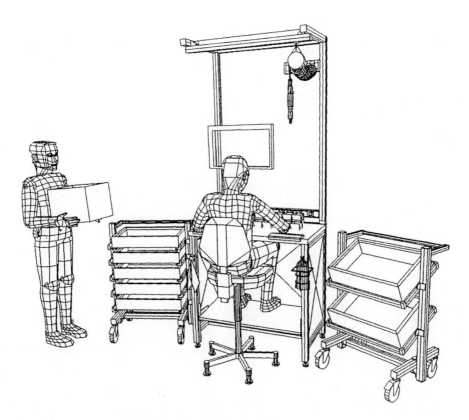

Bild 6-23 Handarbeitsplatz in 3D-Darstellung

7 Beurteilung Investition und Wirtschaftlichkeit

7.1 Kapitalfluss einer Investition

Der Kapitalaufwand für eine Investition und der zeitliche Verlauf des Kapitalrückflusses bis hin zu einem angestrebten Nutzungsgewinn sind entscheidende Kriterien, die im Zusammenhang mit dem voraussichtlichen Produktionszeitraum eines Erzeugnisses bzw. der wirtschaftlichen Nutzungsdauer einer Fertigungseinrichtung gesehen werden müssen.

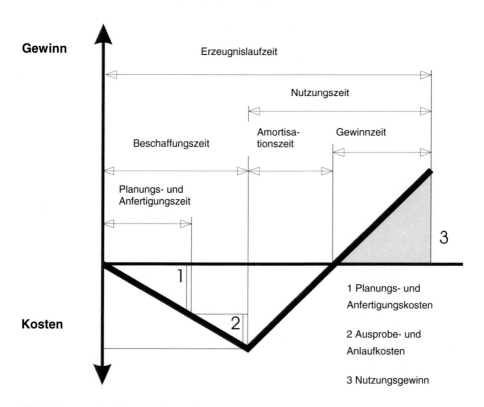

Bild 7-1   Kapitalfluss einer Investition

Um bei einer kürzerwerdenden Produktlebensdauer noch einen Nutzungsgewinn Nutzungsgewinn (siehe unterlegtes Dreieck in Bild 7-1) zu erzielen, der eine entsprechende Investition rechtfertigt, muss die Vorbereitungszeit bis zum Produktionsbeginn möglichst kurz sein. Während der Planungs-, Konstruktions- und Anfertigungsphase ist durch paralleles oder überlapptes Vorgehen aller mitwirkenden Stellen eine Zeiteinsparung möglich. Werden Montagesysteme verstärkt modular aufgebaut, unter Verwendung von standardisierten, serienmäßig hergestellten Systemkomponenten und Bauelementen (Hardware und Software), dann ergeben sich zusätzliche Vorteile:

- kürzere Projektierungs- und Anfertigungszeit
- kürzere Anlauf- und Hochlaufzeit (weniger Störungen)
- reduziertes Investitionsrisiko
- höherer Wiederverwendungsanteil, wenn ein vorzeitiger Erzeugniswechsel erfolgt.

7.2 Wirtschaftlichkeitsrechnung

Die endgültige Entscheidung über die Durchführung eines Investitionsvorhabens kann erst erfolgen, wenn eine Wirtschaftlichkeitsrechnung vorliegt.

Wichtige Kenngrößen für die Beurteilung der Wirtschaftlichkeit eines Montagesystems bzw. von zwei Systemalternativen sind: [7.1]

- Montagekosten eines Erzeugnisses
- Kapitalrückflussdauer (Amortisationszeit). Sie ist die Zeitdauer, die zur Wiedergewinnung des Kapitalaufwandes erforderlich ist
- Kapitalrendite, Rentabilität. Sie ist das Verhältnis von dem Gewinn aus einer Investition zu dem erforderlichen Kapitaleinsatz.
- Kapitalertragsrate (Kapitalverzinsung am Ende der Anlagennutzung, abzüglich Steuern und zuzüglich zurückgewonnener Abschreibung)
- Grenzstückzahl (Stückzahl/Zeiteinheit), ab der die Wirtschaftlichkeit eines Systems höher ist als die eines alternativen Systems.

Für die Ermittlung der beiden erstgenannten Kenngrößen wird nachfolgend jeweils ein in der Praxis bewährtes Rechenverfahren vorgestellt.

7.2.1 Berechnung der Montagekosten

1. Investitionskosten, Basisdaten

- Anschaffungskosten .... T€
- Wiederbeschaffungswert .... T€
  (Anschaffungswert + Preissteigerung während der Nutzungsdauer)
- Nutzungsdauer der Anlage .... Jahre
- Nutzungszeit .... Std/Jahr
  (.....Std/Tag x .....Tage/Jahr)
- Leistung der Anlage .... Stck/Std.
- Wiederverwendungsanteil nach ..... Jahren .... T€
- Werkzeug- und Vorrichtungskosten, Werkstückträgerkosten .... T€
- Planungs-, Anfertigungs-, Ausprobedauer .... Monate

2. Personalkosten

- ☐ direkte Personalkosten (Mitarbeiter am Montagesystem) .... €/Std.
  (.......€/Std. Lohnkosten +...... % Lohnnebenkosten)
  x .... Anzahl Mitarbeiter
- ☐ indirekte Personalkosten (Meister, Einsteller, Programmierer), ... €/Std.
  (....€/Std. Lohnkosten + ... % Lohnnebenkosten)
  x .... Anzahl Mitarbeiter (nur anteilig)
- ☐ Zusatzkosten (Schicht- und Überzeitzuschläge)
- ☐ ... % von direkten bzw. indirekten Personalkosten .... €/Std.

Summe Personalkosten (2): .... €/Std.

3. Anlagekosten, Maschinenstundensatz

- ☐ Kalkulatorische Abschreibung
  - Abschreibung Anteil Sondereinrichtung .... €/Jahr
    ... % von Wiederbeschaffungswert in ..... Jahren
  - Abschreibung Standard-Anteil .... €/Jahr
    ... % von Wiederbeschaffungswert in ..... Jahren
  - Abschreibung Werkzeuge und Vorrichtungen .... €/Jahr
    in ..... Jahren (meist innerhalb eines Jahres)
- ☐ Kalkulatorische Zinsen .... €/Jahr

  (Wiederbeschaffungswert : 2) x Zinssatz (%) ...
- ☐ Raumkosten .... €/Jahr
  (....m^2 Fläche x .... €/ m^2 / Mon. x 12 Monate)
- ☐ Energiekosten .... €/Jahr
  (.....KW x ..... €/KWh x ..... Std/Jahr)
- ☐ Reparatur- und Wartungskosten .... €/Jahr
  ... % vom Wiederbeschaffungswert
  (je nach Automatisierungsgrad 5 - 10 %)

Summe Anlagekosten im ersten Jahr: .... €/Jahr
weitere Jahre: .... €/Jahr

Maschinenstundensatz (3) =

Anlagekosten ..... €/Jahr ÷ ..... Betriebsstd./Jahr

- ☐ im ersten Jahr: .... €//Std.
- ☐ weitere Jahre: .... €//Std.

7.2 Wirtschaftlichkeitsrechnung

4. Anlaufkosten (im 1. Jahr)

- Ausprobekosten .... + ... Anlaufkosten (Lohnkosten) .... €//Jahr
- Anlernkosten .... €//Jahr
  Anzahl MA ..... x ..... Std./Jahr x ..... €//Std.
- Vorübergehend erhöhte Nacharbeits- und Ausschußkosten .... €//Jahr
  Zeitaufwand für Nacharbeit ..... Std. x.... €//Std.
  Ausschuß..... Stck x ..... €//Stck .... €//Jahr

Summe Anlaufkosten (4) .... **€//Jahr**

(.....€//Jahr ÷ ..... Betriebsstunden/Jahr) .... €//Std.

5. Gesamtsumme Montagekosten

- im 1. Jahr (Σ 2 + 3 + 4) .... €// Std.
- weitere Jahre (Σ 2 + 3) .... €// Std.

Montagekosten pro Stück (Montagekosten/Std. ÷ Stck/Std.)

- im 1. Jahr .... €//Stck
- weitere Jahre .... €//Stck

7.2.2 Berechnung der Kapitalrückflussdauer

Die Kapitalrückflussdauer, auch als Amortisationszeit bezeichnet, ist eine wesentliche Kenngröße, um das Risiko zu beurteilen, das mit einer Investition verbunden ist.

7.2.2.1 Überschlagsrechnung

Für eine überschlägige Berechnung der Amortisationszeit kann folgende Formel verwendet werden:

$$Amortisationszeit = \frac{Kapitalmehraufwand}{jährl.\ Kostenersparnis}$$

- Kapitalmehraufwand = Differenz des Investitionsaufwandes zwischen zwei alternativen Montagesystemen (z. B. Anlagekosten eines automatisierten Montagesystems bzw. eines manuellen Montagesystems).
- Jährliche Kosteneinsparung = Differenz der jährlichen Montagekosten zwischen zwei alternativen Montagesystemen.

Hinweis:

In den unter 7.2.1 ermittelten Montagekosten ist bereits die kalkulatorische, jährliche Abschreibung enthalten (s. Pkt. 3 Anlagekosten).

Allgemeine Forderung:

Amortisationszeit < wirtschaftliche Nutzungsdauer.

7.2.2.2 Zusätzliche Einflussfaktoren

Für eine betriebswirtschaftlich verbindliche Berechnung der zu erwartenden Amortisationszeit müssen zusätzliche Faktoren berücksichtigt werden:

☐ Zinsen, sowohl auf Ausgaben als auch auf Einnahmen (Kosten, Gewinn)

☐ Steuern; das zurückfließende Kapital (Einnahmen, Gewinne) muss mit dem jeweils gültigen Steuersatz versteuert werden.

Entsprechend der jährlichen Veränderung von Abschreibungssumme, Kosteneinsparung, Kapitalrückfluss nach Steuern und ggf. auch Stückzahlveränderungen während der Nutzungsdauer wird bei einer „dynamischen Rechnung" der Kapitalrückfluss in Form einer sog. Zahlungsreihe wiedergegeben. Die daraus errechenbare „durchschnittliche Amortisationszeit" unterscheidet sich allerdings von dem Ergebnis unter 7.2.2.1 durch eine höhere Rückflussdauer (Faktor 1,3 - 1,8) des investierten Kapitals.

Eine „dynamische Berechnung" wird wegen ihrer Komplexität mit einem EDV-Rechenprogramm durchgeführt.

7.2.3 Berechnung der Rentabilität

Eine weitere Kennzahl zur Beurteilung

einer Investition erhält man durch eine Rentabilitätsrechnung.

$$\text{Rentabilität} = \frac{Gewinn(EUR/Jahr)}{Kapitaleinsatz(EUR)} \times 100 \, (\%/Jahr)$$

☐ Gewinn = Kostenersparnis, z. B. durch den Einsatz einer automatisierten Anlage im Vergleich zu einer Anlage mit höherem Personaleinsatz.

☐ Kapitaleinsatz = zusätzlicher Aufwand, z. B. für eine Anlage mit höherem Automatisierungsgrad.

7.3 Wirtschaftlicher Automatisierungsgrad

Die Frage nach dem wirtschaftlichsten Automatisierungsgrad wird bei jedem Investitionsvorhaben für die Montage von Serienerzeugnissen mit mittlerer oder hoher monatlicher Stückzahl immer wieder neu gestellt. [7.2]

Definition des „Automatisierungsgrades" (AG)

7.3 Wirtschaftlicher Automatisierungsgrad

$$AG = \frac{automatisierte Funktionen}{manuelle Funktionen + automat. Funktionen} \cdot 100(\%)$$

☐ Automatisierungsgrad 0 %:

Alle Tätigkeiten, die für die Montage eines Erzeugnisses erforderlich sind, werden von Hand ausgeführt. Dies gilt für die Handhabung von Einzelteilen und für das eigentliche Fügen.

☐ Automatisierungsgrad 100 %:

Alle Tätigkeiten werden vollkommen automatisch ausgeführt, ohne taktgebundene Mitwirkung des Menschen. Werden jedoch z. B. Teilemagazine an einem Montageautomat von Hand bestückt (Ordnen der Teile manuell), kann zwar der Automat während dieser Beschickungsphase weiterarbeiten, der Automatisierungsgrad ist jedoch in diesem Fall < 100 %.

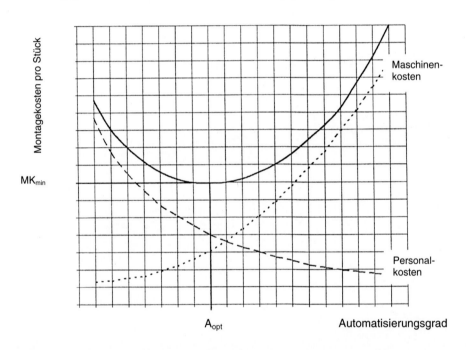

Bild 7-2   Automatisierungsgrad und Montagekosten (prinzipielle Darstellung)

Der „optimale Automatisierungsgrad" hängt ab von der Veränderung der Maschinenkosten und der Personalkosten (Bild 7-2) bei zunehmender Zahl von automatisierten Funktionen (s. auch [7.2]).

Mit steigender Automatisierung nehmen die Maschinenkosten überproportional zu. Die Personalkosten nehmen dabei degressiv ab.

In vielen Fällen liegt der Bereich des wirtschaftlichsten Automatisierungsgrades zwischen 50 % und 80 %, d. h. eine darüber hinausgehende Erhöhung des Automatisierungsgrades führt zu höheren Montagekosten. In der Praxis ist es aber aus technischen Gründen nicht immer möglich, ein Montagesystem auf einen „optimalen Automatisierungsgrad" auszulegen.

Neuere Entwicklungen auf dem Gebiet „Flexible Montagesysteme" mit modularem Aufbau und hohem Standardisierungsgrad zeigen, dass es möglich ist, durch den hohen Wiederverwendungsanteil der bestehenden Anlage bei Erzeugniswechsel das Investitionsrisiko zu reduzieren.

Das Finden des optimalen Bereichs erfordert einen hohen Grad an Erfahrung und Sachkenntnis, um das Investitionsrisiko und die daraus entstehenden Folgekosten richtig abschätzen und beurteilen zu können. Nicht jede beliebige Automatisierung ist sinnvoll, vor allem bei der zunehmenden Schwierigkeit, die Marktentwicklung richtig vorauszusehen.

Teil B

1 Arbeitsplatz

2 Transferkomponenten

3 Speicher

4 Sicherheitsmaßnahmen

5 Produktionszellen und Montageautomaten

6 Herstellerverzeichnis

7 Preisbestimmungstabelle

Hinweise zum Katalog von Komponenten

Die einzelnen Datenblätter zeigen eine oder mehrere Ausführungen der möglichen oder gesuchten Komponente.

Dabei wurden die Angaben aus Prospekten, technischen Unterlagen entnommen, Richtpreise oder auch evtl. vorliegende Katalogpreise verschiedener Hersteller zusammengetragen sowie durch Erfahrungswerte aus selbst durchgeführten Projekten ergänzt. Die Daten stellen eine Information für die Vorauswahl einer Systemrealisierung dar. Sie erheben keinen Anspruch auf absolute Richtigkeit. Im Einzelfall ist das rechtsverbindliche Angebot des Herstellers maßgebend.

Die Komponenten sind nach den Bereichen gegliedert:

      1. Arbeitsplatz (oder automatische Stationen)

      2. Transferkomponenten (z. B. Transportband)

      3. Speicher

      4. Sicherheitsmaßnahmen

      5. Produktionszellen und Montageautomaten

Zur einfacheren Handhabung sind alle Komponenten meist durch eine 4-stellige Nummer klassifiziert (siehe Übersicht). In der gleichen Nummernklasse (z. B. 2.2.6) finden Sie alle, zu der erforderlichen Funktion (z. B. Komponenten für angetriebene Übergabe- und Umlenkelemente) möglichen Varianten vereint.

Jedes dieser Datenblätter enthält nach dem Titel und Bild bzw. Skizze eine kurze Beschreibung (Funktionsbeschreibung), Merkmale, technische Daten (z. B. Abmessungen, Antriebsart, Ausführungen..), die möglichen Hersteller bzw. Lieferanten über eine Kurzbezeichnung (siehe auch Herstellerverzeichnis Kap. 6), meist eine gestufte Preisangabe durch den Preisbereich (siehe Kap. 7), sowie evtl. weitere Hinweise (Bemerkungen, Zubehör).

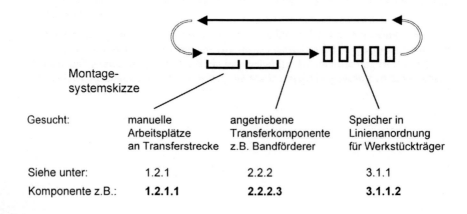

1 Arbeitsplatz

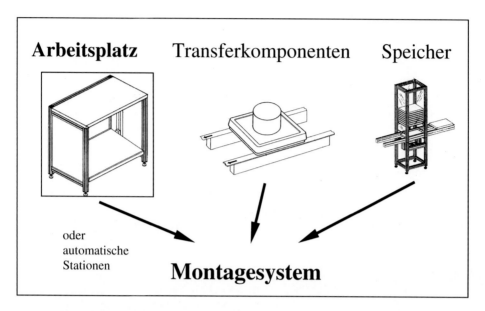

Die Arbeitsplätze sind gegliedert in:

1.1 Manuelle Plätze ohne automatischen Werkstückträgerumlauf

	siehe unter:
– Einzelarbeitsplätze	1.1.1
– Arbeitsplätze mit Erzeugnisumlauf	1.1.2
– Arbeitsplätze mit Einzelteileumlauf	1.1.3
– Arbeitsplätze mit Erzeugnis- und Einzelteileumlauf	1.1.4
– Arbeitsplätze für spezielle Tätigkeiten	1.1.5

1.2 Manuelle Plätze mit automatischem Werkstückträgerumlauf

- Arbeitsplatz an Transportstrecken   1.2.1
    - an Linearstrecke
    - an Parallel-Ausschleussstrecke
    - an rechtwinkliger Ausschleussstrecke
    - an zirkularer Ausschleussstrecke
    - an Eckausschleussstrecke

1.1.1.1 Einzel-Arbeitsplatz

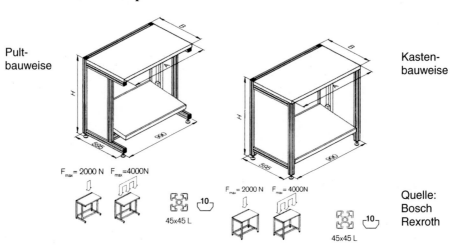

Quelle: Bosch Rexroth

Funktionsbeschreibung:
Grundausrüstung von Arbeitsplätzen für arbeitsmedizinisch bewährtes Steh-Sitz-konzept. Arbeitstisch mit beschichteter Hartfaserplatte o. a. Ausführung und höhenverstellbare Fußstütze.

Merkmale:
- Universell kombinierbar (Einzelplatz, verkettete Plätze u.a.)
- Tischhöhe, Fußstütze und ggf. Stuhl verstellbar
- am Platz kann sitzend oder stehend gearbeitet werden
- Stühle mit 5 Standbeinen aufgrund der Standfestigkeit zu empfehlen
- Berücksichtigung arbeitsphysiologischer Standardmaße [15, 16]
- ESD-Ausrüstung (electro static discharge) – optional – hilft gegen bzw. vermeidet elektrostatische Aufladungen des Erzeugnisses

Technische Daten:
Arbeitshöhe 900 oder 1000 mm
Tischplatte von 1000 mm x 600 mm bis 1400 mm x 750 mm
Belastung: 2000 N bis 4000 N
Pultbauweise oder Kastenbauweise

Preisbereich:	Pultbauweise	Kastenbauweise	
	9	9	
Hersteller:	B2, B4, E5, F2, F4, G2, G5, K4, M4, S1, S5, S9, T1, U1, U2		
Zubehör:	Preisbereich:		Preisbereich:
Stuhl, fünfbeinig	7...8	Energieleiste	7
Armauflage	6	Einstecktasche, Flaschenhalter, usw.	
Leuchte	8	elektr. Kistenhubgerät	13

1.1.1.2 Einzel-Arbeitsplatz höhenverstellbar

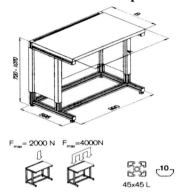
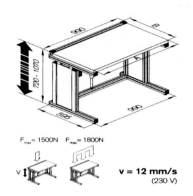

Quelle: Bosch Rexroth

Funktionsbeschreibung:
Grundausrüstung von Arbeitsplätzen für arbeitsmedizinisch bewährtes Steh-Sitz-konzept. Arbeitstisch mit beschichteter Hartfaserplatte o. a. Ausführung, stufenlose Anpassung an unterschiedliche Körpergrößen oder Werkstückhöhen durch höhenverstellbare Tischhöhe und höhenverstellbare Fußstütze. Verschiedene Varianten der Höhenverstellung.

Merkmale:
- Universell kombinierbar (Einzelplatz, verkettete Plätze u. a.)
- Tischhöhe, Fußstütze und ggf. Stuhl verstellbar
- am Platz kann sitzend oder stehend gearbeitet werden
- Stühle mit 5 Standbeinen aufgrund der Standfestigkeit zu empfehlen
- Berücksichtigung arbeitsphysiologischer Standardmaße [15, 16]
- Höheneinstellung über Fuß- oder Handschalter
- ESD-Ausrüstung (electro static discharge)) – optional – hilft gegen bzw. vermeidet elektrostatische Aufladungen des Erzeugnisses

Technische Daten:
Tischfläche: 1000/1200/1400 mm x 600 mm
Höhe: von 720 ... 1070 mm einstellbar
Belastung: ≤ 4000 N
Mechanische oder elektrische Ausführung

Preisbereich: mechanisch   elektrisch
                9..10   12

Hersteller: B2, B4, E5, F2, F4, G2, G5, I3, K4, M4, S1, T1, U1

Zubehör:

	Preisbereich:		Preisbereich:
Stuhl, fünfbeinig	7...8	Energieleiste	7
Armauflage	5	elektr. oder pneum. Kistenhubgerät	13
Leuchte	7...8	Greifbehälter, Einstecktasche, Flaschenhalter, usw.	

1.1.2.1 Arbeitsplatz mit zirkularem Erzeugnisumlauf

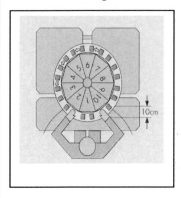
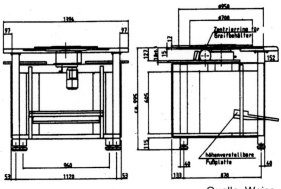

Quelle: Weiss

Funktionsbeschreibung:
Auf einem Rundtisch angeordnete Werkstückträger können beliebig oft am Arbeitsplatz bzw. an der Arbeitsstationen vorbeigeführt werden.

Merkmale:
- Kurze Greifwege
- Zweihändiges Arbeiten in Doppelvorrichtungen möglich
- Individueller Arbeitsablauf möglich
- Verschiedene Arbeitsaufteilungen möglich von der
    - Zergliederung des Arbeitsinhaltes in kleinste Einzelphasen (Werkstücke werden bis zur Fertigstellung mehrmals am Arbeitsplatz vorbeigeführt)
  bis zur
    - Gesamtmontage (alle manuellen Arbeitsvorgänge werden nacheinander ausgeführt und anschließend erfolgt die Weiterschaltung des Werkstücks)
- Positionierung und Abstützung der Werkstückträger möglich
- Vorschub des Drehtellers (je nach Fabrikat unterschiedlich)
    - intermittierender Durchlauf (schrittweise ohne oder mit Positionierung)
    - kontinuierlicher Durchlauf (mit regelbarer Geschwindigkeit)
- Vor- und Rückwärtslauf (je nach Fabrikat unterschiedlich)
- Möglichkeit der stufenweisen Automatisierung von Arbeitsgängen in Abhängigkeit von der Stückzahl (z. B. Befestigung von Pressen oder Vorrichtungen auf der Tischplatte)
- Kurze Einarbeitungszeit des Personals
- ergonomische Ausführungen beachten!
- Siehe auch Blatt 1.1.4.1 Arbeitsplatz mit Erzeugnis- und Einzelteileumlauf

Technische Daten:
Rundschalttisch: L x H x B = ca. 1.400 mm x 1.250 mm x 995 mm
höhenverstellbare Fußplatte
2-3-4-6-8-10-12-16-20-24er Teilung ± 0,021 Grad
Antriebsleistung: 0,18 kW Drehstrom-Bremsmotor
Fuß- oder Handauslösung

Preisbereich: 18

Hersteller: L1, M2, P3, S5, W2

Sonstiges:
- Integrierte Steuerung – daher programmunterstützte Fertigungsabläufe möglich
- Schnelles Umrüsten
- Preiswerte Alternative zur Vollautomation

Sonderform: Werkstückträgerumlauf (ca. 5-6 WT) im Kreis für entkoppelte Montage an Automatik- bzw. Roboterstationen (A2).

1.1.2.2 Arbeitsplatz mit ovalem Erzeugnisumlauf

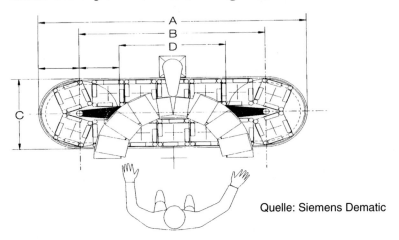

Quelle: Siemens Dematic

Funktionsbeschreibung:
Auf einem Umlaufsystem angeordnete Werkstückträger (WT) können beliebig oft am Arbeitsplatz bzw. an der Arbeitsstation vorbeigeführt werden.

Merkmale:
- Individueller Arbeitsablauf möglich
- Verschiedene Arbeitsaufteilungen möglich von der
  - Zergliederung des Arbeitsinhaltes in kleinste Einzelphasen (Werkstücke werden bis zur Fertigstellung mehrmals am Arbeitsplatz vorbeigeführt)
  - Gesamtmontage (alle manuellen Arbeitsvorgänge werden nacheinander ausgeführt, dann erfolgt die Weiterschaltung des Werkstücks)
- Positionierung und Abstützung der Werkstückträger möglich
- Möglichkeit der stufenweisen Automatisierung von Arbeitsgängen in Abhängigkeit von der Stückzahl (z. B. Befestigung von Pressen oder Vorrichtungen) am Systemumfang
- Kurze Einarbeitungszeit des Personals

Technische Daten:
A x C = 1.920 mm x 640 mm für max. 20 WT 160 mm^2
A x C = 2.220 mm x 820 mm für max. 15 WT 240 mm^2
A x C = 2.920 mm x 820 mm für max. 20 WT 240 mm^2
Umlaufgeschwindigkeit (7 - 9) - 12 bzw. 13 - 18 m/min
Arbeitshöhe je nach Anforderung ca. 660 .. 1000 mm
WT-Größe 160 mm^2, 240 mm^2 bzw. 160 ..400 mm^2 stufenlos
Anschlüsse: 380 V, 50 Hz, 24 V-Steuerspannung, Fuß- oder Handauslösung

Preisbereich: 17 (18 bei größerem WT bzw. größeren Längen)

Hersteller: S4, S9

1.1.3.1 Arbeitsplatz mit Einzelteileumlauf

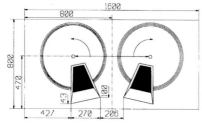

Quelle: MAV Prüftechnik

Funktionsbeschreibung:
Teilebereitstellung am umlaufenden Rundtisch für eine dem Fertigungsfortschritt angepasste Reihenfolge.

Merkmale:
- Individueller Arbeitsablauf nach eigenem Rhythmus (Weiterbewegung des Rundtisches durch Fuß- oder Handschalter)
- Stets gleiche Greifwege
- Besonders anzuwenden bei hoher Anzahl verschiedener Teile
- Reihenfolge der Teilebereitstellung entsprechend dem Fertigungsfortschritt
- Einzelne Ausführungen ermöglichen
  - Austauschbarkeit der Behälter
  - Höhenverstellung
- Richtungsumkehr möglich (je nach Ausführung)
- Arbeitsablaufreihenfolge mit dieser Teilebereitstellung weitgehend festgelegt
- Als Einzelarbeitsplatz (evtl. verkettet) einsetzbar
- Kurze Einarbeitungszeit des Personals

Technische Daten:
    Teilebehälter: 3 Ebenen à 12 Behälter = 36 Einzelbehälter
                            je Ebene max. 12 kg Eigengewicht; 3 Motoren
    Aufnahme: 600mm Ø mit 30° Greifschalen (ca. 170 mm x 105 mm)
    220V, Fußauslösung, Schaltzeit ca. 1 Sek.,Tischhöhe bis 1.100 mm verstellbar

Preisbereich: 15
Hersteller: M4, P3

Bemerkungen:
Variante B (s. oben links): Tischplatte mit zwei Entnahmeöffnungen, zwei Transportscheiben mit 12 Segmentgreifschalen unterhalb der Tischfläche. Über Steuerelektronik, Gleichstrom-Getriebemotorantrieb wird jeweils rechts und links die benötigte Greifschale bereitgestellt. Die Tischfläche bleibt somit frei für sonstige Werkzeuge, Werkstückaufnahme und weitere Greifbehälter.

1.1.3.2 Arbeitsplatz mit Verschiebebehälter

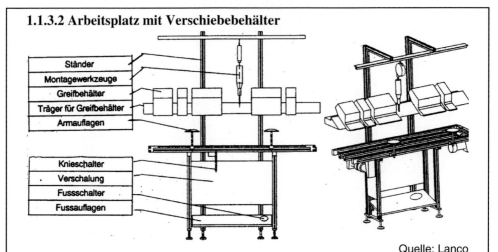

Quelle: Lanco

Funktionsbeschreibung:
Teilebehälter griffgünstig oberhalb oder neben Montage- oder Arbeitsposition anordenbar durch Verschieben in die griffgünstigste Position.

Merkmale:
- Verschiebbarkeit
    - Am Arbeitsplatz zur griffgünstigsten Bereitstellung
    - Zwischen 2 Arbeitsplätzen zum gleitenden Abtakten somit leichtes Einlernen möglich
- Austauschbarkeit der Behälter
- Leichtgängige Führung der Behälter
- Für Arbeitsplätze mit großem und/oder wechselndem Arbeitsinhalt
- Teilebereitstellungsfolge kann dem Fertigungsfortschritt angepasst werden
- Behälter lassen sich bei entsprechender Auswahl auch stufenweise übereinander anordnen
- Auswahlkriterien beachten:
    - Gute greiftechnische Gestaltung
    - Geforderte Aufnahmefähigkeit (Kapazität / Zeiteinheit) von Teilen
      Platzbedarf u. a.

Technische Daten:
Arbeitshöhe: ca. 1000 mm
Anzahl der Behälter: mind. 5 bis max. ca. 16
Arbeitsplatz-Abmessungen: L x B x H = 2.000 x 500 / 700 / 900 x 1.000 mm

Preisbereich: 13 (14)
Hersteller: L1, P2

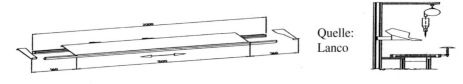

Quelle: Lanco

1.1.4.1 Arbeitsplatz mit zirkularem Erzeugnis- und Einzelteileumlauf

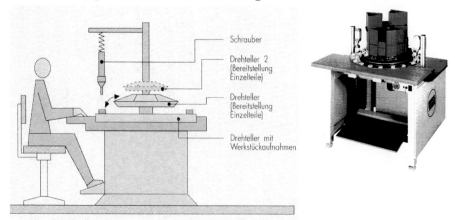

Quelle: Weiss

Funktionsbeschreibung:
Kombination von umlaufenden Werkstückaufnahmen und umlaufenden Teilebehältern. In der Montageebene werden die Werkstückträger mit Werkstücken der Montagestelle zugeführt. Die darüberliegenden Teilebehälter werden getrennt gesteuert.

Merkmale:
- Kurze Greifwege durch Anordnung der Teilebehälter über der Montagestelle
- Zweihändiges Arbeiten in Doppelvorrichtungen möglich
- Individueller Arbeitsablauf nach eigenem Rhythmus
- Verschiedene Arbeitsaufteilungen möglich von der
    - Zergliederung des Arbeitsinhaltes in kleinste Einzelphasen (Werkstücke werden bis zur Fertigstellung mehrmals am Arbeitsplatz vorbeigeführt)

  bis zur
    - Gesamtmontage (alle manuellen Arbeitsvorgänge werden nacheinander ausgeführt und anschließend erfolgt die Weiterschaltung des Werkstücks)
- Montage nur an einer bzw. wenigen Werkstückträgerpositionen möglich
- Besonders geeignet bei einer mittleren Anzahl von verschiedenartigen Montageteilen
- Beschickung und Entnahme von Einzelteilen und Werkstücken (auch während der Montage) von der Rückseite möglich
- Vor- und Rückwärtslauf (je nach Fabrikat unterschiedlich)
- Anbau von Automatikstationen möglich
- Kurze Einarbeitungszeit des Personals
- Ergonomische Ausführung beachten

Technische Daten:

Rundschalttisch: LxBxH = 1.400(1.780)mm x 1.250(1.600)mm x 995 mm
höhenverstellbare Fußplatte
2-3-4-6-8-10-12-16-20-24er Teilung ± 0,021 Grad
0,09 - 0,18 (0,37) kW Drehstrom-Bremsmotor
bis 40 Takte/Min.

Teilebehälterumlauf: NC-gesteuert, 36er Teilung ± 3 Grad
Zusätzl. 15° / 20° / 30° / 40° / 60° Greifbehälter
0,12 kW Drehstrommotor
evtl. weitere Ebene

Preisbereich: 19

Hersteller: P3, W2

Sonstiges:
- Integrierte Steuerung - daher programmunterstützte Fertigungsabläufe möglich
- Schnelles Umrüsten
- Preiswerte Alternative zur Vollautomation

Sonderform: Werkstückträgerumlauf (ca. 5-6 WT) im Kreis für entkoppelte Montage an Automatik- bzw. Roboterstationen (A2).

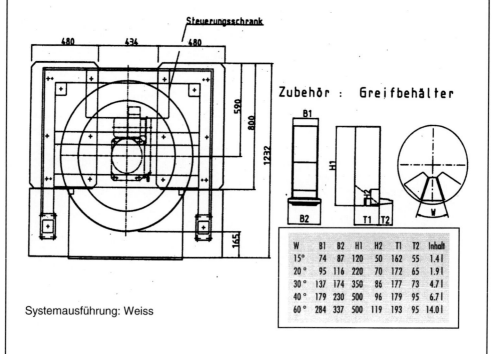

Systemausführung: Weiss

W	B1	B2	H1	H2	T1	T2	Inhalt
15°	74	87	120	50	162	55	1.4 l
20°	95	116	220	70	172	65	1.9 l
30°	137	174	350	86	177	73	4.7 l
40°	179	230	500	96	179	95	6.7 l
60°	284	337	500	119	193	95	14.0 l

1.1.5.1 Arbeitsplatz zur Verpackung

Quelle: Hüdig + Rocholz

Funktionsbeschreibung:
Arbeitsplatz, welcher die Bedingungen bei der Verpackung von Produkten berücksichtigt. Dazu gehören große Arbeitsfläche, Packmaterial und weitere Hilfsmittel.

Merkmale:
- Besonders geeignet für Klein- oder Mittelserie bei unterschiedlichen Produkten
- Durch Höheneinstellung auch am Systemende einer Montage/Produktion einsetzbar
- Höhenverstellung (elektrisch/mechanisch) nach ergonomischen Kriterien für Mitarbeiter unterschiedlicher Körpergröße
- Umfangreiches Zubehör lieferbar, wie:

Beleuchtung	Schnurabschneider
Schubladenteil	Abrollgeräte für Papier, Wellpappe
Waagetisch	Schneidgeräte für Papier, Folie, Wellpappe
Ablagen für Material	Schwenkarm für Füllstoffe usw.

Technische Daten:

Tischplatte	1.600 x 800 mm
oder	2.000 x 800 mm
Tischhöhe	von 680...1.100 mm verstellbar
Belastung	max. 300 kg (275 kg) mechanisch (elektrisch)
Hubgeschwindigkeit	≥25 mm/sek
Bedienung	Handkurbel / Elektromotor mit Hand- oder Fußschalter

Preisbereich: 12 einstellbar (Schraubenklemmung)
Weitere Ausführung: mechanisch oder elektrisch verstellbar

Hersteller: G5, H1

1.2.1.1 Arbeitsplatz an Linearstrecke

 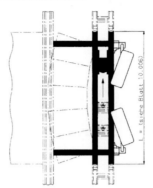 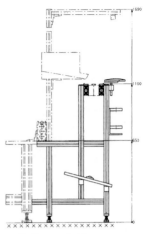

Quelle: Meto-Fer   Draufsicht   Seitenansicht

Funktionsbeschreibung:
Grundausstattung für Arbeitsplätze mit Tisch und Fußstütze, wobei ein Teil der Arbeitstischfläche durch ein Verkettungsmittel (zum Beispiel Bandförderer) ersetzt wird.

Merkmale:
- Arbeitshöhe durch Verkettungsmittel vorgegeben
- An Platz kann sitzend und eventuell auch stehend gearbeitet werden, wenn die Arbeitshöhe dies ermöglicht
- Berücksichtigung arbeitsphysiologischer Standardmaße
- Fußstütze und eventuell vorhandene Armstütze
- Stühle mit 5 Standbeinen aufgrund der Standfestigkeit sind zu empfehlen
- Besonders für kleinere Werkstückträger geeignet
- Werkstückträger mittels Stopper griffgünstig im Arbeitsraum positionierbar und Freigabe zum Beispiel über Fußschalter möglich

Technische Daten:
    Arbeitshöhe: ca. 900 mm ... 1.100 mm
    Länge: z. B. 1.000 mm
    Werkstückträger-Größe: z. B. 200 mm x 200 mm

Preisbereich: 14

Hersteller: A1, B2, F5, G2, G3, L1, M5, M7, P4, S1, S4, S9, T1, U1

Bemerkungen:
Zweckmäßig im Zusammenhang mit kompletten Systemen bestellen beziehungsweise zu optimieren.

1.2.1.2 Arbeitsplatz an paralleler Ausschleusstrecke

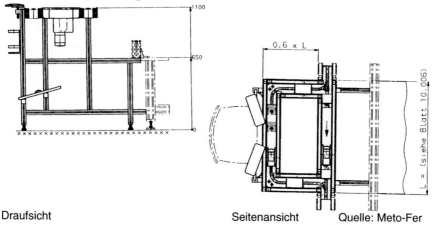

Draufsicht   Seitenansicht   Quelle: Meto-Fer

Funktionsbeschreibung:
Arbeitsplatz im Nebenschluss an einem Verkettungsmittel so angeordnet, dass über eine Bandschleife die Werkstücke automatisch dem Mitarbeiter zugeführt werden. Der Transport der Werkstücke erfolgt mittels Werkstückträger; die Verteilung und Steuerung unbearbeiteter oder bearbeiteter Werkstücke durch entsprechende Codierung.

Merkmale:
- Taktunabhängiger Arbeitsplatz (bei zwei oder mehreren Arbeitsplätzen pro Abschnitt)
- Puffer vor und nach dem Arbeitsplatz
- Möglichkeit der Arbeitserweiterung und Arbeitsbereicherung im Vergleich zum kurzzyklischen Fließbandarbeitsplatz durch parallel angeordnete takt-unabhängige Einzelplätze
- Besonders geeignet für Arbeitssysteme nach dem Blockkonzept zur Entkopplung des Menschen von der Technik [9]
- Griffgünstige Bereitstellung der Werkstücke
- Verkettungsschleife ausführbar mittels:
    - Band und Kurvensegmente
    - Doppelgurtband und Umlenkung
    - Röllchenbahn und Überschieber
    - anderer Kombination obiger Elemente
- Steuerungsaufwand beim Betrieb: Haupt- und Nebenschluss höher (Kodierung erforderlich)

Technische Daten:
Wie Einzelelemente Länge: 1.010 mm
                   Breite: 600 mm
                   Arbeitshöhe: ca. 980 1.100 mm

Preisbereich: 17 ohne Steuerung
Hersteller: A2, B2, E5, F2, G3, L1, M2, M5, P1, P4, S1, S4, S5, S9, T1, U1

1.2.1.3 Arbeitsplatz an rechtwinkliger Ausschleusstrecke

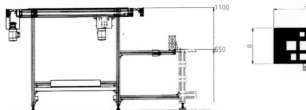
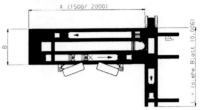

Seitenansicht   Draufsicht   Quelle: Meto-Fer

Funktionsbeschreibung:
Arbeitsplatz im Nebenschluss an einem Verkettungsmittel so angeordnet, dass über eine Bandschleife die Werkstücke automatisch dem Mitarbeiter zugeführt werden. Der Transport der Werkstücke erfolgt mittels Werkstückträger; die Verteilung und Steuerung unbearbeiteter oder bearbeiteter Werkstücke durch entsprechende Codierung.

Merkmale:
- Taktunabhängiger Arbeitsplatz (bei zwei oder mehreren Arbeitsplätzen pro Abschnitt)
- Puffer vor und nach dem Arbeitsplatz
- Möglichkeit der Arbeitserweiterung und Arbeitsbereicherung im Vergleich zum kurzzyklischen Fließbandarbeitsplatz durch parallel angeordnete taktunabhängige Einzelplätze
- Besonders geeignet für Arbeitssysteme nach dem Blockkonzept zur Entkoppelung des Menschen von der Technik [9]
- Griffgünstige Bereitstellung der Werkstücke
- Verkettungsschleife ausführbar mittels:
    - Band und Kurvensegmente
    - Doppelgurtband und Umlenkung
    - Röllchenbahn und Überschieber
    - anderer Kombination obiger Elemente
- Steuerungsaufwand beim Betrieb: Haupt- und Nebenschluß höher (Codierung erforderlich)
- Benötigt weniger Längsstrecke am Hauptsystem, Person sitzt 90° verdreht zur Haupttransportrichtung

Technische Daten:
z. B. für 160 mm Werkstückträger: Tiefe A =   1.500 bzw. 2.000 mm
                                    Breite B =   470 mm
                                    Höhe   H =   980 ... 1.100 mm
Auch für größere Werkstückträger lieferbar

Preisbereich: 17

Hersteller: A2, G3, L1, M5, P2, S1, S4, S9

1.2.1.4 Arbeitsplatz an zirkularer Ausschleusstrecke

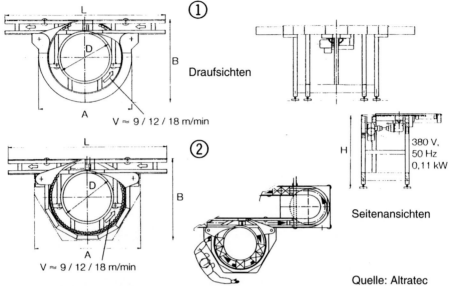

Quelle: Altratec

Funktionsbeschreibung:
Arbeitsplatz im Nebenschluss an einem Verkettungsmittel so angeordnet, dass über eine Drehscheibe die Werkstücke automatisch dem Mitarbeiter zugeführt werden. Der Transport der Werkstücke erfolgt mittels Werkstückträger (WT); die Verteilung und Steuerung unbearbeiteter oder bearbeiteter Werkstücke durch entsprechende Codierung.

Merkmale:
- Taktunabhängiger Arbeitsplatz (bei zwei oder mehreren Arbeitsplätzen pro Abschnitt)
- Puffer vor und nach dem Arbeitsplatz
- Möglichkeit der Arbeitserweiterung und Arbeitsbereicherung im Vergleich zum kurzzyklischen Fließbandarbeitsplatz durch parallel angeordnete takt-unabhängige Einzelplätze
- Besonders geeignet für Arbeitssysteme nach dem Blockkonzept zur Entkopplung des Menschen von der Technik
- Griffgünstige Bereitstellung der Werkstücke
- Steuerungsaufwand bei Haupt- und Nebenschlußbetrieb höher (Codierung)
- Bevorzugt für quadratische Werkstückträger

Technische Daten:
Ohne und mit Rollenunterstützung am äußeren Durchmesserkranz
Mittenantrieb über Drehscheibe (D = 680 / 800 / 995 mm $\varnothing$)
Belastung max. 500 N / Ebene, WT-Seitenlänge 150 ... 440 mm
Transportgeschwindigkeit 3 / 6 / 9 / 12 / 18 m/min

Preisbereich: 16 mit anteiliger Steuerung (bei mehreren Plätzen im Gesamtsystem)
Hersteller: A2, K2, M2, S4, S5

1.2.1.5 Arbeitsplatz an Eck-Ausschleusstrecke

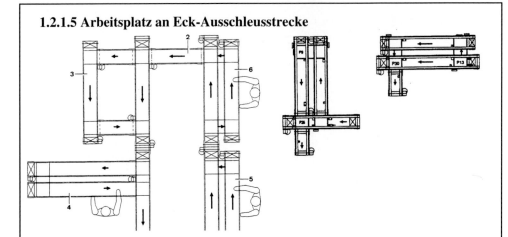

Verschiedene Varianten   Quelle: Stein
Systemausschnitt: 3, 6 Eckausschleusstrecke, 4, 5 Parallel-Arbeitsplatz, 2 Querstrecke

Funktionsbeschreibung:
Arbeitsplatz im Nebenschluss an einem Verkettungsmittel so angeordnet, dass vor der Um-lenkung der Haupttransportstrecke über eine Ausschleusung die Werkstücke automatisch dem Mitarbeiter zugeführt werden. Der Transport der Werkstücke erfolgt mittels Werkstückträger; die Verteilung und Steuerung unbearbeiteter oder bearbeiteter Werkstücke durch entsprechende Codierung.

Merkmale:
- Taktunabhängiger Arbeitsplatz (bei zwei oder mehreren Arbeitsplätzen pro Abschnitt)
- Puffer vor und nach dem Arbeitsplatz möglich
- Möglichkeit der Arbeitserweiterung und Arbeitsbereicherung im Vergleich zum kurzzyklischen Fließbandarbeitsplatz durch weitere taktunabhängige Einzelplätze
- Besonders geeignet für Arbeitssysteme nach dem Blockkonzept zur Entkoppelung des Menschen von der Technik
- Steuerungsaufwand beim Betrieb höher (Codierung erforderlich)
- Benötigt weniger Platz an der Längsstrecke im Hauptsystem da mit der Eckumlenkung kombiniert

Technische Daten:
 für 160 mm^2 - 400 mm^2 Werkstückträger
  Länge L = ca. 1.000 bis 3.000 mm
  Breite B = je nach Werkstückträger
  Höhe H = 660 ... 1.100 mm
 Bandgeschwindigkeiten: 7 - 9 - 14 - 18 m/min
 Eigenständige Steuerung

Preisbereich: 20 komplett mit Steuerung und Software

Hersteller: S9

2 Transferkomponenten

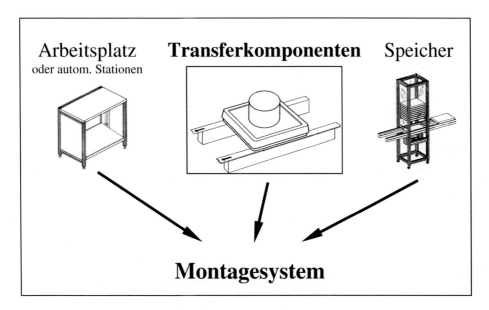

Die Transferkomponenten sind gegliedert in:

2.1 Transferkomponenten ohne Antrieb   siehe unter:
- Übersicht Systeme aus Transferkomponenten
  ohne Antrieb   2.1.1
- Transferkomponentenvarianten ohne Antrieb   2.1.2

2.2 Transferkomponenten mit Antrieb
- Übersicht Systeme aus Transferkomponenten
  mit Antrieb   2.2.1
- Bandförderer   2.2.2
- Riemenförderer   2.2.3
- Angetr. Rollenbahn u. mögl. Kombinationen   2.2.4
- Kettenförderer   2.2.5
- Übergabe- und Umlenkelemente   2.2.6
- Werkstückträger-Schnelleinzug   2.2.7
- Werkstückträgerausrichtung und -kontrolle   2.2.8

2.3 Werkstückträger und Zubehör
- Werkstückträger   2.3.1
- Kodierung für Werkstückträger   2.3.2

2.1.1.1 Linie

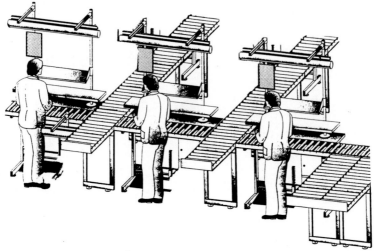

Quelle: MAV Prüftechnik

Funktionsbeschreibung:
Transport der Werkstückträger oder der Werkstücke durch Überschieben oder Gefällstrecke (Schwerkraftantrieb) zum nächsten Arbeitsplatz bzw. Station.

Merkmale:
- Einfachste und preisgünstigste Verkettung von Stationen oder Arbeitsplätzen
- Keine Antriebsenergie erforderlich
- Z.T. unterschiedliches Verhalten der Transportgüter (aufgrund Reibungs-, Gewichts-, Schwerpunktsunterschiede)
- Nur begrenzte Reichweite der Transportbewegung
- Neigung bzw. Höhendifferenz von Aufgabe- zur Entnahmestelle bei Strecken berücksichtigen

Technische Daten: Siehe Einzelelemente
Preisbereich: Siehe Einzelelemente
Hersteller: Siehe Einzelelemente

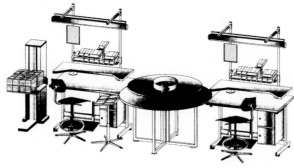

Quelle: MAV Prüftechnik

2.1.1.2 Karree

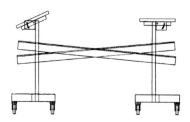

Quelle: Georg Utz

Funktionsbeschreibung:
Gegenüberliegende Arbeitsplätze oder Stationen verkettet über zwei Rollen- oder Röllchenbahnen, zwei Drehscheiben oder andere Elemente ohne Antrieb. Die Weitergabe erfolgt durch die Neigung der Transportbahn und Schwerkraftbewegung des Werkstückträgers oder Erzeugnisses bzw. über Schub- oder Drehbewegung des Transportgutes.

Merkmale:
- Einfachste und preisgünstigste Verkettung von Stationen oder Arbeitsplätzen
- Keine Antriebsenergie erforderlich
- Z.T. unterschiedliches Verhalten der Transportgüter (aufgrund Reibungs-, Gewichts-, Schwerpunktsverhältnisse)
- Nur begrenzte Reichweite der Transportbewegung
- Neigung bzw. Höhendifferenz von Aufgabe- zur Entnahmestelle bei Strecken berücksichtigen

Technische Daten: Siehe Einzelelemente
Preisbereich: Siehe Einzelelemente
Hersteller: Siehe Einzelelemente

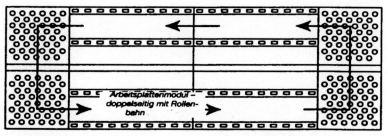
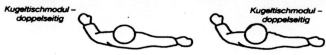

Quelle: Bott

2.1.1.3 Kombinierte Systemform

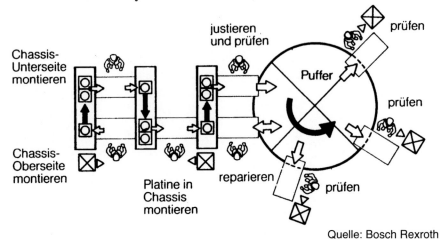

Quelle: Bosch Rexroth

Funktionsbeschreibung:
Verkettung mehrerer Stationen bzw. Arbeitsplätze über nicht angetriebene Transport- bzw. Speicherelemente.

Merkmale:
- Einfachste und preisgünstigste Verkettung von Stationen oder Arbeitsplätzen
- Keine Antriebsenergie erforderlich
- Z.T. unterschiedliches Verhalten der Transportgüter (aufgrund Reibungs-, Gewichts-, Schwerpunktsunterschieden)
- Nur begrenzte Reichweite der Transportbewegung
- Neigung bzw. Höhendifferenz von Aufgabe- zur Entnahmestelle bei Strecken berücksichtigen
- Besonders bei kleineren Arbeitssystemen mit manuellen Arbeitsplätzen und für nicht zu große bzw. schwere Erzeugnisse

Technische Daten:

Siehe Einzelelemente

Preisbereich:

Siehe Einzelelemente

Hersteller:

Siehe Einzelelemente

2.1.2.1 Rollenbahn (Schwerkraftrollenbahn)

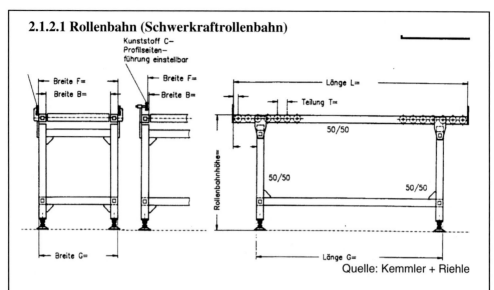

Quelle: Kemmler + Riehle

Funktionsbeschreibung:
Die Werkstücke werden über Rollen manuell oder durch Schwerkraft von Arbeitsplatz zu Arbeitsplatz beziehungsweise von Station zu Station bewegt.

Merkmale:
- Kunststoff-, Stahl- und Aluminiumrollenausführung
- Bei geraden Rollen ist eine seitliche Führung notwendig
- Rollenlänge und Abstand je nach Fördergut
- Toleranz der Rollenlaufebene ≤ 1 mm
- Werkstückumlenkung ist möglich
- Vorrichtungen können zwischen den Rollen eingebaut werden
- Eine ebene, glatte und stabile Bodenfläche des Fördergutes bzw. des Werkstückträgers ist notwendig
- Bei Palettenregalrahmen wird ein Gefälle von 3,75 bis 4,25 % gewählt

Technische Daten:

Kunststoffrollen	Stahlrollen
	sendzimier-verzinkt oder lackiert
	mit Kugellagereinsatz
50 mm ⌀	50 mm, 60 mm, 80 mm ⌀
Breite = 160.. max. 800 mm	Breite bis ca. 1.200 mm
	Tragkraft ca. 175 kg/Rolle

Preisbereich: Stahlrollen oder Kunststoffrollen, ohne Stützen:
5 für lfd.m. (200 mm breit)
6 für lfd.m. (800 mm breit)

Hersteller: B2, E3, K1, M4, P5, S1, S2, T2, U1

Bemerkungen: Sicherheitseinrichtungen beachten wie z. B.:
- Trennung (Trennwippe) der Transportgüter / Werkstückträger
- Vorstopper, Abbremsen bis zum Stillstand

2.1.2.2 Röllchenbahn

Quelle: EUROROLL

Funktionsbeschreibung:
Die Werkstücke werden über Röllchen manuell oder durch Schwerkraft von Station zu Station bewegt.

Merkmale:
- Röllchen aus Kunststoff (Polyamid bzw. hochleitfähig), PUR-überzogen oder Stahl
- Geringe Einrichtkosten
- Einfache Montage
- Weitgehend wartungsfrei
- Leichte Bauweise - daher in der Regel nur für leichte Erzeugnisse
- Werkstückumlenkung ist möglich (Bahnkurven)
- Seitliche Werkstückführung durch Spurkranz
- Ebene, glatte und stabile Bodenfläche des Fördergutes ist notwendig
- Eingeschränkt für die Montage einsetzbar
- Flächenelemente (z. B. 1500 x 400mm) käuflich und zu großen Strecken bzw. Flächen kombinierbar

Technische Daten:
Einzelne Rolle: 30 mm Ø 12 kg Last
48 mm Ø 10 / 20 kg Last (Kunststoff / Stahl)
Im Temperaturbereich -30°C bis 100°C einsetzbar, gleit- bzw. kugelgelagert
Rollenleistenlänge nach Kundenwunsch bis max. 6.000 mm lieferbar
Bahnbreite: ab 35 / 41 / 76 ... 410 mm

Preisbereich: 6 Röllchenbahn 1.500 mm lang, 410 mm breit
1 Röllchenleiste 50 mm Teilung 1.000 mm lang mit Kunststoffrollen Ø 30 mm, 25 mm breit

Hersteller: B4, E3, E4, G5, M4, P5, R2, S1, T2, U2

Bemerkungen:
Sonderausführungen: Antistatische bzw. besonders leitfähige Röllchen; Tiefkühlausführung bis unter -40°C einsetzbar; rostfreie Ausführung; unmagnetische Rollen, Rollen mit bzw. ohne Stahlwellen u.a. Eigenschaften.

2.1.2.3 Drehscheibe

Quellen: 1: MAV Prüftechnik, 2, 3: Schnaithmann

Funktionsbeschreibung:
Der Transport des Werkstücks zu dem am Umfang der Drehscheibe angeordneten, nächsten Arbeitsplatz erfolgt durch eine Drehbewegung der Scheibe.

Merkmale:
- Tischplatte aus Holz, glatte Oberfläche, evtl. mit Wulstrand
- Höhe verstellbar
- Werkstücklage bleibt erhalten
- Bei mehreren aufgelegten Werkstücken kann die Reihenfolge beeinflußt werden
- Einsatz als Verkettungs-, Umlenkelement sowie als Puffer möglich
- Auch in leitfähiger Ausführung (elektrische Bauteilfertigung) lieferbar
- Bei mehreren übereinandergeordneten Scheiben kann
    - die Transportrichtung der Scheiben unterschiedlich sein
    - der Bearbeitungszustand des Werkstückes zu einer jeweiligen Scheibenebene zugeordnet werden

Technische Daten:
600, 800, 1.000, 1.200, 1.400, 1.500 (bis 2.000) mm $\varnothing$
Scheibe aus Kunststoff oder Holz mit Resopal oder Holz mit Edelstahl (1,5 mm)
Höhenverstellbar (700 ... 1.700 mm), Belastung 50 kg
Gummiauflage (optional), Lenkrollen (optional)

Preisbereich: 11 (mit einer Kunststoffscheibe 1.000 mm $\varnothing$ mit Bodenstativ)
8 Zusatzdrehscheibe

Hersteller: B4, M4, S1, T2

Bemerkungen:
Auch angetriebene Ausführung käuflich.
Doppelscheiben - weitere, zweite Scheibe oberhalb kann unabhängig voneinander gedreht werden. (Besonders als manueller oder elektr. angetriebener Speicher einsetzbar).

2.2.1.1 Linie

Bandumlauf
2-Etagen

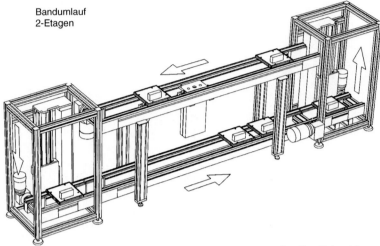

Quelle: Schnaithmann

Funktionsbeschreibung:
Der Werkstückträger oder das Erzeugnis wird entlang einer linienartigen Transportbahn (Gurtband, angetriebene Rollenbahn o. a.) transportiert. Falls erforderlich, wird der Rücktransport der Werkstückträger manuell oder durch das Rückführband unterhalb erfolgen.

Merkmale:
- Für lange, schmale Platzverhältnisse besonders geeignet
- Nebeneinander angeordnete Stationen bzw. Arbeitsplätze möglich
- In Längsrichtung erweiterbar
- Gute, beidseitige Zugänglichkeit
- Bei Rückführung der WT's (unterhalb) ist am Anfang bzw. Ende ein Lift erforderlich
- Einfacher Systemaufbau mit wenigen Steuerelementen aus Transfersystemen wie Doppelgurtband, Tragkette, Staurollenkette o. a.

Technische Daten: Siehe Einzelelemente

Preisbereich: 14 Doppelgurtbandsystem 3.000 mm lang mit Stützen (B = 400mm)
17 ... 19 dto., jedoch mit Rückführstrecke und 2 Liften

Hersteller: Siehe Einzelelemente

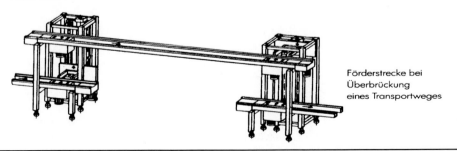

Förderstrecke bei Überbrückung eines Transportweges

2.2.1.2 Karree

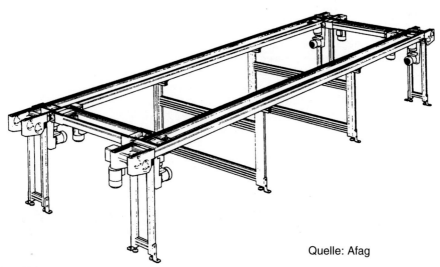

Quelle: Afag

Funktionsbeschreibung:
Der Werkstückträger oder das Erzeugnis wird entlang eines geschlossenen Umlaufs in der Ebene geführt. Der Werkstückträger kehrt nach einem Umlauf wieder zum Ausgangspunkt zurück.

Merkmale:
- Automatische Stationen bzw. Handarbeitsplätze an den Längs- bzw. evtl. Querbahnen angeordnet. Meist Stationen innen im Karré angeordnet, um Zugänglichkeit zum System von außen zu gewährleisten.
- Je nach Wahl der Transportelemente (z. B. bei den Umlenkungen) sind unterschiedliche Systemeigenschaften (z. B. WT-Drehung 180° bzw. 360°) anzutreffen.
- Übersichtlicher Arbeits- bzw. Materialfluss
- Nicht genutzte Bandstrecke ist als Speicher nutzbar

Technische Daten: Siehe Einzelelemente

Preisbereich: Systeme siehe nächste Seite
A 18
B 19
C 20
D 17

Hersteller: Siehe Einzelelemente

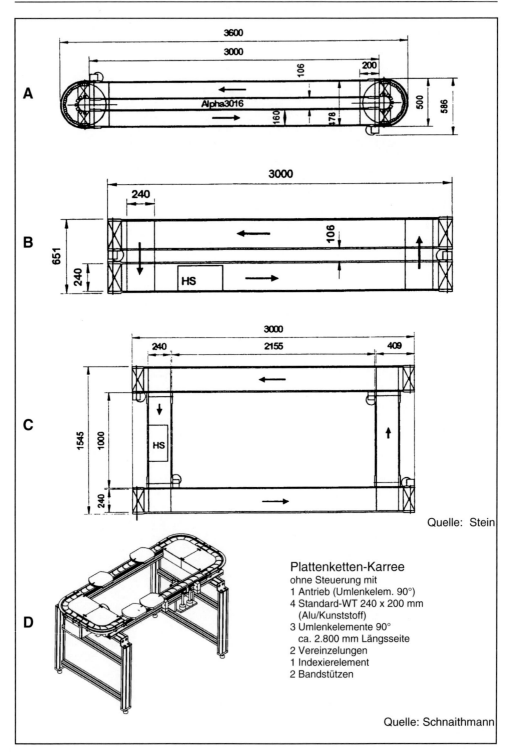

Plattenketten-Karree
ohne Steuerung mit
1 Antrieb (Umlenkelem. 90°)
4 Standard-WT 240 x 200 mm
  (Alu/Kunststoff)
3 Umlenkelemente 90°
  ca. 2.800 mm Längsseite
2 Vereinzelungen
1 Indexierelement
2 Bandstützen

Quelle: Stein

Quelle: Schnaithmann

2.2.1.3 Kombinierte Systemform

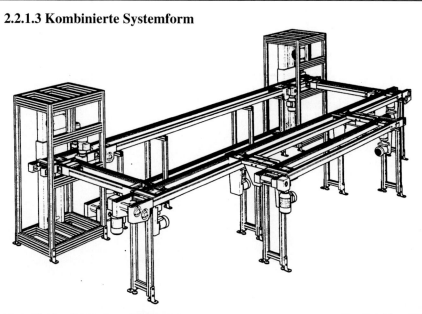

Vorn: Taktunabhängiger Arbeitsplatz,
Mitte: Umlaufsystem,
Hinten: Speicher im Untertrumm

Quelle: Afag AG

Funktionsbeschreibung:
Systemaufbau nach den Anforderungen der Produktion im Teileumlauf mit Parallelstrecke um eine hohe Nutzung und Flexibilität zu erzielen. Kriterien sind der Materialfluss (Umlaufsystem), Taktunabhängigkeit (Parallel-Nebenschluss) oder Speicherung (Staustrecke bzw. Werkstückträger-Rückführung im Untertrumm an der Längsseite, welche über die beiden Werkstückträgerlifte verwaltet werden).

Merkmale:
- Ausbau entsprechend der Anforderungen (Länge, Breite, Arbeitshöhe)
- Berücksichtigung betrieblicher Gegebenheiten z. B. Überbrückung eines Transportweges, Öffnungsmöglichkeit der Transportbahn oder Übergänge u.a.
- Berücksichtigung der induviduellen, persönlichen Gegebenheiten (Taktunabhängigkeit, Sichtkontakt usw.) z. B. durch Parallelarbeitsplätze und Systemgestaltung.
- Auswahl der Transportelemente entsprechend den technischen Randbedingungen (Transportgewicht, Staufähigkeit, ...)

Technische Daten:
    Siehe Einzelelemente

Preisbereich: Abhängig von der Größe, Ausführung und Anzahl der Einzelelemente. Siehe Einzelelemente

Hersteller: Siehe Einzelelemente

2.2.2.1 Eingurtförderer

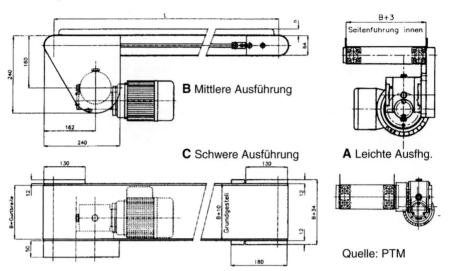

B Mittlere Ausführung
C Schwere Ausführung
A Leichte Ausfhg.

Quelle: PTM

Funktionsbeschreibung:
Der Gurt wird von einer Antriebstation kontinuierlich angetrieben und von Tragrollen geführt oder gleitend auf einer glatten Unterlage getragen.

Merkmale:
- Kunststoffband aus Polyestergewebe mit Polyurethanbeschichtung, öl-, fett- und bohremulsionsbeständig
- Vielfach stufenlos regelbare Bandgeschwindigkeit (1 ... 90 m/min)
- Temperaturbeständigkeit: -10°C bis +80°C
- Teile- und Erzeugnisform beliebig
- Bevorzugt für trockene Teile
- Für die Verkettung von Einzelarbeitsplätzen und Maschinen geeignet
- Bei geringer Bauhöhe als Schoßband geeignet
- Sicherheitstechnische Anforderungen (siehe DIN bzw. VDI) beachten

Technische Daten:

	A		B
Breite:	(15) 45 ... 400 (.. 1.800) mm	Breite:	200 .. 600 (.. 1.800) mm
Länge:	bis 5.000 mm	Länge:	bis 20.000 mm
Max. Last:	ca. 400 N		ca. 1.000 N
Geschwindigkeit:	6, 9, 12, 18, 24m/min,	sowie stufenlos regelbar	

Preisbereich:

	A	B
	12 (300 mm breit, 1.000 mm lang)	ab 13 ... 18

Hersteller: A2, D1, E1, G1, K1, K3, M5, M7, P2, P5, R1, R2, S1, S4, S8, T2

Zubehör: Sonder-Gurtausführg. (für untersch. Einsatz oder mit Bandstollen) erhältlich.

2.2.2.2 Eingurtband mit Stützrollen

Quelle: Bosch Rexroth

Funktionsbeschreibung:
Eingurtbänder mit Stützrollen eignen sich besonders zum Transport von Werkstückträgern. Auf zwei Transportsträngen werden lose aufliegende Werkstückträger transportiert. Eingurtbänder mit Stützrollen lassen sich leicht an unterschiedliche Werkstückträgerabmessungen anpassen. Die Aluminiumprofile erlauben den Anbau von vielfältigen Anbaumodulen. Ideales System zum Anheben und Indexieren des Werkstückträgers (Hub- und Positioniereinheit) von unten, zur kraftmäßigen Abstützung des Werkstückträgers oder zur mittigen Bearbeitung von oben oder unten.

Merkmale:
- Band-Rollen-System mit Werkstückträgern universell verwendbar
- Werkstückträgerrücktransport über parallele Bandstrecke oder mittels Lifte auf Rückführband in Flurebene
- Werkstückträger lassen sich auf dem System anhalten und puffern
- Teile- und Erzeugnisform beliebig infolge Werkstückträgereinsatz
- Erzeugnis muss nicht vom Werkstückträger (WT) bzw. System abgenommen werden, um bearbeitet zu werden (Schrauben, Pressen usw.)
- Zwischen Band und Stützrollen können auch Montagearbeitsgänge durch WT-Unterstützung und -Fixierung von unten am Erzeugnis ausgeführt werden
- Anbau von automatischen Stationen möglich
- System auch für Nassbetrieb bedingt geeignet (z. B. Bremsflüssigkeit)
- Für Werkstückträger mit Erzeugnissen (Gesamtgewicht unter 10 kg)
- Einfache „low-cost"-Ausführung
- Sonderausführung - anstelle Stützrollen – Kugelleiste

Technische Daten:
Systembreite 160 .. 300 (.. 800) mm
Länge   320 .. 6.000 mm

Preisbereich: 12 (Strecke 1.000 mm)   13 (Strecke 2.000 mm)

Hersteller: A2, B2, D1, E1, E5, F2, G2, L1, S1, S4, S8, T1, U1

Bemerkungen:
lieferbar:
- Variante I   Umlenkung (Endmodule) - 500 / 700 / 900 mm breit
- Variante II, III   Umlenkung (Endmodule) ca. 1.400 bzw. 2.100 mm breit
- Aufklappbare Transportstrecke (1.000 mm) bei ca. 2.100 mm Breite
- Eckmodule 90°
- Doppelmodul (500, 700, 900 mm) für 2 gegenläufige Bahnen

Ausschleusmodul (d. h. Doppelmodul mit Umlenkungen)

Variante I   Variante II   Variante III

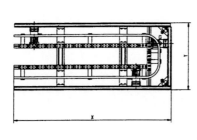 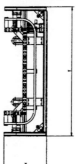 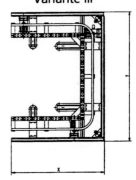

Komplette Endmodule   Quelle: Lanco

Quelle: Siemens Dematic

2.2.2.3 Doppelgurtband

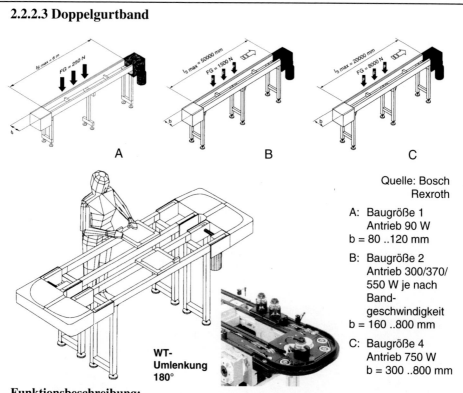

Quelle: Bosch Rexroth

A: Baugröße 1
   Antrieb 90 W
   b = 80 ..120 mm

B: Baugröße 2
   Antrieb 300/370/
   550 W je nach
   Band-
   geschwindigkeit
   b = 160 ..800 mm

C: Baugröße 4
   Antrieb 750 W
   b = 300 ..800 mm

WT-Umlenkung 180°

Funktionsbeschreibung:
Doppelgurtförderbänder eignen sich besonders zum Transport von Werkstückträgern. Auf zwei stetig umlaufenden Gurten werden lose aufliegende Werkstückträger transportiert. Doppelgurtförderbänder lassen sich leicht an unterschiedliche Werkstückträgerabmessungen anpassen. Die Aluminiumprofile erlauben den Anbau von vielfältigen Anbaumodulen. Ideales System zum Anheben und Indexieren des Werkstückträgers (Hub- und Positioniereinheit) von unten, zur kraftmäßigen Abstützung des Werkstückträgers oder zur mittigen Bearbeitung von oben oder unten.

Merkmale:
- Band mit Werkstückträgern universell verwendbar
- Werkstückträgerrücktransport über parallele Bandstrecke oder mittels Lifte auf unterhalb geführter Bandstrecke möglich
- Werkstückträger lassen sich auf dem Band anhalten und puffern
- Teile- und Erzeugnisform beliebig infolge Werkstückträgereinsatz
- Erzeugnis muss nicht vom Werkstückträger bzw. Band abgenommen werden, um bearbeitet zu werden (Schrauben, Pressen usw.)
- Zwischen den Bändern können auch Montagearbeitsgänge durch Werkstückträger-Unterstützung u. Fixierung von unten am Erzeugnis ausgeführt werden
- Anbau von automatischen Stationen möglich
- Gurt auch für Nassbetrieb bedingt geeignet (z. B. Bremsflüssigkeit)

Technische Daten:
  Transportgeschwindigkeit   4.5, 6, 9, 12, (15, 18) m/min
  Gurtband   Spurbreite   120 ... 800 mm
              Länge   2.000 ... 50.000 mm
              Last   max. 2.000 N
  Zahnriemen Länge   1.000 ... 6.000 mm

Preisbereich: 7 je laufender Meter
    Gurtband 400 mm, 2.000 lg.   Zahnriemen 160 mm, 1.000 lg.
              14   12

Hersteller: A1, A2, B2, E5, F2, G1, G2, G3, I1, M5, M7, R1, S2, S4, S8, S9, T1, U1

Zubehör: Hub-, Zentrier-, Wende-, Indexierstationen,
    Stopper, Vereinzler, Übersetzer u.a. (siehe Datenblätter)

Detail:
Werkstückträger im Doppelgurtband (mit möglicher Abstützung bzw. Indexierung von unten).
Systemausschnitt mit Doppelgurtband (rechts)

Quelle: Bosch Rexroth

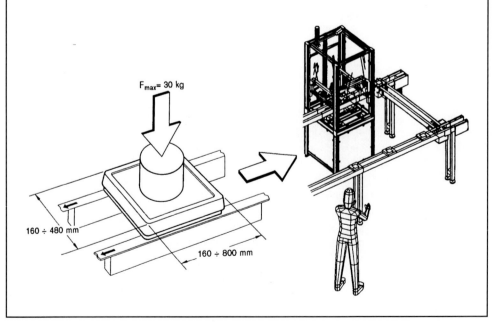

2.2 Transferkomponenten mit Antrieb

2.2.3.1 Rundriemenförderer

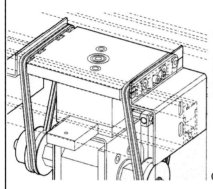
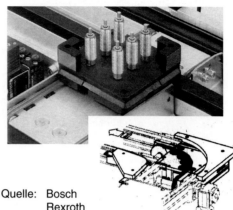

Quelle: Bosch Rexroth

Einsatzbeispiel an einer HubQuereinheit
(oben und rechts)
oder an Umlenkungen 90° und 180° und meist
für kleine Werkstückträger 80 mm² bis 160 mm²

Funktionsbeschreibung:
Mitnahme des Transportgutes bzw. Werkstückträgers durch linienförmige Auflage am angetriebenen Rundriemen. Durch kleine Abmessungen und vielseitiger Umlenkung zum Transportantrieb auch in beengten Situationen besonders geeignet.

Merkmale:
- Antriebselement Rundriemen für 3-dimensionale Transportbewegung geeignet
- Da kleine Abmessungen auch mehrere Parallelriemen - evtl. mit eigenem Antrieb - einsetzbar
- Riemenausführung:
  - PUR: hohe Abriebfestigkeit, hervorragende Elastizität und chemische Beständigkeit
  - Aus synthetischen Fasern, ölbeständig, gedreht oder geflochten, mit Gummi- oder Kunststoffbeschichtung
  - Aus Vulkollan - gedreht
- Bevorzugt eingesetzt für leichte Erzeugnisse (z.B. Leiterplatten)

Technische Daten:
Rundriemen   2 ... 15 mm ∅
Antriebsgeschwindigkeit: 5 ... 40 m/sec
Lieferlänge endlos, d.h. beliebige Umfangslänge

Übertragungsleistung bei Riemendurchmesser:	2	4	8	12	15
(180° Umschlingungswinkel, v =12 m/sec) kW:	0,11	0,38	1,4	2,7	3,5

Preisbereich: 14   90°-Umlenkung mit Riemen (siehe Abbildung oben)
Hersteller: A1, B2, E5, F2, G2, S8, T1, T2, U1
Bemerkungen: Rundriemen können über Rund-, Keil- oder Spitzkeilriemenscheiben angetrieben werden. Kleinere Umschlingungswinkel siehe folgende Leistungsfaktoren:

Umschlingungswinkel	90°	100°	110°	120°	130°	140°	150°	160°	170°
Leistungsfaktor	0,40	0,45	0,50	0,60	0,70	0,80	0,92	0,95	0,98

Leistungsfaktor 1 = 100 % ist die maximal übertragbare Antriebsleistung

2.2.4.1 Rollenbahn starr angetrieben

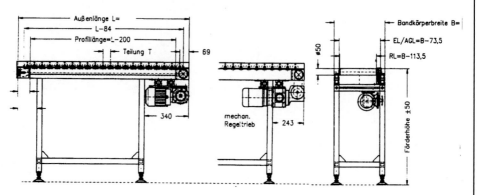

Quelle: Kemmler + Riehle

Funktionsbeschreibung:
Antrieb der Tragrollen durch Ketten-, Keilriemen-, Untergurt- oder Kegelradantrieb.

Merkmale:
- Rollenlänge und Abstand je nach Fördergut
- Auf der Länge des Fördergutes sollen 3 Rollen zum Tragen kommen
- Toleranz der Rollenlaufebene ≤ 1 mm
- Geringer Widerstand gegen seitliche Bewegung, d h. leichte Zu- und Abweisung
- Seitliche Führung erforderlich
- Zwischen den Rollen können bestimmte Vorrichtungen eingebaut werden
- Die Bodenfläche des Fördergutes sollte eben, glatt und stabil sein
- Geräuschentwicklung bei Stahlrollen
- Gummierte Stahlrollen wirken geräuschisolierend und ermöglichen Steigungen bis zu 15°
- Schutz der Antriebsseite notwendig, da Unfallgefahr durch Quetsch- und Einzugsstellen
- Für untergeordnete Zwecke in der Montage

Technische Daten:
  150 ... 500 mm Nennbreite,   Länge 410 ... 2.462 (7.386) mm
  max. 100 kg Tragkraft/Rolle v_{max} = 30 m/min (S3)

Preisbereich: 14 (535 mm Breite, 3.500 mm lang)
  13 (535 mm Breite, 2.000 mm lang)
  schlagzähe Kunststoffrollen, v= 6 m/min oder Stahlrollen, verzinkt

Hersteller: D1, E1, F4, G1, K1, K3, M4, P5, R2, S2, S8

Bemerkungen: Die Ausführungen sind herstellerabhängig z. B.:
  K1   S8
Nennbreiten 150/200/250/300/400/500 mm   Breite (100 ....) mm
Rolle 50 mm ∅   Rolle Kunstst. 50/63, Stahl 50/60 mm∅
Teilung 57/114/171 mm Profilh. 135 mm   Teilung ≥76 mm
Streckenbreite: Nennbreite +100 mm   Tragkraft 100 kg/m bzw. 700 kg/Antrieb

2.2.4.2 Staurollenbahn

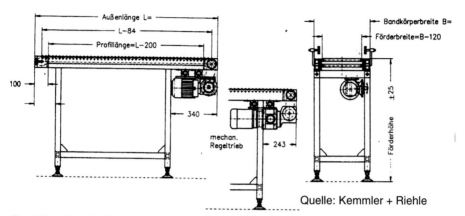

Quelle: Kemmler + Riehle

Funktionsbeschreibung:
Förderelement sind angetriebene Rollen. Bei Stau wird entweder die nachfolgende Antriebseinheit der Rollenbahn abgeschaltet oder die tragenden Rollen bleiben aufgrund des Reibschlusses stehen. Nach Abfließen des ersten Werkstücks erfolgt der Weitertransport der nachfolgenden Werkstücke.

Merkmale:
- Angetriebene Rollen zum Weitergeben und Puffern von Werkstückträgern und großflächigen Werkstücken
- Werkstück muss nicht aus dem Fertigungsfluß herausgenommen werden, um eine manuelle oder automatische Montagetätigkeit durchzuführen
- Auch für schwere Werkstücke geeignet
- Besondere Zuteiler erlauben den Abzug aus dem gestauten Strang bei einer Vereinzelung der Werkstücke
- Staueffekt kann erfolgen durch:
  - Abschaltung des Antriebselementes
  - Anhaltevorrichtung und Reibschluß: Gleitreibung, Rollreibung
- Staurollenbahn könnte auch mit Allseitenrollen ausgeführt werden

Technische Daten:
Rollenbahn mit Bandantrieb
Breite = 250 ... 1.500 mm
Länge bis 15 m
Rolle 50 mm ⌀
$v = 3 ... 30$ m/min.
max. 150 kg/m
max. 1.000 kg/Antrieb

Kleinststaurollenbahn
Nutz-Breite: 280 ... 530 mm
Länge: 1.000 ... 1.500 ... 6.000 mm

Preisbereich: 13 Kleinststaurollenbahn (380 mm breit, 2.000 mm lang, $v = 6$ m/min, Kunststoffrolle)

Hersteller: K1, K3, P5, S8, T2

Bemerkungen: Friktions-Staurollen dienen zur Stückgutförderung für flächige Güter. Das Stückgut wird durch angetriebene Rollen bewegt. Die Rollen haben Gleitbuchsen. Bei Stau durch eine Sperre bleibt der Rollenmantel stehen, wobei das Antriebselement weiter durchdreht.

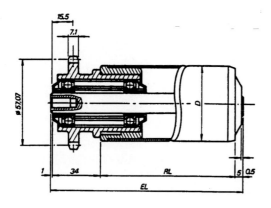

Quelle: Steiff

EL = Gesamtlänge der Rolle, RL = Nutzbare Rollenlänge

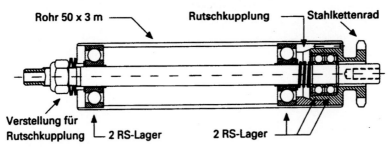

Quelle: Krups

Präzisions-Staurolle mit einstellbarer Rutschkupplung (belastungsabhängig)
Tragkraft bis 100 kg

2.2.4.3 Stummelrollenbahn

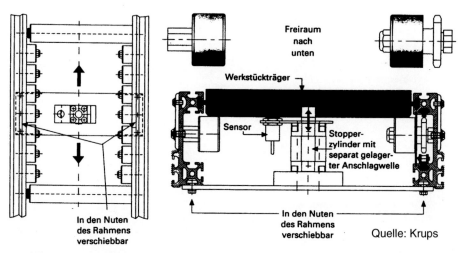

Quelle: Krups

Funktionsbeschreibung:
Die Werkstückträger (WT) werden über Tragrollen angetrieben. Stummelrollen sind insbesondere an Stationen oder Montageplätzen eingesetzt, um einen freien Zugang zur Werkstückträgerunterseite zu erhalten.

Merkmale:
- Rollenbahn besteht meist aus einer angetriebenen Stummelrollenreihe (z. B. über Kette angetrieben) und einer nicht angetriebenen Stummelrollenreihe auf der gegenüberliegenden Seite
- Gleiche bzw. ähnliche Eigenschaften wie
    - Eingurtband mit Stützrollen   (2.2.2.2)
    - Doppelgurtband   (2.2.2.3)
    - Rollenbahn starr angetrieben   (2.2.4.1)
- Spezielle Eigenschaften von Rollenbahnen beachten: mind. 3 Rollen Auflage, Rollenlaufebene $\leq$ 1 mm u.a.
- Sonderform für Leiterplattentransport (3 mm breite Auflagerolle)

Technische Daten:
Passend zum vorhandenen Transportsystem lieferbar
z. B. 50 mm Rollendurchmesser, 114 mm Teilung
Nennbreite beliebig - Grundsystem maßgebend
Tragkraft bis 100 kg

Preisbereich:

Hersteller: K3, S1 (Leiterplatten)

Bemerkungen: Werkstückträger muß für die schmale seitliche Auflage geeignet sein.
Sonderform Leiterplattentransport $B = 50 ... 400$ mm
$L_{max} = 4.000$ mm

2.2.5.1 Gliederband

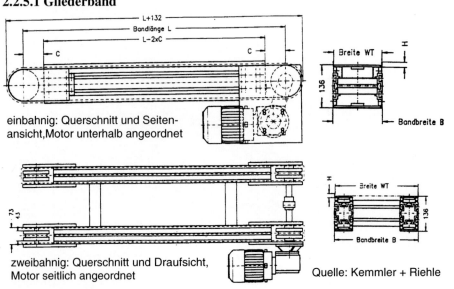

einbahnig: Querschnitt und Seitenansicht, Motor unterhalb angeordnet

zweibahnig: Querschnitt und Draufsicht, Motor seitlich angeordnet

Quelle: Kemmler + Riehle

Funktionsbeschreibung:
Eine senkrecht umlaufende Kunststoffkette bildet eine stabile, unempfindliche, waagrechte Transportfläche. Diese geschlossene Transportbahn wird als Ein- oder Doppelbahnausführung angeboten.

Merkmale:
- Gliederband geradlinig jedoch auch kurvengängig lieferbar
- Kunststoffkette unempfindlich gegen Schmutz, Öl, Glassplitter oder Späneabfall d. h. für extreme Bedingungen
- Bandkörper aus Alu-Profil, bei Bedarf Seitenführung aus Niro-Blech, Antrieb seitlich oder unterhalb der Transportstrecke
- auch für Staubetrieb geeignet

Technische Daten:
einbahnig	Kettenbreite 63,5 / 82,5 / 88,9 / 101,6 / 114,3 / 152,4 / 190,5 mm
zweibahnig	Kettenbreite 63,5 mm Außenbreite 250 ... 1.000 mm
max. Länge	6.000 mm (8.000 mm (T2))
max. Belastung	400 N/lfm Förderstrecke

Geschwindigkeit 3 ... 12 m/min, Regelbarer Antrieb 2,5 ... 25 m/min

Preisbereich: (Breite WT unwesentlich im Preis)

einbahnig	88,9 mm / 3.000 mm lang	13
	101,6 mm / 6.000 mm lang	14
zweibahnig	400 mm / 2.000 mm lang	14
	400 mm / 5.000 mm lang	15

Hersteller: E4, F3, K1, M2, S1, S5, T2

Bemerkungen: Sonderausführung als nichtrostende Förderkette aus Edelstahl

2.2.5.2 Segmentkette

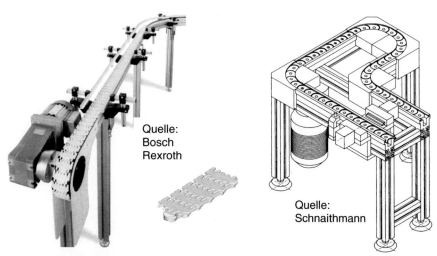

Quelle: Bosch Rexroth

Quelle: Schnaithmann

Funktionsbeschreibung:
Flexible Kettenfördersysteme erlauben den Transport von leichten bis mittleren Stückgütern. Durch den Einsatz von unterschiedlichen Elementen ist eine frei wählbare Linienführung möglich. Es können sowohl horizontale als auch vertikale Förderaufgaben realisiert werden. Flexible Kettenfördersysteme lassen sich schnell an andere Streckenführungen anpassen. Durch die Kurvengängigkeit lassen sich Wendelspeicher bilden.

Merkmale:
- Kunststoffkette (evtl. mit verschiedenen Abdeckungen bzw. Oberflächen oder in Stahlausführung) kurvengängig und somit räumlich umlenkbar
- Für extreme Bedingungen und hohe Belastungen (Traglasten)
- siehe auch 2.2.5.1 und Pufferausführungen 3.1.3.2 und 3.1.3.3
- Bevorzugte Ausführungen:
    - waagrecht umlaufende bzw.
    - senkrecht umlaufende Ketten

Technische Daten:
  Breite: 40 .. 190 mm (Produktbreite je nach Seitenführung bis 400 mm)
  Länge: bis 30 m (max. 60 m) Kettenlänge
  Transportgeschwindigkeit: 3...7,5*... 12 m/min (max. 60 m/min) *bevorzugt
  Erzeugnisgewichte: in Klassen von 2 kg bis 30 kg,
  max. Transportlast des Förderers: 300 kg (Sonderfälle 800 kg)

Preisbereich: Antrieb (abhängig von der Anlagengröße)   13 (... 15)
                    Umlenkung   11   Antriebssteuerung   13
                    laufender Meter Kette incl. Schiene (gerade Strecke) 9
                    Stütze   9

Hersteller: B2, E4, F3, M2, S1, S2, S5, S6

Bemerkungen: Umlenkungen 45° / 90° / 180° (siehe 2.2.6.4 und 2.2.6.5) lieferbar dazu Weichen, Stopper, Vereinzler u. a. Zubehör.
Komplette Systeme mit abgestimmten Modulen je nach Hersteller lieferbar.

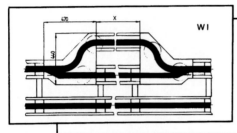

Ausschleusen auf einen oder mehrere Arbeitsplätze

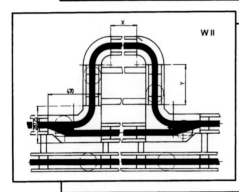

Ausschleusen auf eine Pufferstrecke oder mehrere Arbeitsplätze

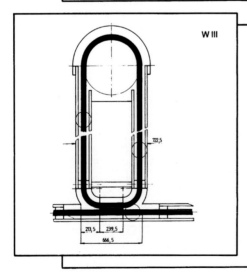

Ausschleusen auf einen autonomen Kettenumlauf, mit der Möglichkeit des mehrmaligen Durchlaufes der Werkstückträger

Quelle: Sigma

2.2.5.3 Staurollenkette

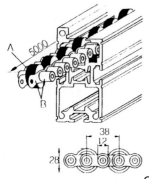

Quelle: Altratec

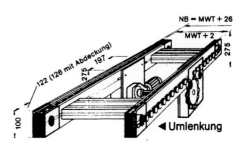

Prinzipdarstellung: Bahn, Kettenumlauf, Antrieb und Umlenkung

Quelle: Siemens Dematic

Funktionsbeschreibung:
Staurollenkettenförderer eignen sich besonders zum taktunabhängigen Transport von Werkstückträgern. Auf zwei stetig umlaufenden Rollenketten werden lose aufliegende Werkstückträger transportiert. Aufgabe des Staurollenkettenförderers ist das Fördern und das Stauen der Werkstückträger. Wird der Werkstückträger mittels Sperre oder Stopper angehalten, läuft die Förderkette weiter und die Tragrollen laufen unter dem stehenden Werkstückträger hindurch. Staurollenkettenförderer lassen sich leicht an unterschiedliche Werkstückträgerabmessungen anpassen.

Merkmale:
- Zwei parallel angeordnete Aluminiumprofile umschließen zwei parallele Förderketten mit Rollen
- Für sehr hohe Fördergewichte geeignet
- Förderröllchen in Kunststoff- oder Stahlausführung
- Zapfenketten-Ausführung für Leiterplatten (Auflage seitlich ca. 3 mm, Spurbreite = Leiterplattenbreite = 50 ... 400 mm)

Technische Daten:

Palettengewicht max.		500 N	1.500 N	4.000 N
Rollendurchmesser / -breite	mm	18,3 / 8	24,6 / 10,3	30,6 / 13
Profil H x B	mm	60 x 35	66 x 63	140 x 80
Nennbreite je nach Anforderung		160 ... 1.200 mm		
Länge max.		20.000 mm		
Transportgeschwindigkeit:		6 ... 12 (18) m/min		

Preisbereich: 13 -14 (Breite 160 mm, Länge 1.000 mm)

Hersteller: A2, B2, E5, F2, I2, S1, S4, S8, T1, U1

Bemerkungen: Sonderausführungen bis 40.000 N/m.
Eingesetzt auch als Übersetzer (quer zur Rollenbahnlaufrichtung).

2.2.5.4 Tragkette

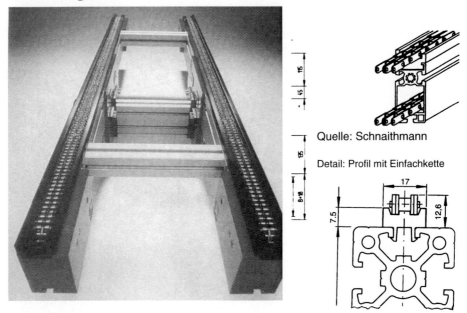

Quelle: Schnaithmann

Detail: Profil mit Einfachkette

Funktionsbeschreibung:
Das Werkstück bzw. der Werkstückträger steht fest auf zwei parallel zueinander umlaufenden Kettensträngen und wird kraftschlüssig mitgenommen.

Merkmale:
- Zwei- und Mehrstrangausführung möglich
- Die Kette ist entweder gleitend auf Kunststoffleisten geführt oder besitzt auf die Kettengelenke aufgesetzte Tragrollen
- Starre Verkettung
- Förderung von Paletten oder schweren Stückgütern
- Automatische Tätigkeiten am Werkstück können auch von unten ausgeführt werden
- Erhöhte Unfallgefahr bei ungeschützten Ketten
- Verwendung als Übergabeelement, zum Ausschleusen aus Rollenbahnen (Quertransport von Paletten) usw.

Technische Daten:
Duplex-Kette	mittlere Traglasten, kleinere Auflage, max. 10 m Länge
Triplex-Kette	sehr hohe Traglasten
Traglasten	bis 30.000 N/Antrieb
Transportgeschwindigkeit:	12 ... 18 m/min

Preisbereich: 13 (Breite 50 mm, Länge 1.000 mm)

Hersteller: B2, D1, E5, F2, P5, S1, S2, T1, U1

Bemerkungen: Bei größeren Systemen Preisermittlung über Antrieb / Spannstation und laufender Meter der Strecke vornehmen.

2.2.5.5 Kettenumlaufsystem für magnetische Werkstückträger-Mitnahme

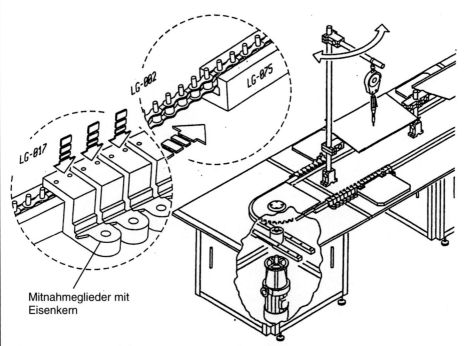

Mitnahmeglieder mit Eisenkern

Funktionsbeschreibung:
Umlaufsystem mit Werkstückträgern (WT). Die Werkstückträger werden über eine Kunststoffplatte (Glieder mit Eisenkern) und über den im Werkstückträger befindlichen Magnet mitgenommen. Untere Abstützung über Rollen des Werkstückträgers möglich. Aufstauen der Werkstückträger beim Überschreiten der Staudruckkraft.

Merkmale:
- Baukastenbauweise für schnelle Systemmontage. Raster (Antrieb 1.543 mm, Umlenkung 895 mm, Zwischenstück 1.523 mm) bei 1.050 / 1.260 / 1.470 mm Breite
- Vertikale Belastung (z. B. Montage) bis maximal 200 kg
- Spezieller Werkstückträger
- Karreeform; Linienform, L-Form, U-Form möglich
- Manuelle Arbeitsplätze längs oder quer angeordnet möglich

Technische Daten:
  Werkstückträger (WT) 165 x 165 mm bis 500 x 500 mm
  max. 7 kg Erzeugnisgewicht
  Beliebige Systemgrößen (Raster 2.438 mm u. Vielfaches von 1.523 mm) möglich

Preisbereich: 17 (System ca. 4.000 mm lang, 1.050 mm breit,
                       12   WT 200 x 300 mm)

Hersteller:

Zubehör: Stop-Einheit, Indexier-Einheit

2.2.6.1 Überschieber, Ein- und Ausschleuser, Ausstoßer

Prinzipdarstellungen:

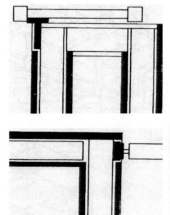

Quelle: PTM

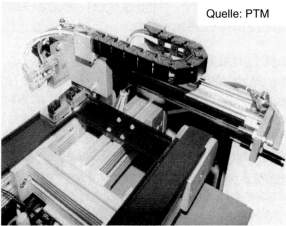

Funktionsbeschreibung:
Überschieber dienen zum rechtwinkligen Ausschleusen von Werkstückträgern. Der Ausschleusvorgang kann bei stehendem oder bei laufendem Förderer erfolgen. Überschieber schieben das Fördergut quer über den Förderer auf ein paralleles, ein weiterführendes Band oder einen Arbeitsplatz bzw. Station ab.

Merkmale:
- Begrenzte Überschiebegeschwindigkeit (Taktzeit beachten)
- Automatische Steuerung des Überschiebers zur Ablaufsicherung zweckmäßig
- Platzsparende Ausführung von Umlenkungen möglich
- Werkstück um 180° gedreht (bei Vorlauf - Rücklauf)
- Sinnvoller Einsatz des Überschiebers bei Bandabständen unter 1.000 mm, da der Hub des Überschiebers begrenzt ist
- Verwendung als Zuteileinrichtung aus oder in ein Verteilersystem von Werkstücken bzw. Werkstückträgern
- Geräuschentwicklung bei pneumatischen Überschiebern berücksichtigen
- Platzsparender Quertransport (s. oben rechts) möglich (Breite + ca. 155 mm)
- Beim Parallel-Ausschub des Werkstückträgers in einen Arbeitsplatz/Station ist eine Fixierung des Werkstückträgers zweckmäßig (Doppelhub).

Technische Daten:
Für Werkstückträger 160 x 160 mm bis 250 x 250 mm
Lichter Bahnabstand z. B. 163 mm / 313 mm / 600 mm
Taktzeit 4 ... 8 Sekunden, Teile-/WT-Gewicht max. 25 kg,
pneum. Antrieb ≤ 6 bar

Preisbereich: 13
Hersteller: A1, B2, D1, E1, G2, I1, I2, K3, M2, M7, P5, S2, S5, T1, T2, U1
Bemerkungen: Lieferung in der Regel ohne Steuerung, ohne Vorstopper (zur Vereinzelung der nachfolgenden Werkstückträger) und ohne Sensoren.

2.2.6.2 Querstrecke mit Hubquereinheit

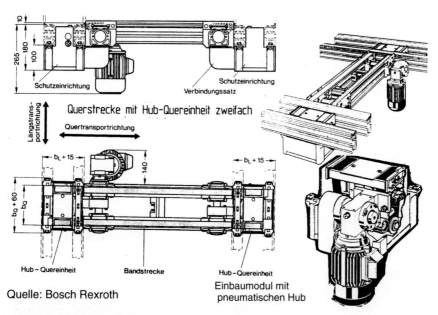

Quelle: Bosch Rexroth

Funktionsbeschreibung:
Mit einer Quertransporteinheit ist es möglich, den Werkstückträger von einer Längsstrecke in eine Querstrecke umzusetzen. Der Werkstückträger wird auf einer Längsstrecke gestoppt, wird dann aus dem Spurkanal ausgehoben und quer weiter transportiert. Ferner kann sie zum Umsetzen in eine zweite, parallel laufende Längsstrecke verwendet werden.

Merkmale:
- Werkstück um 180° gedreht im Rücklauf
- Platzsparende Ausführung
- Eine Abstandsänderung bei den Hauptbändern kann leicht durch Verlängerung oder Verkürzung des Querbandes bewältigt werden
- Sinnvoller Einsatz gegenüber direktem Überschieber bei Bandabständen über 1.000 mm

Technische Daten:
Quertransport   über Zahnriemen, Gurtband, Kette oder Kette mit Gummistollen
Hubbewegung   (ca. 20 mm Hubhöhe) über pneumatischen Antrieb
Bandbreite   160 mm ... 800 mm
Länge   ab 410 mm Bandabstand

Preisbereich: 14 (400 mm Breite, ca. 1.000 mm Bandabstand)

Hersteller: B2, E5, F2, G2, M5, S2, S4, S8, S9, T1, U1

2.2.6.3 Drehscheibe

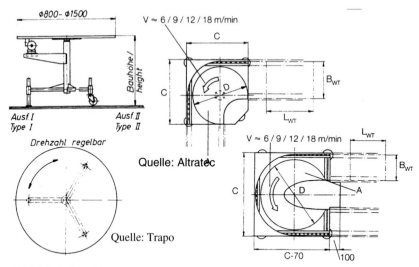

Quelle: Altratec

Quelle: Trapo

Funktionsbeschreibung:
Der Antrieb der Drehscheibe erfolgt direkt über einen Getriebemotor oder über eine Reibrolle. In beiden Fällen ist bei Bedarf eine Drehzahlregelung möglich.

Merkmale:
- Drehscheibe aus Holz, mit Resopalüberzug oder in Stahlblechausführung
- Höhe einstellbar
- Stufenlose Drehzahlregelung bei entsprechendem Antrieb
- Werkstücklage bleibt erhalten
- Führung der Werkstücke ist erforderlich
- Ein senkrecht stehendes, umlaufendes Band verbessert den Materialfluss der Werkstücke (Vermeidung von Stauungen usw.)
- Bei weiterer Verkettung sind zusätzliche Auf- und Abgabeeinrichtungen erforderlich

Technische Daten:
    Zwischen Plätzen oder Stationen:
               Verkettung mit möglicher Pufferung

    Am Systemende (180°-Umlenkung):
               Drehscheibendurchmesser passend zur Bahnenbreite;
              Drehzahl auf Transportgeschwindigkeit des Systems
              abgestimmt

    Als Umlenkung, Kreuzung, Zusammenführung ($\geq 90°$):
              Scheibe: 800 ... 1.500 mm $\varnothing$
              Mittlere Geschwindigkeit: 18 m/min

Preisbereich: 12 (1.000 mm Durchmesser, Holzplatte mit Resopal, regelbarer Antrieb)
13 (1.500 mm Durchmesser, Holzplatte mit Edelstahl, fahrbar, regelbarer Antrieb)

Hersteller: A2, B2, D1, E5, F2, K3, S4, T1, T2, U1

Bemerkungen: Anschluss durch Bänder, angepasste Rollenbahn, Sonderausführung der Anschlußecken mit Kugelrollen oder Tragrollen

Beispiele von Umlenkungen mit Drehscheiben im System   Quelle: Altratec

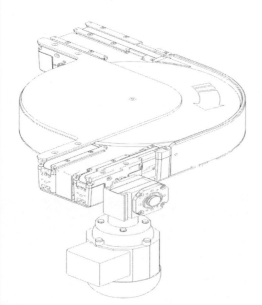

90° Umlenkung für Werkstückträger

Quelle: Bosch Rexroth

2.2.6.4 Kurve 90° A/Gliederkette B/Kurvenkette C/Gurtband

Kurvensegmente:
A Gliederkette links
B Kurvenkette mitte
C Gurtband rechts
Kegelrollen
(s. nächste Seite)

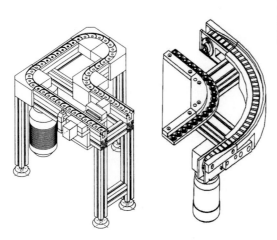
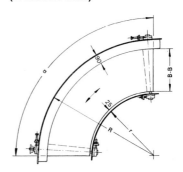

Quellen: A und B Schnaithmann   C Steiff

Funktionsbeschreibung:
Kurvenförderer eignen sich zum kontinuierlichen Transport mit Richtungsänderung für Fördergüter mit unterschiedlicher Größe. Die Werkstücklage bleibt dabei erhalten.
Bei Gurtbandförderern wird ein kegelförmig geschnittener Gurt in einer Ebene um zwei konische Umlenkrollen gepreßt. Am Umfang des Gurtes ist eine Ablaufkante vorhanden. Diese wird am Außendurchmesser über Kugellager geführt. Getriebe- oder Trommelmotoren treiben das Band im Untertrumm an.

Merkmale:
Zu A/Gliederkette:
- Gute Gleiteigenschaften, Abrieb- und Verschleißfestigkeit - somit auch zum Anhalten und Puffern von Werkstückträgern geeignet.
- Leicht zu warten, zu säubern, zu verlängern und zu verkürzen.
- Kunststoff- und Stahl-Kettenausführungen
- Einsatz der Kunststoffkette von -40°C bis 80°C sowie für Laugen und Säuren geeignet
- Durch Anbringung von Hubeinrichtungen kann das Fördergut angehoben werden, so dass es von der Kette nicht mehr weiter gefördert wird. Dies kann z. B. für Aufstauen, Vereinzeln oder andere Tätigkeiten wie Etikettieren usw. ausgenützt werden.
- Erlauben den Transport von leichten bis mittleren Stückgütern
  Kegelrollen (siehe nächste Seite unteres Bild – vergleiche 2.2.6.5 B)
- Rollenlänge und -abstand je nach Fördergut
- Auf der Länge des Förderguts sollen mind. drei Rollen zum Tragen kommen
- Toleranz der Rollenlaufebene ≤ 1mm
- Geringer Widerstand gegen seitliche Bewegung, d. h. leichte Zu- und Abweisung
- Seitliche Führung erforderlich
- Die Bodenfläche des Werkstücks sollte eben, glatt und stabil sein

2.2 Transferkomponenten mit Antrieb

- Gummierte Tragrollen wirken geräuschisolierend und ermöglichen Steigungen bis zu 15°
- Unfallgefahr durch Quetsch- und Einzugsstellen
- Siehe auch VDI 2319 und eurpäische Normen

Zu B/ Kurvenkette mit Innenführung
- Geeignet für Werkstückträgersysteme
- Eigenschaften der Einzelkomponenten (Kette, Auflagerollen) beachten

Zu C/Gurtband:
- Ausführung mit stufenlos regelbarer Bandgeschwindigkeit möglich
- Stahlgewebeausführungen für besondere Anforderungen (Temperatur-, chemische Beständigkeit usw.; jedoch ca. 10% teurer als Gurtband)
- Teile- und Erzeugnisform beliebig
- Bevorzugt für trockene Teile
- Optimale Anpassung an die räumlichen Gegebenheiten des Material- und Montageflusses
- Räumliche Anordnung zur Überwindung von Steigungen möglich (Spirale)

Technische Daten:

A	B	C
Einstrang:	Breite 160 ... 560 mm	PVC-Band
Breite 82 ... 190 mm	bis max. 750 N/m	Breite 200 ... 1.400 mm
Zweistrang:	Sonderausführungen	V_{max}= 72 m/min
Breite (Abstd.) wählbar	möglich	bis 100 kg Last

Preisbereich:

A	B	C
9 (ohne Antrieb)	13..14 je nach WT-Breite	15
14 (mit Antrieb)	Rollenkurve 13 (200 mm)	400 mm Breite,
	10 (dto., ohne Antrieb)	Innnenradius 800 mm
	bei 400 mm Breite,	
	Innenradius 800 mm	

Hersteller: A: E1, E5, F3, M2, R2, S1, S5
B bzw. Rollenkurve: B2, D1, E1, E3, E4, F2, G1, G2, M4, P3, R2, S1, S4, S8, T1, T2, U1
C: E4, I1, S8

Zubehör:
- auch Segmente von 45° lieferbar
- Bandstützen separat bestellen (Preisbereich: 7/Stück)
- Lastbaureihen (Rollenkurven) für 20 kg bis 150 kg lieferbar

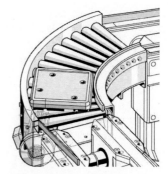

Quelle: Bosch-Rexroth

2.2.6.5 Kurve 180° A/Gliederkette B/Kegelrollen C/Gurtband

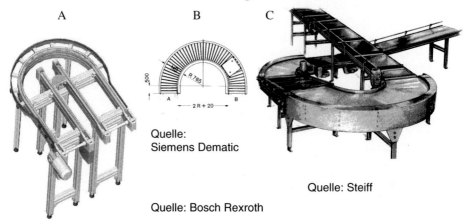

Quelle: Siemens Dematic

Quelle: Steiff

Quelle: Bosch Rexroth

Funktionsbeschreibung:
Kurvenförderer eignen sich zum kontinuierlichen Transport mit Richtungsänderung für Fördergüter mit unterschiedlicher Größe. Die Werkstücklage bleibt dabei erhalten.
Bei Gurtbandförderern wird ein kegelförmig geschnittener Gurt in einer Ebene um zwei konische Umlenkrollen gepresst. Am Umfang des Gurtes ist eine Ablaufkante vorhanden. Diese wird am Außendurchmesser über Kugellager geführt. Getriebe- oder Trommelmotoren treiben das Band im Untertrumm an.

Merkmale:
Zu A/Gliederkette:
- Gute Gleiteigenschaften, Abrieb- und Verschleißfestigkeit - somit auch zum Anhalten und Puffern von Werkstückträgern geeignet.
- Leicht zu warten, zu säubern, zu verlängern und zu verkürzen.
- Kunststoff- und Stahl-Kettenausführungen
- Einsatz der Kunststoffkette von -40°C bis 80°C sowie für Laugen und Säuren geeignet
- Durch Anbringung von Hubeinrichtungen kann das Fördergut angehoben werden, so dass es von der Kette nicht mehr weiter gefördert wird. Dies kann z. B. für Aufstauen, Vereinzeln oder andere Tätigkeiten wie Etikettieren usw. ausgenützt werden.
- Erlauben den Transport von leichten bis mittleren Stückgütern

Zu B/Kegelrollen:
- Rollenlänge und -abstand je nach Fördergut
- Auf der Länge des Förderguts sollen mindestens drei Rollen zum Tragen kommen
- Toleranz der Rollenlaufebene ≤ 1mm
- Geringer Widerstand gegen seitliche Bewegung, d. h. leichte Zu- und Abweisung
- Seitliche Führung erforderlich
- Die Bodenfläche des Werkstücks sollte eben, glatt und stabil sein

2.2 Transferkomponenten mit Antrieb

- Gummierte Tragrollen wirken geräuschisolierend und ermöglichen Steigungen bis zu 15°
- Unfallgefahr durch Quetsch- und Einzugsstellen
- Siehe auch VDI 2319 und europäische Norm

Zu C/Gurtband:
- Ausführung mit stufenlos regelbarer Bandgeschwindigkeit möglich
- Stahlgewebeausführungen für besondere Anforderungen (Temperatur-, chemische Beständigkeit usw.; jedoch ca. 10% teurer als Gurtband)
- Teile- und Erzeugnisform beliebig
- Bevorzugt für trockene Teile
- Optimale Anpassung an die räumlichen Gegebenheiten des Material- und Montageflusses
- Räumliche Anordnung zur Überwindung von Steigungen möglich (Spirale)

Technische Daten:

A	B	C
Einstrang:	Breite 180 ... 900 mm	Breite 200 ... 1.400 mm
Breite 82 ... 190 mm	Konische Rolle aus	$\alpha = 180°$ und größer
Zweistrang:	Kunststoff oder aus	PVC-Band u.a.
Breite (Abstand) wählbar	verzinktem Stahl	V_{max}=72 m/min
	3 Baureihen 20/40/150	

Preisbereich:

A	B	C
10 (ohne Antrieb)	14..15 400 mm breit	16 400 mm breit
	Innenradius 800 mm	Innenradius 800 mm

Hersteller: A: E1, E5, F3, I2, M2, R2, S1, S5
B: B2, D1, E3, E4, F2, G1, G2, P5, R2, S1, S4, S8, S9, T1, T2, U1
C: E4, I1, M7, S8, T1

Bemerkungen: 180°Kurvenketten-Umlenkung (wie 90° Kurve unter 2.2.6.4 B) als preiswerte, bevorzugte Umlenkung für Werkstückträger eingesetzt (Preisstufe 14)

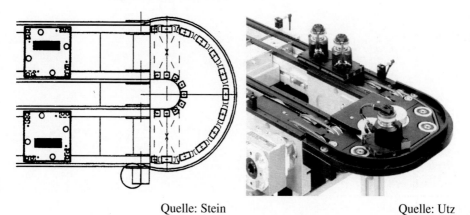

Quelle: Stein   Quelle: Utz

2.2.6.6 Rollendrehtisch

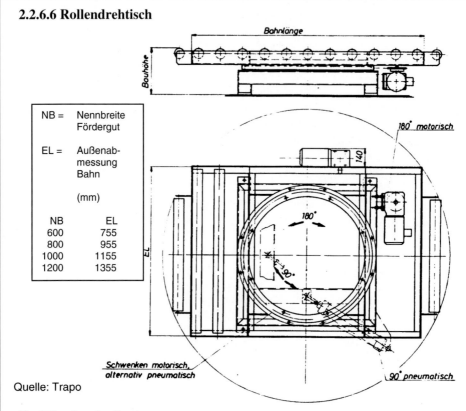

NB	EL
600	755
800	955
1000	1155
1200	1355

NB = Nennbreite Fördergut
EL = Außenabmessung Bahn
(mm)

Quelle: Trapo

Funktionsbeschreibung:
Rollendrehtische lenken Stückgüter aller Art im Winkel von 90° bis 180° auf eine nachfolgende oder abzweigende Transportlinie. Sie eignen sich für angetriebene Rollenförderer. Das Fördergut fährt auf den Drehtisch auf. Daraufhin wird die Rollenbahn und der Rollenantrieb des Drehtisches gestoppt. Der Drehtisch schwenkt in seine Endlage. Durch das Einschalten des Rollenantriebes wird das Stückgut an die nächste Transportlinie weitergegeben.

Merkmale:
- Meist reversierbarer Antrieb mit Bremsmotor
- Begrenzte Ausschleusleistung bei Rollenbahnweichen
  (max. 1.200 Ausschleusungen/Std.)
- Vorwiegend für großflächige Produkte (Paletten bzw. Werkstückträger).

Technische Daten:
Breite: 800 ... 1.200 mm, Drehzeit für 90°: ca. 6,5 Sek.
Drehwinkel: 15° ... 180° (meist ± 90°) Längsverfahrgeschw.: bis 18 m/min

Preisbereich: 15 (800 mm Bahnbreite, Rollenbahn 1.500 mm lang)

Hersteller: P5, S4, S8, T2

Bemerkungen: Erhöhter Steuerungs- und Sensoraufwand.

2.2.6.7 Allseitenrollenumlenkung

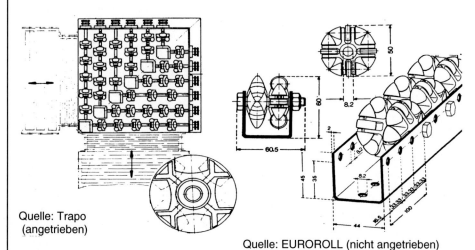

Quelle: Trapo
(angetrieben)

Quelle: EUROROLL (nicht angetrieben)

Funktionsbeschreibung:
Allseitenrollenumlenkungen erlauben die Förderung von Stückgütern oder Werkstückträgern mit harter und planer Fläche. Die Allseitenrollenumlenkungen erlauben eine Umlenkung des Stückgutes um 90°. Die Allseitenrollen sind fest auf einer angetriebenen Achse befestigt. Die Achsen sind im Winkel von 90° zueinander angeordnet. Diese Umlenkung hat einen geringen Platzbedarf.

Merkmale:
- Auf Achsen gelagerte Allseitenrollen aus Kunststoff oder Aluminium
- Allseitenrolle besteht aus einem Rollenkörper auf dem zum Rollenumfang kleine Rollen angebracht sind, welche ein Verschieben des Transportgutes in Achsrichtung ermöglichen
- 90° Umlenkungen von Transportbahnen
- Eventuell starke Geräuschentwicklung bei bestimmten Werkstücken
- Automatische Steuerung z. B. durch Kontaktleiste oder Lichtschranke möglich
- Quetsch- und Einzugsstellen beachten
- Als nicht angetriebene Version ideal zur seitlichen Ein- bzw. Ausschleusung von Transportgütern einsetzbar

Technische Daten:
Rollendurchmesser 40, 48, 50, 60, 80, 120 mm, Kunststoff- oder Gummirollen
Bahnbreiten   von 300 mm ... 1.950 mm, Länge beliebig
Elektrischer Antrieb für Transportgeschwindigkeiten bis 18 m/min
Traglast   bis 1.000 N/Rolle   ca. 40 .. 1.000 kg/Tisch

Preisbereich:
13 elektr. (Arbeitsfläche 425 x 425 mm, 40 mm Rolle, Traglast 40 kg/Tisch)
15 elektr. (Arbeitsfläche 830 x 830 mm, 80 mm Rolle, Traglast bis 500 kg/Tisch)

Hersteller: E3, M4, S8, T2
Bemerkungen: Auch als nicht angetriebene Rolle bzw. Rollentisch lieferbar.

2.2.6.8 Auf- und Abwärtslift

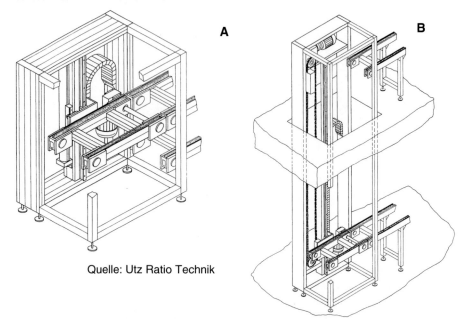

Quelle: Utz Ratio Technik

Ausführung: A Einsatz am Bandende (Umlenkung vertikal, siehe links oben)
B Für weitere Ebene/Etage (oder zur Überbrückung eines Transportweges bei geänderter Ausgaberichtung)

Funktionsbeschreibung:
Der Lift dient einerseits zum Absenken der Werkstückträger von der Arbeits- zur Rückfahrbahn, andererseits zum Hochheben von dort auf die Arbeitsbahn. Dies geschieht in der Regel über eine elektrisch oder pneumatisch angetriebene Liftplatte mit Band, Zahnriemen oder Kette.

Merkmale:
- Auf- und Abgabe des Fördergutes vollautomatisch
- Beibehaltung der Ordnung und Lage der Teile
- Pufferung oder Taktung der zugeführten Werkstücke erforderlich
- Kurze Taktzeiten und kurze Wege beim Transport von der ersten zur zweiten Ebene (geringerer Bauraum gegenüber Schrägförderern)
- Speziell eingesetzt für das Be- und Entladen eines Ober- bzw. Untertrumms (Platzersparnis auf der Fertigungsfläche) bei Doppelgurt-Montageband und anderen Transferstrecken
- Bei pneumatischem/hydraulischem Antrieb maximaler Hub auf ca. 1 m begrenzt. Größere Hübe (mehrere Etagen, verschiedene Höhen) über elektrischen Antrieb realisiert
- Schutzvorschriften beachten

2.2 Transferkomponenten mit Antrieb

Technische Daten:
  Mögliche Ausführung: Arbeitshöhe: 1.000 mm   max. 50 kg Last
  Rückführebene: 350 mm
  Hub ≤ 1.000 mm (pneum.)
  Hub > 1.000 mm (elektr.)
  max. Hubgeschwindigkeit: ca. 12 m/min

Preisbereich: 14 (pneum. Antrieb) für Werkstückträger 160 x 160 mm
  400 x 400 mm
  15..16 (elektr. Antrieb) für Werkstückträger bis 600 x 800 mm
  und höhere Lasten bis ca. 800 N

Hersteller: A1, A2, D1, E1, E5, F2, G1, K3, M5, S1, S2, S4, S8, U1

Bemerkungen: Eventuell Endlagendämpfung vorsehen.

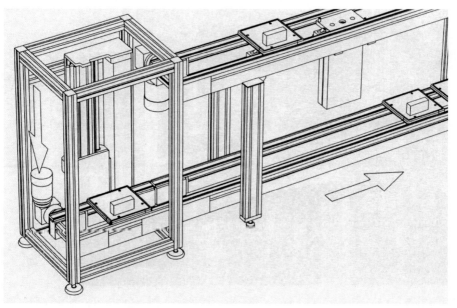

Quelle: Schnaithmann

Eingebauter pneum. Lift am Anlagenende zur
Rückführung der Werkstückträger über das Untertrumm

2.2.7.1 Schnellwechsel-Sytem für Werkstückträger

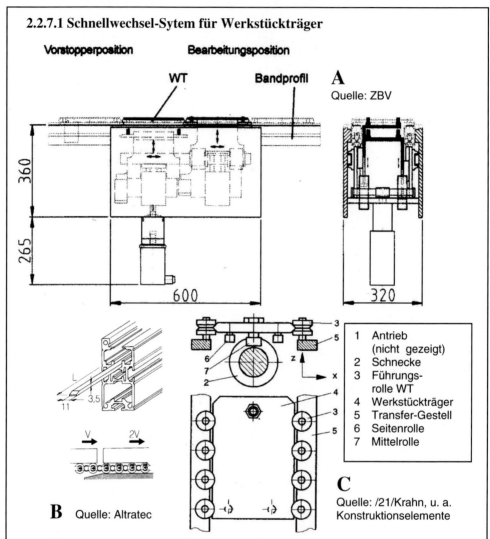

Funktionsbeschreibung:
Dieses Modul dient dem schnellen Werkstückträgerwechsel auf Doppelgurtbändern o. a. Transfersystemen in zeitkritischen Arbeitssituationen. Durch zeitgleiches Ausstoßen der bearbeiteten und Einziehen der unbearbeiteten Werkstückträger (WT) bei hoher Geschwindigkeit und weicher, sinusähnlicher Beschleunigung, können die unproduktiven Werkstückträger-Wechselzeiten reduziert werden.

Merkmale:
Zu A/Schnellwechsel-System C/ Schnelleinzugseinheit:
- Auf bestehenden Anlagen (Doppelgurtband, Rollenleiste, Tragrollenkette u.a.) meist problemlos nachrüstbar. Systemausführung oft eng mit Werkstückträger und Transfersystem abgestimmt.

2.2 Transferkomponenten mit Antrieb

- Wechselzeitenreduzierung bis zu 80%
- Modulbauweise und meist ohne jeglichen Steuerungsaufwand zu integrieren
- Verschiedene Transportmechanismen z. B. durch Kurvenantrieb, Hubbalken, Schwenkzylinder u.a.
- Hohe Positioniergenauigkeit (bis ± 0,05mm) u. Belastbarkeit der WT (1000N)
- Alle wesentlichen Eigenschaften des Grundsystems (Doppelgurtband, Staurollenbahn u.a.) bleiben erhalten

Zu B/Beschleunigerstrecke: (Ähnliche Systemeigenschaften wie unter A)
- Basiert auf einer Staurollenkette, welche durch eine Abrollbewegung der Rolle die doppelte Transportgeschwindigkeit (der Kette) für den WT erzielt.

Technische Daten:

	A, C	B
WT-Größe:	200 mm x 160 mm bis 400 mm x 600mm	WT unabhängig 400 mm ... 1200 mm
Erzeugnisgewichte:	bis 5 (18) kg	Länge max. 2000 mm
WT-Wechselzeiten:	unter 0,5 Sek. erreichbar	B'Geschw.-Verdopplung

Preisbereich:

Hersteller: A: Z1   B: A1, G3, K2, M5   C: A3, W1

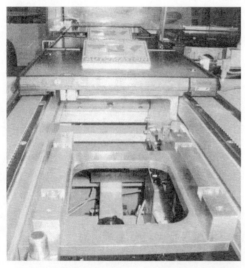

Schnellwechselsystem
MonoFix (Fa. ZBV)

Seitenansicht (unten)
vom Schnellwechselsystem
Posifix (Fa. ZBV)
mit 8 Werkstückträgern
240 x 240 mm

Quelle: ZBV

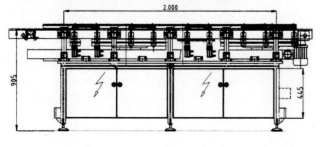

2.2.8.1 Werkstückträger-Vereinzeler, -Stopper

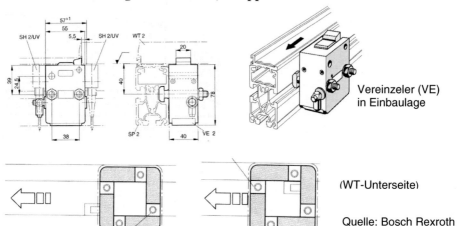

Vereinzeler (VE) in Einbaulage

(WT-Unterseite)

Quelle: Bosch Rexroth

Funktionsbeschreibung:
Der Vereinzeler dient zum Anhalten und Vereinzeln von Werkstückträgern (WT). Der Antrieb des Vereinzelers ist meist pneumatisch betrieben. Über einen Sperrmechanismus greift der Vereinzeler in den WT und bringt ihn hiermit zum Stoppen.
Zusätzlich kann der Vereinzeler mit Näherungsschaltern ausgerüstet werden, um eine Anwesenheit des WT an die Steuerung zu signalisieren.

Merkmale:
- Kompakter einfacher Aufbau
- Einbau kann nahezu an jeder Position der Bandstrecke erfolgen
- geringer Verschleiß
- Meist an jeder Stelle der Bahn (Doppelgurtband, Eingurtband mit Stützrollen, Stummelrollenbahn u. a.) anschraubbar bzw. leicht justierbar
- Ausführung systemabhängig z. B. Anschlagfläche, -bolzen
- Verriegelung d. h. Sperrstellung im drucklosen Zustand

Technische Daten:
für Werkstückträger   80 mm ... 480 mm (... 1.200 mm) Breite
Positioniergenauigkeit   ± 0,5 mm, Betriebsdruck   4 ... 6 ... (8) bar
Staugewicht   max. 200 kg / 450 kg je nach Ausführung/Geschw.

Preisbereich: 7 (ohne Näherungsschalter und Ventil)   8 (ohne Ventil)

Hersteller: A1, A2, B2, E5, F2, G3, I1, K3, L1, M2, M5, M7, S1, S2, S4, S5, S9, T1, U1

Bemerkungen:
Höhere Genauigkeit der Position durch Zentrier- bzw. Positionierein-richtungen (Positioniergenauigkeit ≤ ± 0,15 mm). Staueinzelung: Lange WT-Staus an einem Vereinzeler führen häufig zu einem unzulässig hohen Staudruck gegen den Sperrnocken des Vereinzelers. Die Staulänge wird deshalb mit einer Stauvereinzelung unterteilt. Die zulässige Staulänge hängt ab von der Auflage-Gewichtskraft und von der Geschwindigkeit mit der die WT auf die Vereinzeler auflaufen.

2.2.8.2 Werkstückträger-Bereichsüberwachung

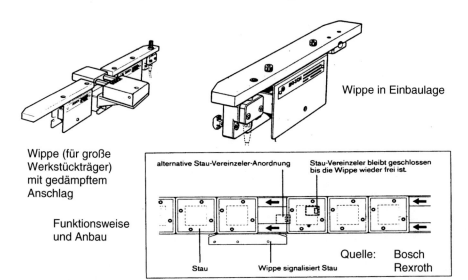

Wippe in Einbaulage

Wippe (für große Werkstückträger) mit gedämpftem Anschlag

Funktionsweise und Anbau

Quelle: Bosch Rexroth

Funktionsbeschreibung:
Die Wippe dient zur Bereichsüberwachung zur Werkstückträgererkennung und als Anschlag für Werkstückträger (WT) beim Quertransport.
1. Bereichsüberwachung: Ein Näherungsschalter registriert über eine Wippe das Vorhandensein eines Werkstückträgers. Je nach Größe der Wippe ist es möglich, auch mehrere WT zu erfassen.
2. Werkstückträgererkennung: Wird die Wippe mit einem zweiten Näherungsschalter ausgerüstet, kann zusätzlich die Position eines WT auf einer Hub-Quereinheit geordnet werden.
3. Anschlag: Die Wippe wird als Stopp- und Registriereinheit eingesetzt. Am Ende eines Quertransportes wird der WT gestoppt und durch einen Näherungsschalter angezeigt.

Merkmale:
- Die Auslenkung des mechanischen Kontaktgebers (Wippe) wird über ein oder mehrere einstellbare Näherungsschalter (je nach Einsatzbereich) zur übergeordneten Steuerung weitergemeldet.
- Durch Verstellmöglichkeiten/Anpassungen an die spez. Anforderungen im System (z. B. Erkennung von Magazinbehältern als WT) universell einsetzbar
- Auch an Systemen mit geschlossener Transportfläche (Gurtband, Rollenbahn usw.) einsetzbar
- Als Stauüberwachung einsetzbar

Technische Daten:
Wippengröße (insb. Länge) abhängig vom WT bzw. Einsatzort (siehe Herstellerunterlagen); einstellbar, einfach am Bandprofil zu montieren; verschleißarme Kunststoffwippenleiste

Preisbereich: 6

Hersteller: B2, E5, F2, G2, M7, S1, S2, T1, U1

2.2.8.3 Hub- und Positioniereinrichtungen

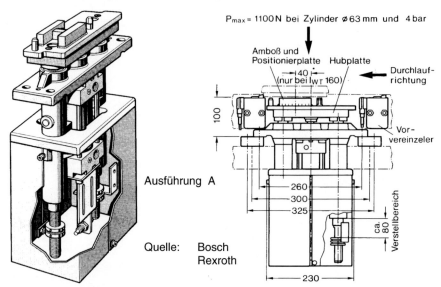

Quelle: Bosch Rexroth

Funktionsbeschreibung:
Die Positioniereinheit dient der präzisen Fixierung der Werkstückträger in den Arbeitspositionen. Hierzu wird meist der Werkstückträger (WT) vom Transportsystem mit Hilfe einer Hubeinheit abgenommen und mittels Positionierelemente exakt fixiert.

Merkmale:
- Hub- und Positionierplatte auf Werkstückträger angepasst
- Pneumatischer Hubzylinder, daher beschränkte Abstützkräfte realisierbar
- Stufenlose Hubhöheneinstellung
- Induktive Näherungsschalter zur Endlagenabfrage (einstellbar)
- Endlagendämpfung zum sanften Absetzen des WT
- Normalerweise wird nur ca. 2 mm über das Transfersystem angehoben
- Positionierung über Zentrierung mit Präzisionsstiften (± 0,05 mm) oder ggf. durch Andrücken an zwei Niederhalter
- Ausheben ohne bzw. mit seitlicher Klemmung möglich (Niederhalte-Prinzip)

Technische Daten:
A ab 160 mm bis ca. 480 mm WT-Breite, max. Last 1100 N (± 0,05 mm)
  0 ..10*.. 59 mm Hub, einstellbar + Grundwert (0/60/105/155 mm), *bevorzugt
B schwere Hubeinrichtung: Hub 3 mm, max. Last 60/100 kN (± 0,05 mm)
C leichte Hubeinrichtung: Hub ca. 2,5 mm über Band, max. Last 220 N (± 0,1)

Preisbereich: A 12   B 14   C 10   D 12

Hersteller: A1, A2, B2, E5, F2, G3, I1, K3, K4, L1, M2, M5, P1, S1, S2, S4, S5, S9, T1, U1

2.2 Transferkomponenten mit Antrieb

Bemerkungen:
Normalerweise ist vor jeder Positioniereinheit ein Vorstopper vorzusehen, damit automatische Arbeitsvorgänge nicht durch Erschütterungen von auflaufenden WT beeinträchtigt werden. Andere Ausführungen für kleinere/größere WT ebenfalls lieferbar.
Für große vertikale Kräfte in der positionierten Station gibt es spezielle Kraft-Hub-Positioniereinrichtungen (Ausführung B).

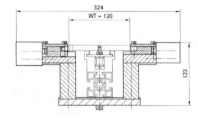

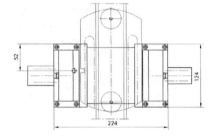

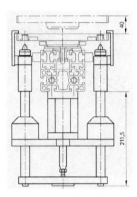

D Indexiersysteme für Segmentketten- oder für Plattenkettenförderer
Anheben, Zentrieren und Spannen (oben)
für Kettenbreite 76 mm
Abheben, Zentrieren und Spannen (links)
für Kettenbreite 38 mm
Quelle: Schnaithmann

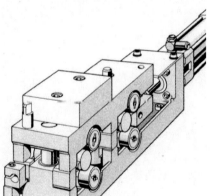

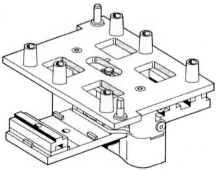

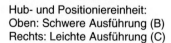

Hub- und Positioniereinheit:
Oben: Schwere Ausführung (B)
Rechts: Leichte Ausführung (C)

Quelle: Bosch Rexroth

2.2.8.4 Hub- und Dreheinheit

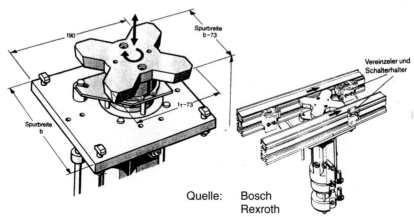

Quelle: Bosch Rexroth

Funktionsbeschreibung:
Eine Hub-Dreheinheit hat die Aufgabe, den Werkstückträger (WT) vom Band abzuheben, ihn zu drehen und ihn wieder auf das Band abzusetzen. Die Hub-Dreheinheit wird dort eingesetzt, wo keine Kurvensysteme vorhanden sind oder eine andere Bearbeitungsseite des WT im linearen Transportsystem benötigt wird.

Merkmale:
- Nur einsetzbar an Transportsystemen mit freiem Zugang zum Werkstückträger von unten, z. B. Doppelgurtband, Eingurtband mit Stützrollen usw.
- Drehrichtung rechts oder links
- Keine Momente aufnehmbar
- Schwenkzeit abhängig von den Teilen auf dem WT und von der technischen Ausführung der Hub-Dreheinheit
- Pneumatischer Antrieb
- Bei Umlaufsystemen ohne Kurven (z. B. Überschieber) kann die Hub-Dreheinheit für gleichbleibende Laufrichtung der WT („vorne bleibt vorne") sorgen

Technische Daten:
WT-Größe:	160x160...320x320 mm
	(Spurbreite=WT-Breite)
90° bzw. 180° Drehung:	Hub: 40 mm bzw. 90 mm
bei 180° Drehung	auch rechteckige WT's einsetzbar
bei Identifkationssystemen am Band	evtl. Hub 90 mm erforderlich
Werkstückträgergewicht	max. 16 kg bzw.
	Massenträgheitsmoment 0,65 kgm²

Preisbereich: 14 (für WT ≤ 280 x 280 mm)

Hersteller: A2, B2, E5, F2, G2, G3, I1, K3, M4, S1, S2, S9, T1, U1

Bemerkungen:
Normalerweise ist vor jeder Hub-Dreheinheit ein Vorstopper vorzusehen, damit automatische Arbeitsvorgänge nicht durch Erschütterungen von auflaufenden WT beeinträchtigt werden.

2.3.1.1 Werkstückträger für Band-, Rollen-, Riemen- und Kettensysteme

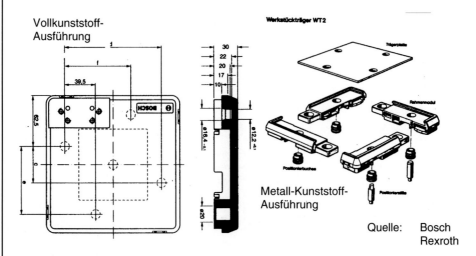

Quelle: Bosch Rexroth

Funktionsbeschreibung:
Der Werkstückträger (WT) hat die Aufgabe, Werkstücke aufzunehmen und diese von einer Bearbeitungsstation zur nächsten Bearbeitungsstation zu befördern. Außerdem übernimmt der Werkstückträger die Positionierung bzw. das geordnete Bereitstellen der Werkstücke.

Merkmale:
- Formgerechte Gestaltung der Erzeugnisaufnahme möglich
- Fixierung des Erzeugnisses auf Werkstückträger möglich bzw. erforderlich
- Mehrfachaufnahme für kleinere Erzeugnisse
- Mehrfachverwendung des Werkstückträgers im Fertigungsablauf, durch besondere Einsätze kann kostensparend die Typenvielfalt berücksichtigt werden
- Verschiedene Ausführungen - je nach Transportmittel bzw. Anforderung - möglich bzw. für das ausgewählte System, insbesondere Umlenkung, erforderlich (siehe Abbildungen oben)
- Zubehör zum Teil WT abhängig (Vereinzler, Positionierer, ...)

Technische Daten:
Ausführungen: Stahl-Platte   Aluminium-Platte
              Dicke 4,8 mm   Dicke 8 bzw. 12,7 mm, hartcoatet
              z. T. Zentrierstifte, Aufnahmebohrungen für Datenträger
              z. T. mit Kunststoffrahmen
              Breite: 80 ... 800 mm quadratisch, auch rechteckig und andere Abmessungen
              Länge: 80 ... 1040 mm; andere Abmessungen auf Anfrage

Preisbereich: Metall-Kunststoffausführung (siehe oben)
              160 x 160   240 x 240   320 x 320   400 x 400 mm
                6   7   7-8   8
              Mehrpreis für Zentrierbuchsen: 2 Stück: 2   4 Stück: 4

Hersteller: A1, A2, B2, E4, E5, F2, F3, G2, G3, I1, I4, U3, L1, M2, M5, P1, S1, S2, S4, S5, S9, T1, U1

Bemerkungen: Sonderausführung: Werkstückträger aus Kunststoff (160 u. 240)

Werkstückträger	Einfachlagen	Mehrfachlagen
Einzel-Aufnahme		
Mehrfach-Aufnahme		
mit Hilfs-Aufnahme		

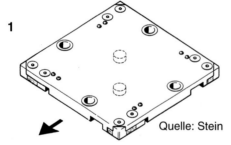

Quelle: Stein

Varianten:

1 Platte mit zwei Zentrierbuchsen, vier Anschlagecken und zwei Codeträger (optional)
2 Rahmen (zur Aufnahme von Werkstück oder Behälter)
3 Platte mit Prismen (Metall oder Kunststoff)

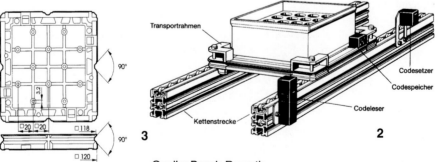

Quelle: Bosch Rexroth

2.3 Werkstückträger und Zubehör

Gestaltungsmöglichkeiten der Werkstückträgeraufnahme:
Varianten (Fortsetzung):
- 4 Platte mit Scheiben mittig
- 5 Rahmen mit Platte und Scheiben an den Ecken
- 6 Platte mit Leisten
- 7 Platte mit Führungszapfen und Puffer

4 Werkstückträger für Segmentkette bzw. Plattenkette

Quelle: Schnaithmann

4

5

Quelle: Altratec

6 Quelle: FlexLink

7 Quelle: Lanco

2.3.1.2 Mehrfach-Werkstückträger

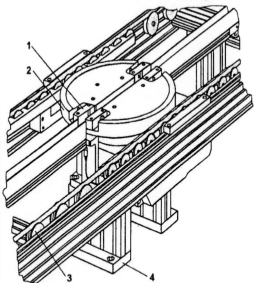

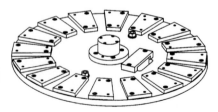

Quelle: Afag

oben: Mehrfach-Werkstückträger
links: Rundschaltantrieb an einer
       Station bzw. einem Arbeitsplatz

1 Einlauf, 2 Drehteller, 3 Transportsystem (Doppelgurtband, Rollenleiste und Gurtband usw.)
4 Gestell

Funktionsbeschreibung:
Der Mehrfach-Werkstückträger (MWT) hat die Aufgabe, Werkstücke aufzunehmen und diese von einer Bearbeitungsstation zur nächsten Bearbeitungsstation zu befördern. Außerdem übernimmt der Werkstückträger die Positionierung bzw. das geordnete Bereitstellen der Werkstücke sowie hier als Besonderheit die Aufnahme mehrerer Einzelteile gleichzeitig um Zeit- und Platzvorteile zu nützen.

Merkmale:
- Drehgeschwindigkeit zur Positionierung einer Aufnahme ist wesentlich größer als die Einzugsgeschwindigkeit von Standard-Werkstückträgern auf einem Band-, Doppelgurtband- oder Rollensystem.
- Die Anordnung einer Arbeitsstation mit Rundtaktung erlaubt automatische Fügeoperationen zu duplizieren
- Besonders vorteilhaft, wenn Prüfvorgänge eine längere Zykluszeit als die Grundtaktzeit des Systems benötigen
- Bei Handarbeitsplätzen unterstützt diese Werkstückträgerausführung
    - das Prinzip der Bewegungswiederholung und primären Verrichtung
    - Greifen in Menge spart Greifwege
    - Greifwege können optimal kurz in einheitlicher Arbeitshöhe gestaltet werden
    - Wiederholtätigkeiten führen über den Gewöhnungseffekt zu verkürzten Montagezeiten
    - Greifbewegungen zur Werkzeughandhabung werden reduziert und wirken sich pro Vorgang nur anteilig aus
- Sehr kompakte Art die Werkstücke durch MWT zwischen Stationen zu speichern
- Bei vielen MWT´s sind viele Teile im Umlauf bzw. im System gebunden

Technische Daten:
Ausführungen: Aluminium-Platte mit Zentrieraufnahme,
aktives Kodiersystem
WT-Durchmesser: 400 mm
Einzelaufnahmen: 50x50 bzw. 60x40 mm
Anzahl Einzelaufn.: 12 / 16 / 24
Versatzzeit: 0,35 sec
WT-Wechsel: > 2,4 sec

Preisbereich: 13

Hersteller: A1

Bemerkungen:
Rundschalttischantrieb mit einer Indexiereinheit für manuelle bzw. automatische Arbeitsstationen (Teilungen 15°, 22,5° und 30°) sowie Lineares Transportsystem und Ein- und Ausschleusung sowie weitere Komponenten zur Systemgestaltung zum genannten Mehrfach-Werkstückträger lieferbar. (Siehe auch Rundtransferautomat 5.2.1).

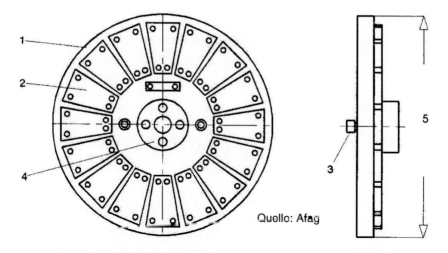

Quelle: Afag

1 Trägerscheibe aus Aluminium
2 Werkstückaufnahme (für eine 12er bzw. 16er bzw. 24er-Teilung)
3 Führungsrolle (2 Stück)
4 Zentrale Rundführung für die Positionierung in der Station
5 Scheibendurchmesser D = 400 mm

2.3.1.3 Autonome, selbstfahrende Werkstückträger

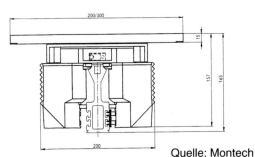 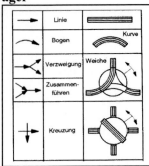

Quelle: Montech

MONTRAC = Monoschienen-Transportsystem
    links   = Vorderansicht Wagen mit Monoschiene (Trac)
    rechts = Systembausteine (Strecken, Weichen usw.)

Funktionsbeschreibung:
Selbstfahrende, autonome Werkstückträger bzw. Wagen (Shuttle) zirkulieren in einem Monoschienen-Umlaufsystem. Diese Werkstückträger werden von Elektromotoren angetrieben, die ihre Antriebsenergie aus zwei Stromleitern des Schienenprofils entnehmen; die berührungslose Fahrbefehlübermittlung für Fahrbefehle erfolgt über die an dem Schienenprofil befestigten Steuernocken. Staus, Hindernisse oder andere situationsbedingte Ereignisse werden über ein integriertes optoelektronisches System sicher erkannt.

Merkmale:
- Werkstückbereitstellung, - transport und Materialverteilung in der Ebene
- stoßfreie Staubildung
- Einfach- und Mehrfachstrecken, Bypass-Anordnungen, Aus- oder Querschleusungen mit Weichen oder Kreuzungen möglich.
- Schrägstellung des Werkstückträgers an Handplätzen für ergonomisch günstigere Arbeitsposition möglich
- sanftes Anfahren und Abbremsen
- hohe Flexibilität
- Standard-Grundkomponenten (Baukasten) für die Umlaufsystemgestaltung
- Systemrealisierung für einfache und komplexe Fertigungsabläufe mit den Möglichkeiten „chaotische Fertigung" bzw. Losgröße „Eins"

Technische Daten:
    Werkstückträger/Shuttle: Plattengröße 200 x 300 mm bis 300 x 400 mm
    Zuladung: bis 12 kg
    Anhaltegenauigkeit: ± 0,1 mm
    Positioniergenauigkeit   ± 0,02 mm
    Speisespannung: 24 VDC
    Max. Fahrgeschwindigkeit: 30 m/min   Reduzierte Fahrgeschw.: 12 m/min

Preisbereich:

Hersteller: M7

Bemerkungen: Grundelemente und Zubehör wie Linearstrecken, Kurven, Weichen, Kreuzungen, Positioniervorrichtungen usw. zum Systembau erhältlich.

2.3.2.1 Optische Codierung

2-D Code

Farbkenn-
zeichnung
bis 6 Farb-rin-
ge und
12 Farben

Matrix-Code (unten)
Dot-Code

Klarschrift

Barcode-Auswertung (Prinzip)   **Strichcode**(Barcode - fortlaufende Nummern)

Funktionsbeschreibung:
Identifikationssystem im Transportsystem durch visuelle Informationsdarstellung (siehe oben) am Werkstückträger oder Erzeugnis.

Merkmale:
- Meist aufgeklebte, aufgedruckte, eingebrannte oder eingeschlagene Information auf dem Erzeugnis oder Werkstückträger (WT)
- Automatische Werkstückerkennung
- Berührungslos, d. h. über optische Systeme lesbar
- Feste Codierung (meist fortlaufende Nummerierung), d. h. Identnummer, somit Zustandsverfolgung über zentralen Rechner (Leitrechner)
- Arten:
    Klarschrift (OCR)   ⎫
    Barcode (Strichcodierung)   ⎬ unterschiedlich aufwändig beim Aufbringen und Lesen
    Farbkennzeichnung   ⎪
    Matrix-Code, MaxiCode   ⎬ unterschiedliche Informationsdichte
    Dot-Code   ⎭ und Lesegeschwindigkeiten
    Nur bedingt durch Personal lesbar bzw. nur mit Hilfsmittel
- Hoher Informationsgehalt, universell einsetzbar
- Manuelle oder automatische Erkennungseinrichtungen (d. h. vom Lesestift über Laser-Scanner bis zur CCD-Kamera)

Technische Daten:
1D-Information (z. B. Barcode):
    Schräglagen zulässig, Mehrfachlesung,
    Lesestift   0 ... 1,5 mm Leseabstand
    Scanner   bis 750 mm (2.000 mm) Leseabstand

Lesegeschwindigkeitbis ca. 500 Scans/Sek.
Schnittstellen RS232/422/485, 20 mA, parallel
2D-Information (Matrix-Code, Dot-Code*, MaxiCode**):
* Dot-Code oben oberhalb Matrixcode **MaxiCode (rechts)
  Höhere Informationsdichte, platzsparend,
  CCD-Kamera zum Lesen erforderlich
  Dot-Code   MaxiCode
  noch einfacher aufzubringen   für bis zu 138 Ziffern
Etiketten- bzw. Druckersysteme nach Untergrund, Menge u.a. auswählen
Preisbereich:
  7   Lesestift (Leseentfernung 0..1,5 mm)
  9   Durchzugsleser
  12   Laser-Scanner (Pistole) (Leseentfernung bis 750 mm)
  17   Data-Matrix-Code CCD-Kamera + Bildverarbeitung
  18   Dot-Code CCD-Kamera + Bildverarbeitung
  18-19   Tintenstrahldrucksystem für Data-Matrix, Maxi- oder Dot-Code
  22-23   Laserbeschriftungssystem
Hersteller***:   Aufzählung ohne Anspruch auf Vollständigkeit
  Lesegeräte:
    Barcodeleser: Datalogic, Intermec, Leuze, Sick, u.a.
    Data-Matix-System: Unglaube-Identech u.a.
    Dot-Code: Philips Industrial Automation Systems BV u.a.
  Matrixdrucker: Binder, Burkhardt, Bluhm, Centronics, Facit,
                             Genicom, Mannesmann, Oki, Philips, Siemens,
                             Soabar, Printronix u.a.
  Farbspritz-Drucker: Bluhm, Donino, REA, Sander, Video-Jet,
  (Ink-Jet-Drucker)   Wiedenbach, Willett, u.a.
  Laserdrucker: Bluhm, Brother, Facit, HP, IBM, Kyosira, Memorex,
                             Oki, Xerox, u.a.
  Thermotransferdrucker: Anderson, Bluhm, Etifix, Etimark, Pago, RJS, Sato,
                             Soabar u.a.
  Thermodrucker: Anderson, Bluhm, Etifix, Etimark, F & O, Herma,
                             Logopack, RJS, Sato, Soabar, Topex, Willett, u.a.
  Fotosatz-E./Etiketten: 3M, Beiersdorf AG, Computype, Logopack, Pago,
                             Inotec, u.a.
Bemerkungen: Meist sind universelle Kennzeichnungen mit z. B. Klarschrift, Firmenlogo und Barcode gleichzeitig im Einsatz (sofern der Platz dazu ausreicht). Ganzheitliche Betrachtung durchführen: Etiketten bzw. Aufdruck - Lesegerät - Netzwerk - Rechnersystem – Datenbank. Eventuelle Verschmutzung und Beschädigung des Informationsträgers sind zu berücksichtigen bzw. abzuschätzen.

***Anmerkung:
Im Gegensatz zu den anderen Datenblättern von Elementen sind hier die Namen der Hersteller direkt aufgeführt, da diese Hersteller meist keine weiteren Elemente zur Montagetechnik anbieten.

Beispiel: Kombinierte Codierung (Aufkleber)
Barcode u. Klarschrift (vorn) Transponder (hinten)

2.3.2.2 Mechanische Codierung

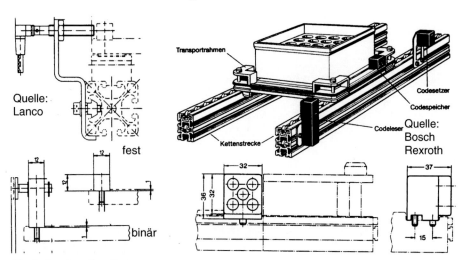

Funktionsbeschreibung:
Identifikations- und Kommunikationssystem im Transportsystem durch mechanische Stellelemente am Werkstückträger oder Erzeugnis.

Merkmale:
- Meist berührungslose Datenerfassung
- Zur Werkstückträgererkennung und Positionierung
- Zur Fehlererkennung und/oder -speicherung
- Zum Ein- und Ausschleusen von Werkstückträgern (WT) im Transportsystem
- Zur Erkennung der Bearbeitungsstufe, des Bearbeitungszustands
- Feste Codierung (z. B. als Werkstückträgerkennzeichnung):
  mittels Stiften o.a. Elementen auf dem WT oder mittels Lochbild
- Dynamische Codierung mittels zwei Positionen (d. h. Zustand 1 oder 0) von Stiften, Metallplatten usw.
- Visuell einfache Informationsstellungen (z. B. gut/schecht) gut erkennbar

Technische Daten:
    Codespeicher (dynamisch) binär   1 ... 4 (6) in einer Reihe
        d.h. binäre Ziffern von   4 ... 256 (4.096) darstellbar
    Lesen (induktiv):   bei ca. 2,5 mm Abstand
    Setzen bzw. Löschen: pneumatisch über Schieber
    Systeme mit 2 Spuren übereinander lieferbar

Preisbereich: 2..4   Code binär (dynamisch)   2 Bit/(1.+2. Spur)
                       6..7   Leser binär (dynamisch)   2 Bit/(1.+2. Spur)
                       9   Setzen binär (dynamisch) 2 Bit/(1.+2. Spur)

Hersteller: B2, E5, F2, G2, K2, L1, M2, M5, S5, T1, U1
Bemerkungen: Meist mit dem Transportsystem und dem WT des Montagesystemherstellers optimiert. Preise ohne dazugehörige Pneumatikventile, jedoch inkl. Näherungsschalter.

2.3.2.3 Elektronische Codierung

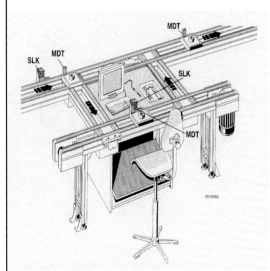

MDT: Mobiler Datenträger oder
MDS: Mobiler Datenspeicher

SLK: Schreib-Lese-Kopf oder
SLG: Schreib-Lese-Gerät

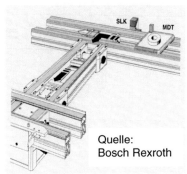

Quelle:
Bosch Rexroth

Funktionsbeschreibung:
Identifikations- und Kommunikationssystem im Transportsystem durch elektronische, meist programmierbare Datenträger am Werkstückträger oder Erzeugnis.

Merkmale:
- Automatische Werkstückerkennung berührungslos
- Abruf von werkstückabhängigen Programmen in automatisierten, flexiblen Fertigungs- und Montageeinrichtungen
- Abruf von typspezifischen Prüfprogrammen in der automatisierten Qualitätskontrolle und automatische Protokollierung der Prüfergebnisse zur Archivierung oder statistischen Prozess-Kontrolle (SPC)
- Automatisches Ein- und Ausschleusen sowie Sortierung von Werkstückträgern im Transportsystem möglich
- Hoher Informationsgehalt des Datenträgers (überschreibbare Daten)
- Hohe Lesegeschwindigkeit in Längs- und auch in Querrichtung (bei bestimmten MDT)
- Kleine, nichtüberschreibbare Datenträger mit Identifikationsnummern (wie zur Werkzeugcodierung) mit Sensorlesegerät als Alternative

Technische Daten (variieren von System zu System)**:**

überschreibbare Daten	feste Codierung
Datenträger, 2 bzw. 8 kByte Speicher,	über Identifikationsnummer
Leseabstand 4,5 ... 8,5 mm zur SLK	Speicherkap. 1, 2, 4, 16 kByte
(Sonder-Ausfhg. mit max. Leseabstand	Zuweisung der Anweisung über
1000 mm), Schutzart IP 68 (MDT)	die SPS, z. T. auch überschreibbar
Größe: z. B. 42x28x20 mm	Größe $\varnothing$ (9,10,12..) 20 mm
(0,5 m/s Geschwindigkeit bei 64 Byte	Bauhöhe 4,3 ... 6 mm
Übertragungsgeschwindigkeit)	Übertragungsgeschwindigkeit bis 4 m/s
Temperatur: -25°C ... 85°C	Betriebstemperatur: 0°.. 70° C

2.3 Werkstückträger und Zubehör

Technische Daten (Fortsetzung):

überschreibbare Daten	feste Codierung
Schnittstelle: CANopen, PROFIBUS-DP	bündig einbaubar
InterBus-S, Seriell (RS 232)	Lese-/Schreibabstand bis 100 mm
Schutzklasse IP 65 (SLK)	Schutzklasse IP 67
Kompatibel zu Siemens S7 und Bosch CL- bzw. PCL-Steuerungen	Informationslebensdauer > 10 Jahre

Preisbereich: 6 Datenträger
11 Schreiblesekopf

Hersteller: B1, B2, B3, E2, E5, F2, G2, M2, M5, S5, S9, T1, U1

Bemerkungen:
Herstellerangaben überprüfen bei extremen Anforderungen (z. B. hohe Temperaturschwankungen in Trockenzonen, lange Verweildauer in bestimmten Klimazonen). Datenübertragungsmenge umgekehrt proportional zur Verfahr- bzw. Lesegeschwindigkeit.

System: EEPROM   benötigt keine Batterie, weniger Daten, kleinere Abmessungen

   RAM-Speicher   Batterie, hohe Übertragungsgeschwindigkeit (Lagertechnik, Kommissionierbereich), hoher Informationsgehalt (Montage, flex. Fertigungssysteme, Fördertechnik)

Alternative Leseanordnungen des Datenträgers zum SLK in der Draufsicht

Zwei Codierelemente in Werkstückträgermitte (Gestrichelt gezeichnet)

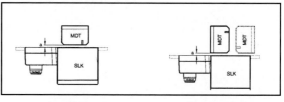

Quelle: Bosch Rexroth

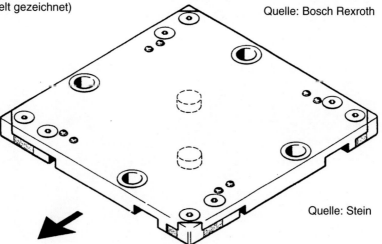

Quelle: Stein

Weiteres Zubehör

Automatisierung von Maschinen und Stationen

Siehe auch Kap. 5

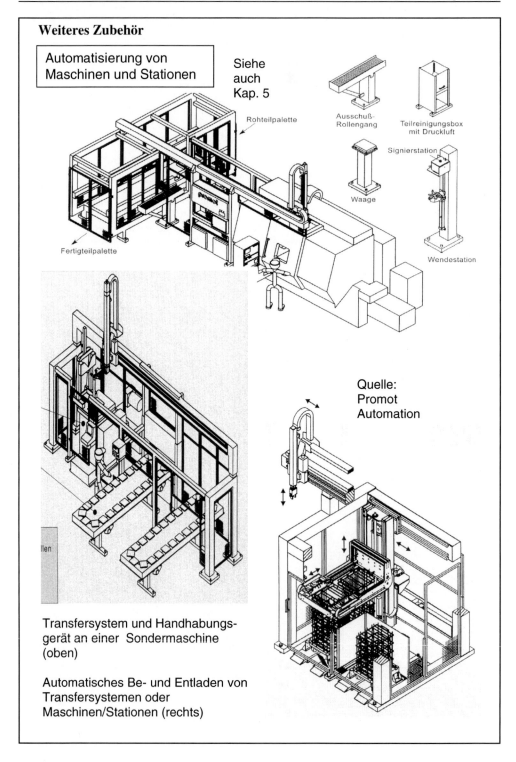

Quelle: Promot Automation

Transfersystem und Handhabungsgerät an einer Sondermaschine (oben)

Automatisches Be- und Entladen von Transfersystemen oder Maschinen/Stationen (rechts)

3 Speicher

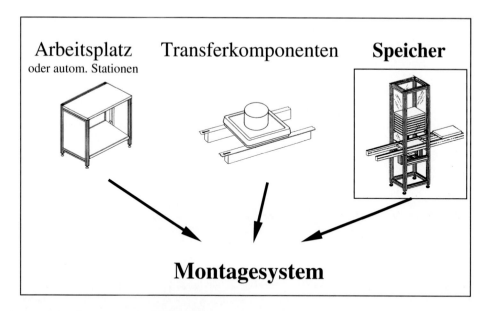

3.1 Gliederung und Begriffe

Die Speicher sind nach dem Gesichtspunkt „räumliche Anordnung" in den Datenblättern gegliedert:

	siehe unter:
– Speicher in Linienanordnung	3.1.1
– Umlaufspeicher	3.1.2
– Sonstige Speicher	3.1.3

Folgende Begriffe (siehe auch Kapitel 6.4.3 im ersten Buchteil) werden in den Datenblättern zur Funktionserklärung häufig gebraucht:

Durchlauf- oder Hauptschlussspeicher „first in - first out" (fifo)

Rücklauf- oder Nebenschlussspeicher „last in - first out" (lifo)

Direktzugriffspeicher d. h. wahlfreier Zugriff auf unterschiedliche Teile.

3.1.1.1 Linienspeicher Durchlauf- bzw. Hauptschlussprinzip
E1..E5 = Sensoreingänge

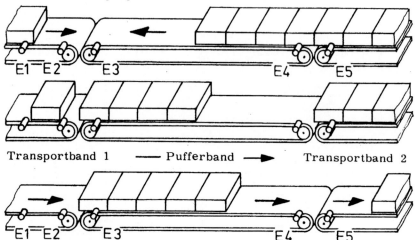

Funktionsbeschreibung:
Füllen: E5 meldet Stau und E1 einen ankommenden Werkstückträger (WT). Ist bei E4 kein WT, bleibt das Pufferband in Ruhe. Ist bei E4 ein WT, fördert das Pufferband alle auf dem Pufferband befindlichen WT nach links, bis E3 einen WT meldet. Der auf dem Transportband 1 ankommende WT betätigt E2 und löst dadurch einen Schaltschritt des Pufferbandes aus. Der WT wird auf das Pufferband übernommen.
Leeren: E5 meldet keinen Stau. Das Pufferband fördert alle auf dem Pufferband befindlichen WT nach rechts, bis E5 einen WT meldet. E5 schaltet den Antrieb des Pufferbandes aus. Zeigen E3 und E4 gleichzeitig einen WT an, so ist der Puffer gefüllt.

Merkmale:
- Schaltungsart: Hauptschluß
- Ausgabeart: first in - first out
- Geeignete WT-Formen: rund, quadratisch, rechteckig
- Völlige Entleerung des Puffers möglich
- Bei kurzen Taktzeiten ähnliche Anordnung mit 2 Pufferbändern
  Kein Schleifbetrieb, für stoß- und gleitempfindliche WT geeignet

Technische Daten:
Ausführung:	1	2	für Bandförderer (leichte Baureihe)
min. WT-Breite:	60	100	mm
max. WT-Breite:	300	400	mm
Max. Belastung:	200	400	N
Antriebsart:			Getriebemotor, reversierbar, elektr. gesteuert.

Preisbereich: Pufferband 2.000 mm lang, 200 mm breit (ohne Band 1 und 2):
15   Ausführung 1   15.. 16   Ausführung 2

Hersteller: Sonderanfertigung mit handelsüblichen Bauelementen

Bemerkungen: Ausführungen mit anderen Elementen Doppelgurtband, Tragkette u.a.

3.1.1.2 Linienspeicher Rücklauf- bzw. Nebenschlussprinzip

Übereinander stapelbare Werkstückträger (A),

Behälter oder Werkstückträger mit stapelfähigen Erzeugnissen (B)

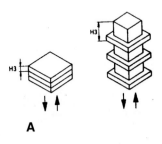

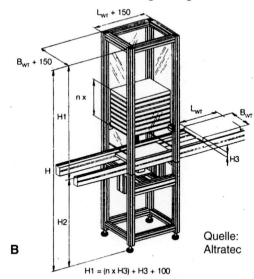

Quelle: Altratec

$H1 = (n \times H3) + H3 + 100$

Funktionsbeschreibung:
Aufzupuffernde Werkstückträger werden im Speicherturm zu einem Stapel aufgereiht. Dabei drückt der unterste Werkstückträger alle oberhalb liegenden durch die Hubeinrichtung in die Höhe.
Im Bedarfsfalle weiterer Werkstückträger aus dem Speicher wird der unterste Werkstückträger wieder auf das Band gesetzt, während alle anderen zurückgehalten werden.

Merkmale:
- Schaltungsart: Nebenschluss
- Ausgabeart: last in - first out (lifo)
- geeignete Werkstückträgerformen: rechteckig oder quadratisch oder stapelfähige Magazinbehälter
- völlige Entleerung des Puffers möglich
- besonders als Zwischenpuffer, Anfangs- oder Endpuffer im Doppelgurtbandsystem geeignet

Technische Daten:
Abmaße je nach Werkstückträgergröße und Stapelhöhe
Max. Gewicht der gepufferten Werkstücke: 200 kg
Kleinsteuerung erforderlich

Preisbereich: 18 Speicher für Werkstückträger 400 x 400 mm mit H = 2 000 mm, H2= 900 mm, 2 Vereinzler, Gestell, Schutzeinrichtung, Steuerung und Bedienfeld

Hersteller: A2

Zubehör: Sicherheitstechnik z. B. mittels Lichtschranken u. a. berücksichtigen, um Quetsch- oder Klemmstellen auszuschließen.

3.1.2.1 Umlaufspeicher horizontal

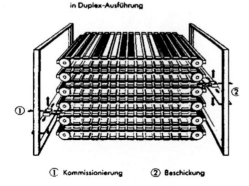

Quelle: System-Schultheis AG

Funktionsbeschreibung:
Mehrere übereinanderliegende horizontale Umlaufspeicher werden einseitig oder doppelseitig von einem Beschickungs- und Entnahmegerät bedient. Durch die verschiedenen Ebenen ist eine große Kapazität und ein zeitlich schneller Zugriff auf die verschiedenen Werkstücke möglich.

Merkmale:
- Chaotische Einlagerung möglich
- Leistungssteigerung des Speichersystems durch zweiseitige Bedienung, d. h. Kommisionierseite und Beschickungsseite

Technische Daten:
Ausführung für Euro-Boxen 600 x 400 x 300 mm
Max. Umlaufgeschwindigkeit 30 m/min
Gondelkassetten mit schaukelfreier Kettenführung
Einseitige Beschickung : ca. 1.000 Doppelspiele/Tag

Preisbereich:

Hersteller: S11

Bemerkungen: Neben Erzeugnissen in Boxen und Werkstückträgern lassen sich u.a. auch Langgut und Rundgut in Gondelkassetten speichern.

3.1.2.2 Umlaufspeicher vertikal - Elevatorspeicher

Quelle: Trapo-Stumpf

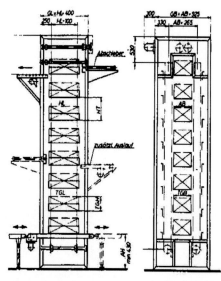

Funktionsbeschreibung:
Zwei senkrecht umlaufende Ketten mit Transportwinkeln heben den Werkstückträger (WT) bzw. das rechteckige Werkstück nach oben (vom Transportband ab). Durch Taktung des rechten und linken Kettenumlaufs sind somit viele WT's in dem Regalspeicherturm zu puffern. Befindet sich daneben nochmals ein Speicherturm, so kann über einen Schieber (pneumatischer Zylinder) der WT in die oberste Etage des zweiten Speicherurms übergeschoben werden. Durch Kettenbewegung nach unten werden die WT's wieder auf das abführende Transportband aufgesetzt.

Merkmale:
- Stapelturm:
    - Schaltungart: Nebenschluß (Ausgabeart: first in – last out)
- Zweifachturm:
    - Schaltungart: Hauptschluß (Ausgabeart: first in – first out)
- Bei mehreren WT's pro Ebene muss über Vereinzler und Sensoren die Vollständigkeit der WT-Reihe überprüft werden

Technische Daten:
    Zweifachturm für 160 x 160 mm WT   Abmessung ca. 3.000 x 400 x 3.500 mm
    Kapazität max. 120 WT
    Bauhöhe von 2.000 mm bis 8.000 mm
Preisbereich: 19   Stapelturm (Taktelevator)
                      20 .. 21 Zweifachturm
Hersteller: A2, B2, E5, F2, R1, T1, T2, U1
Bemerkungen: Die Auslegung des Speichers muss mit den örtlichen Verhältnissen (Umfeld) abgestimmt werden.

3.1.3.1 Direktzugriffspeicher

Grundriss

Seitenansicht

Verschiedene Anordnungen zur
Kapazitätserhöhung:

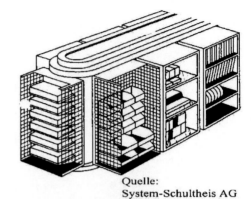

Quelle:
System-Schultheis AG

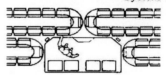

Funktionsbeschreibung:
Umlaufspeicher mit mehreren, übereinander angeordneten Fächern, horizontal umlaufend und über eine Steuerung an der Be- und Entladestelle positionierbar.

Merkmale:
- Chaotische Einlagerung möglich
- Zugriff an Stirn- als auch an Längsseite
- Für manuelle oder automatische Be- und Entladung (d. h. auch für Roboterhandling) geeignet
- Besonders vorteilhaft bei hohen Räumen

Technische Daten:
    Umlaufende Systeme mit
    14...60 Elementen (HxBxT) 1.854 ...3.072 mm x   620 ...   914 x 355...560 mm
    Platzbedarf (Stellfläche):   1.035 ...1.711 mm x 5.060 ...20.612 mm
    Nutzlast je Fach: 30 ...90 kg; je Element 600 kg

Preisbereich: 12 für ein Element (2.500 x 800 x 500 mm und max. 600 kg Last)

Hersteller: S11

    Siehe Einzelelemente

3.1.3.2 Flächenspeicher

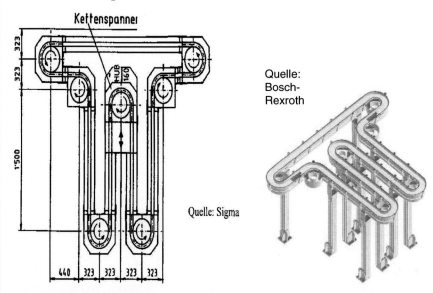

Quelle: Sigma

Quelle: Bosch-Rexroth

Funktionsbeschreibung:
Erweiterung eines bestehenden Kettensystems durch schleifenförmig verlegte Bahn. Aufnahme von vielen Werkstückträgern zur Aufpufferung vor der nächsten Station. Auch als separates Kettenspeichersystem lieferbar.

Merkmale:
- Schaltungsart: Hauptschluss
- Ausgabeart: first in – first out (FIFO)
- Werkstückträger mit einer oder mehreren Aufnahmen für das Erzeugnis
- Hohe Speicherkapazität realisierbar bei kleiner Grundfläche
- Raumanpassung möglich durch Modulsystem

Technische Daten:
    Für Werkstückträger von   150 x 150 ... 150 x 300 mm
                                            200 x 200 ... 200 x 400 mm
                                            250 x 250 ... 250 x 450 mm
    Weitere Größen auf Anfrage, Belastung pro Werkstückträger max. 8 kg.
    Kettengeschwindigkeit ca. 120 mm/Sek.

Preisbereich: 18   (ohne Werkstückträger, ohne Steuerung)
                           13   Antriebssteuerung

Hersteller: B2, E1, F3, M2, S5, S6, U1

Bemerkungen: Das Kettensystem kann auch runde Werkstückträger (Ø ca. Kettenbreite) aufnehmen. Dadurch lässt sich, insbesondere bei enger Schleifenführung, eine große Speicherkapazität realisieren. Eingesetzt wird dies als Speichersystem an Teilebearbeitungsmaschinen in Verbindung mit einem Handhabungsgerät.

3.1.3.3 Pufferturm

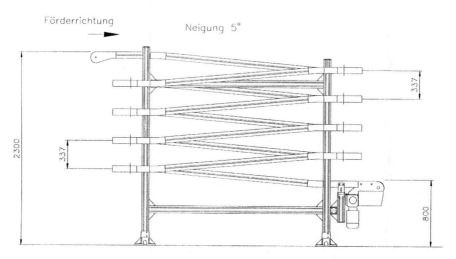

Quelle: FlexLink

Funktionsbeschreibung:
Die Erzeugnisse bzw. Werkstückträger werden von der vorausliegenden Station in ca. 2 m Höhe in den Pufferturm eingeführt. Durch die Neigung der kardanischen Transportkette und die Förderrichtung werden die quadratischen oder zylindrischen Werkstückträger oder Erzeugnisse in Schleifen der nächsten Station in ca. 1 m Höhe zugeführt.

Merkmale:
- Schaltungsart: Hauptschluß
- Ausgabeart: first in – first out (FIFO)
- Nur ein Antrieb erforderlich
- Gute Staueigenschaften der Bahn, kurvengängig und räumlich umlenkbar
- Für extreme Bedingungen
- Kleine Grundfläche bei hoher Speicherkapazität
- Besonders geeigneter Speicher für einfache Erzeugnisse und vor Stationen mit kurzem Takt oder mit großen Überbrückungszeiten (Mehrschichtbetrieb) bei Störungen

Technische Daten:
Erzeugnis- bzw. Werkstückträgergröße 120 x 120 mm, Speicherkapazität ca. 200 Erzeugnisse (s. oben); Systemlänge ca. 3.000 mm, Spurenabstand: 340 mm bei größeren Erzeugnissen (200 mm²) und anderer Turmform (2.000 x 2.000 x 2.600 mm) ca. 100 Teile.
Kettenbreite 103 mm, Grundfläche ca. 700 x 3.600 mm, Bahnneigung 5°..10°
Kettenführung in der gleiche Schiene unterhalb oder als separate Bahn.

Preisbereich: 18 obiger Pufferturm mit Getriebemotorantrieb, NOT-AUS, Stauschalter

Hersteller: F3

3.1.3.4 Flexibler Vertikalspeicher

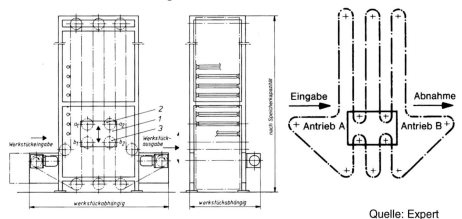

Quelle: Expert

Funktionsbeschreibung:
Kettenspeichersystem durch schleifenförmig verlegte vertikale Ketten, Aufnahme von vielen Werkstückträgern zur Aufpufferung vor der nächsten Station. Vertikal bewegter Speicherwagen (siehe unten) zum Ausgleich des Füllstandes.

Merkmale:
- Schaltungsart: Hauptschluss
- Ausgabeart: first in - first out (FIFO)
- Taktungebundene Ein- bzw. Ausgabe
- Ein- und Ausgabe voneinander unabhängig
- Hohe Speicherkapazität realisierbar bei kleiner Grundfläche und größerer Bauhöhe
- Eingabe- und Ausgabehöhe frei wählbar

Technische Daten:
Mit Erzeugnissen bei L >> B oder längsförmige Erzeugnisse, 1-, 2- und 3-bahnig
Werkstückgewichte zweckmäßig < 100 N, Höhe bis 15 m
Minimale Taktzeit: 2 Sekunden
Speicherkapazität von Kettenlänge (Umlenkung, Bauhöhe u.a.) abhängig

Preisbereich: ≥ 21 incl. Steuerung, Schutzeinrichtung

Hersteller: E5

Bemerkungen: Verschiedene Speicherkapazitäten

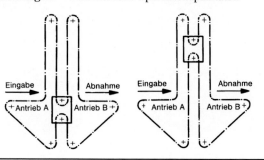

Speicherprinzipien:

Hoher Füllstand (links)

Niedriger Füllstand (rechts)

Kapazitätserweiterung durch zusätzliche Kettenumlenkungen (oben)

3.1.3.5 Stapeleinheit

Quelle: ratiotec

Palettenstapeleinheit mit Einlege- oder Entnahme-Handlingsgerät

Funktionsbeschreibung:

Die Teile werden aus der Station bzw. dem WT entnommen und in eine Palette eingelagert. Diese Paletten werden zur Speicherung übereinander gestapelt.
Die Entleerung kann nach dem LIFO- oder FIFO-Prinzip erfolgen. Bei Letzterem wird die zuerst befüllte Palette entladen, d. h. der gespeicherte Palettenstapel wird komplett zurückgefahren und entleert.

Merkmale:
- Für Be- oder Entladen von Bauteilen am Systemanfang oder -ende
- Puffer-Schaltungsart: Hauptschluss oder Nebenschluss
- Autonome Steuerung der Stapeleinheit, oberste Palette wird durchgetaktet
- Keine Durchmischung der Teile beim FIFO-Prinzip
- Vorwiegend für kleinere Bauteile
- Paletten für die Erzeugnisse (speziell evtl. angefertigt) bleiben im System, wenn die Verwendung als Puffer erfolgt

Technische Daten:

Standardausführung für Paletten 400 x 600 mm, Palettengröße 400/600/30-100 mm
Palettenstapelhöhe bis 700 mm, Palettenstapelgewicht $\leq$ 30 kg,
Maschinengrundfläche: L x B (B mit Ladefläche) = 1400 x 750 (1400) mm
Palettenwechselzeit $\leq$ 5 Sek.
Option: Handling der Teile über 2-Achs-Linearsystem

Preisbereich: 20 incl. Steuerung (S7) mit Bedienoberfläche, Zu- und Abführband für Paletten
21 dto. jedoch mit 2-Achs-Handlingssystem (2 Servoachsen)
15 Arbeitsraum-Absicherung über Sicherheitslichtgitter
13 Palettenstapeltransportwagen zum Be- und Entladen der Förderbänder

Hersteller: B6, G3, I1, R3

4 Sicherheitsmaßnahmen

Die erforderlichen Sicherheitsmaßnahmen in einem Montagesystem sind durch eine Gefahrenanalyse festzulegen.

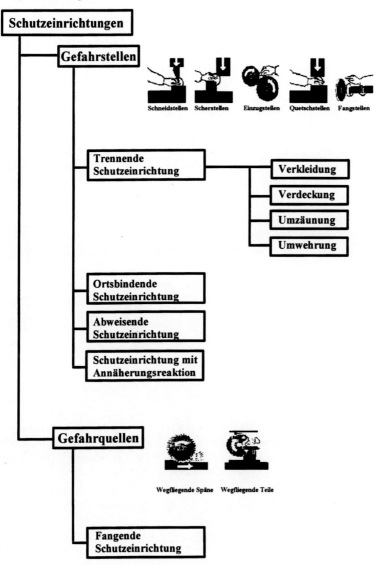

Bild 4-1   Schutzeinrichtungen [14]

Dabei sollten

- manuelle und maschinelle Funktionen getrennt werden
- eine Blockbildung von manuellen und maschinellen Bereichen soweit möglich angestrebt werden und durch Puffer voneinander entkoppelt werden

Sind maschinelle Bereiche vorhanden, so sollten diese Gefahrenstellen bzw. -quellen (siehe Bild 4-1) durch

Schutzmaßnahmen an der Station

(z. B. durch eine Kapselung o. Ä., siehe auch Datenblatt 5.1.1 bzw. 5.1.2) abgesichert werden, um eine Gefährdung nach „außen" zu verhindern.

Neuartige Sensoren erlauben einen Personenschutz ohne komplette Kapselung der Einrichtung bzw. Anlage. Sie ermöglichen dadurch eine Beobachtung des laufenden Prozesses ohne Sichtbeeinträchtigung. Diese neuen Schutzeinrichtungen, welche zukünftig voraussichtlich stärker eingesetzt werden dürften, sind in den Datenblättern 4.1.1 und 4.1.2 aufgezeigt.

Allgemein müssen bei der Montage von Schutzeinrichtungen (siehe Bild 4-2) folgende Fehler „Übergreifen oder Untergreifen oder Hintertreten einer Schutzeinrichtung" ausgeschlossen werden.

Bild 4-2   Fehlerquellen bei falscher Schutzeinrichtungsmontage [20]

Die nachfolgenden Komponentenblätter können nur Ansätze bzw. erste Hinweise bieten. Beachten Sie bitte die Normen bzw. Richtlinien von EN, VDE, VDI, VDMA, UVV (VBG) und die Arbeitsschutzvorschriften des Bundes sowie die einschlägige Literatur dazu.

Maßgebende europäische Normen (EN) sind die A-Normen (Sicherheitsgrund-Normen für die Grundbegriffe, Gestaltungsleitsätze und allgemeine Aspekte), B-Normen (Sicherheitsgrund-Normen für einen Sicherheitsaspekt oder Sicherheitseinrichtung für eine große Bandbreite von Maschinen) und die C-Normen (Sicherheitsprodukt-Normen für Standardanforderungen für eine spezielle Maschine oder eine Maschinenbauart), welche im Bild 4-3 als Übersicht und Auswahl zusammengestellt wurden.

4 Sicherheitsmaßnahmen

Typ A – Normen Sicherheits- grundnormen	EN 292: Allgemeine Gestaltungsleitsätze EN 1050: Risikobeurteilung
Typ B – Normen Sicherheits- gruppennormen	EN 294: Sicherheitsabstände gegen das Erreichen von Gefahrenstellen EN 349: Mindestabstände zur Vermeidung des Quetschens von Körperteilen EN 418: Not-Aus-Einrichtungen EN 1088: Verriegelungseinrichtungen EN 60204: Elektrische Ausrüstung
Typ C – Normen Sicherheits- produktnormen	EN 201: Spritzgießmaschinen EN 422: Blasformmaschinen EN 692: Mechanische Pressen EN 775: Industrieroboter EN 12417: Bearbeitungszentren EN 12478: Drehmaschinen u. Drehzentren

Bild 4-3 Sicherheitsnormen (Auswahl) [14]

4.1.1 Abstandshaltende Schutzeinrichtung: Schaltmatte

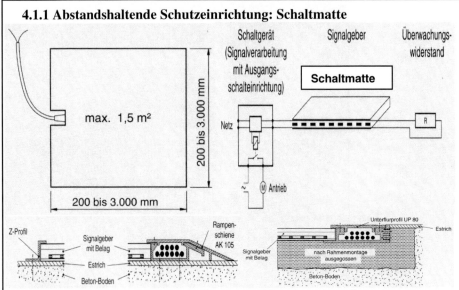

Quelle: Mayser   Rampe (Aufbauhöhe ≤ 21 mm)   Unterflurverlegung

Funktionsbeschreibung:
Durch das Betreten der Schaltmatte wird der flächenhaft ausgebildete Signalgeber ausgelöst (Betätigungskraft > 20 kg ist notwendig). Die Signalverarbeitung setzt dann das Ausgangssignal, z. B. Maschinenstopp.

Merkmale:
- Selbstüberwachend
- Schutzeinrichtung ist einfach zu verlegen, zu erweitern und im abgeschalteten Zustand befahrbar (Belastbarkeit 800 bzw. 1200 N/cm²)
- Sobald die Matte belastet wird, wird der Sicherheitsschaltkreis unterbrochen
- Beständig gegen Umgebungseinflüsse (Späne, Öle, Fette, Laugen etc.)

Technische Daten:
Länge: 200-3000 mm, Breite: 200-3000 mm, Schutzart IP 65 bzw. IP 68
jedoch nur bis zu 1,5 m² Trittfläche (je Einzelmatte) lieferbar,
Matten können zur gewünschten Fläche aneinander gereiht werden

Preisbereich:
12   Schaltmatte – rechteckige Form ca. 1,5 m², incl. Schaltgerät, Kabelsatz
11   weiterer Quadratmeter Schaltmatte

Hersteller: M9

Bemerkungen: Diese Schutzeinrichtungen können nur verwendet werden, wenn der Bediener keinerlei Gefahr durch Spritzer (z. B. durch geschmolzenes Material) oder wegfliegende Materialteile ausgesetzt ist. Ebenso muss die Zugriffszeit größer sein als die Zeit, die zum Stoppen (Stoppzeit der Maschine, Ansprechzeit der Steuerung, Ansprechzeit der Schutzeinrichtung) der Gefahr benötigt wird.
Zubehör: Kabel, Steckverbindungen, Endstecker mit Widerstand, Schaltgerät (230 V)

4 Sicherheitsmaßnahmen

4.1.2 Schutzeinrichtungen mit Annäherungsreaktion

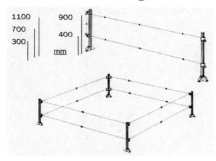

Lichtschranke Quelle: JOKAB SAFETY

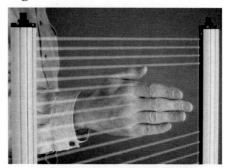

Lichtgitter Quelle: beta SENSORIK

Bodenlaserscanner Quelle: Sick

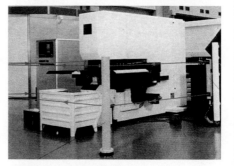

Lichtschranke Quelle: Sick

Funktionsbeschreibung:
Schutzeinrichtungen mit Annäherungsreaktion verhindern die Gefährdung von Personen durch Abschalten, Stillsetzen oder Umsteuern einer gefahrbringenden Bewegung, falls sich Personen oder Gegenstände in den Gefahrenbereich hineinbewegen oder dort befinden.

Merkmale:
- Schutzeinrichtungen mit Annäherungsreaktion sind z. B. Lichtschranken, Lichtvorhänge, Lichtgitter, Lasersensoren und Laserscanner
- Sobald der Strahlengang unterbrochen ist, wird die Maschine abgeschaltet
- Mit Hilfe von Umlenkspiegeln bei Lichtschranken kann eine räumliche Fläche um eine Maschine herum abgesichert werden
- Der Lichtstrahl kann sowohl aus sichtbarem wie auch aus unsichtbarem (Infrarot) Licht bestehen
- Im Gegensatz zu mechanischen Schutzeinrichtungen reagieren Lichtschranken äußerst sensibel, sind dadurch aber geringfügig störungsanfälliger (z. B. Staub, verschmutzte Sender und Empfänger, dadurch regelmäßige Wartung nötig)
- Sehr platzsparend und preiswert im Vergleich zu mechanischen Schutzeinrichtungen
- Kleine robuste Bauweise der Sensoren
- Die Isolation und die Konfiguration der Schutzeinrichtung muss so gestaltet sein, dass ein unerkannter Aufenthalt von Personen innerhalb des Gefahrenbereiches nicht möglich ist.

Technische Daten:
Mindestabstand je nach Gefährdungsbereich (Finger, Hand, Arm, Körper,...) berechnen, z. B. nach EN 294 oder EN 349 mit den weiteren Maßgaben der EN 999 (Anordnung von Schutzeinrichtungen im Hinblick auf Annäherungsgeschwindigkeiten von Körperteilen)

Laserscanner	Tastet seine Umgebung 2-dimensional ab, Scanwinkel 180°, Schutzfeldtiefe 4m, Warnfeldtiefe 15 m Umschaltbare Schutzfelder mit Interface LSI Auflösung 70 mm in 4 m Entfernung Ansprechzeit ≥ 80 ms
Lichtgitter	Bestehend aus Sender und Empfänger Integrierte Selbsttestung Strahlcodierung zur Verhinderung gegenseitiger Beeinflussung Schutzfeldhöhe z. B. 1000 mm Auflösung 30 mm - Handschutz Ansprechzeit ≥ 7 ms
Lichtschranke	Bestehend aus Sender und Empfänger Integrierte Auswertung Zusatzmodul für Muting direkt am Gerät Reichweite bis 70 m Anzahl der Strahlen 2-35 Auflösung 73 mm Ansprechzeit ≤ 20 ms

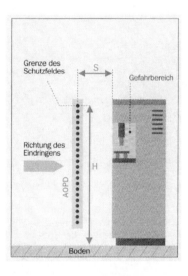

Erforderlicher Sicherheitsabstand **S** durch ein Lichtgitter vor der Maschine

Preisbereich:
15 Laserscanner
12 Lichtgitter
14 Lichtschranke

Hersteller: B5, E6, S14

Bemerkungen:
Alle optoelektronischen Sicherheitseinrichtungen können sehr gut auf die jeweilige Aufgabe abgestimmt und optimal angepasst werden.
Sie können nur verwendet werden, wenn der Bediener nicht dem Risiko mechanischer Gefährdung durch das Herausschleudern fester oder flüssiger Teile sowie nicht mechanischen Gefährdungen wie z. B. Strahlung etc. ausgesetzt ist. Ebenso muss die Zugriffszeit größer sein als die Zeit, die zum Stoppen (Stoppzeit der Maschine, Ansprechzeit der Steuerung, Ansprechzeit der berührungslos wirkenden Schutzeinrichtung) der Gefahr benötigt wird.

5 Produktionszellen und Montageautomaten

In einem Montagesystem sind meist mehrere Tätigkeiten bzw. Prozesse erforderlich, um den gewünschten Montagefortschritt zu erzielen.

Diese im Montagebereich durchzuführende Tätigkeiten sind überwiegend:

- Be- und Entladen [1,3]
- Einpressen [3,4,5]
- Einrasten, Einschnappen [1,6]
- Federnd Einspreizen, Spannen [5,6]
- Fetten, Ölen [1,6]
- Handhaben (Umsetzen, Wenden, Palettieren, Bestücken u. a.) [1,2,3,6]
- Justieren, Prüfen
- Kennzeichnen (Nr., Code, Farbe..) [7]
- Kleben, Abdichten [2,6,7]
- Laserbearbeitung (Beschriften, Abgleichen, Schweißen, Bohren...) [7]
- Löten [1,3,6]
- Messen, Prüfen (Funktion, Kraft, Moment) [3,5,6,7]
- Reinigen
- Schrauben [1,5,6]
- Sichern
- Tränken, Füllen
- Ultraschall-Schweißen u.a.

Die folgenden Datenblätter sind systematisch gegliedert in:

5.1 Montagezellen

5.2 Transferautomaten

5.3 Zubringetechnik

5.4 Teilehandhabung

Je nach Erzeugnisgröße und Tätigkeitsumfang lassen sich die zuvor genannten Montageaufgaben entweder in Montagezellen 5.1 - vorwiegend bei größeren Produkten, mittleren und großem Tätigkeitsumfang - oder in Rund- bzw. Längstransferautomaten 5.2 - vorwiegende bei vielen automatisch durchführbaren Prozessen und kleiner Produkt- und Einzelteilgröße - durchführen. Aus den o. g. Tätigkeiten sind einige Zellen (siehe Umrahmung in obiger Aufzählung) in den Datenblättern näher erläutert.

Relativ universell einsetzbar ist die Montagezelle mit Roboter, da der Roboter sowohl mit Greifern zur Werkstückhandhabung als auch mit Werkzeughandhabung z. B. zur Handhabung von Prüf-, Löt- oder Schraubwerkzeugen eingesetzt werden kann. Hinweise und Herstellerausführungen zur Teilezuführung wird in den Datenblättern 5.3 (Datenblätter der Zubringetechnik) aufgezeigt. Eine Auswahl an Möglichkeiten der Teilehandhabung zum Fügeprozess wird in den Datenblättern 5.4 mit verschiedenen käuflichen Handhabungsgeräten dargestellt.

An einem Transferautomaten [4] in Form eines Rund- oder eines Längstransferautomaten können verschiedenartige Tätigkeiten (wie z. B. Teile zuführen, Einpressen, Fetten und Prüfen) ausgeführt werden. Die kurze Taktzeit und hohe Platzdichte sind die Vorteile einer derartigen Zelle, begrenzen jedoch auch die Produktgröße (Würfelgröße mit ca. 100 mm maximaler Kantenlänge), die möglichen Montagetätigkeiten und die Flexibilität.

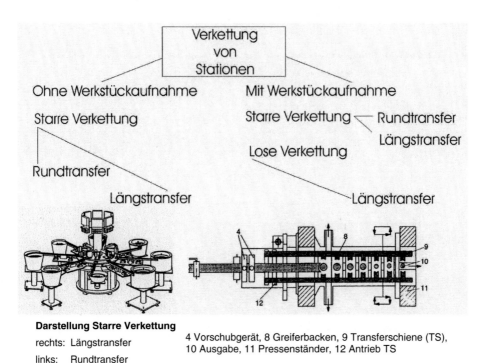

Darstellung Starre Verkettung
rechts: Längstransfer
links: Rundtransfer

4 Vorschubgerät, 8 Greiferbacken, 9 Transferschiene (TS),
10 Ausgabe, 11 Pressenständer, 12 Antrieb TS

Bild 5-1 Übersicht Starre und Lose Verkettung und die Einteilung in Rund- und Längstransfer (Quelle der eingefügten Bilder: Oku, Umformmaschinen (Hesse))

Die Übersicht Bild 5-1 zeigt die möglichen Formen der Verkettung von Stationen:
- Montagesysteme mit starrer Verkettung der einzelnen Stationen eignen sich besonders für die Massenfertigung von kleineren Erzeugnissen oder Baugruppen mit relativ kleinem Arbeitsinhalt und Taktzeiten unter 3 Sekunden.
- Montagesysteme mit loser Verkettung von Stationen eignen sich besonders beim Einsatz von manuellen Arbeitsplätzen und automatischen Stationen. Durch den Einbau von Entkopplungs- oder Störungspuffern, Parallelstrecken usw. lassen diese Systeme die Produktion von Erzeugnissen mit Taktzeiten über 5 Sekunden und verschiedenen Typen bzw. schwankender Stückzahl (Kapazität) zu.

Zu starren Systemen gehören Maschinen und Stationen in Form von Rund- und Längstransferautomaten, welche meist noch über mechanische Steuerungselemente (Kurvenscheiben etc.) angetrieben werden. Diese sind für schnelle (auch unter einer Sekunde), einfache Arbeitspro-

5 Produktionszellen und Montageautomaten

zesse (z. B. Fügen, Verstemmen, Prägen, Verpacken...) geeignet. Flexible Systeme bestehen aus veränderbaren (bzw. programmierbaren) Modulen. Diese sind in der Lage flexibel auf Veränderungen wie Typen, Varianten, Prüfergebnisse usw. reagieren zu können. Typisch sind hier intelligente Industrie-Roboter sowie flexible Transfersysteme, die Ausschleusen, Mehrfachumlauf, Umkodierungen, Umrüsten der Anlage usw. selbsttätig ausführen oder leicht ermöglichen.

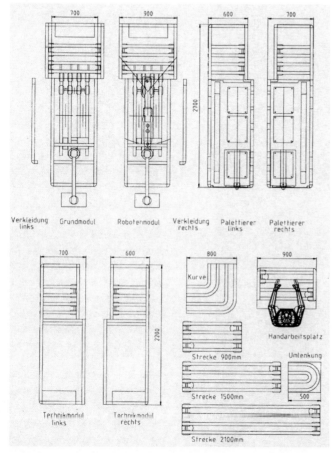

Quelle: UTZ

Bild 5-2 Baukastensystem für flexible Transfersysteme

Die Forderung nach mehr Flexibilität und Wiederverwendbarkeit haben einige Systemausrüster (Bosch-Rexroth, Stein, teamtechnik, UTZ, u. a.) aufgegriffen und haben ein umfangreiches, vielfältiges Transferkomponenten- (siehe Bild 5-2), Systemgestaltungs- und Verfahrensprogramm entwickelt. Einige Bausteine bzw. Systemausführungen mit derartigen Modulen sind in den nachfolgenden Datenblättern dargestellt.

5.1.1 Produktionszelle, leer

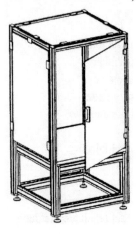

Quelle: URT

Funktionsbeschreibung:
Zelle mit Tischplatte zur Aufnahme von Prozess- oder Handhabungseinrichtung und Transportsystem sowie Schutzeinrichtung (Verkleidungen) zur Absicherung der gefahrbringenden Bewegung nach außen bzw. unzulässigem Eingriff von Außen nach Innen.

Merkmale:
- Bestehend aus Rahmen, Tischplatte, Grundenergieversorgung, Schutzverkleidung und evtl. Türen mit elektrischer Verriegelung
- Gutes optisches Aussehen der Anlage durch Schutzverkleidung
- Bei Verwendung von Plexiglas, Makralon oder Wellengitter gute Einsicht auf die Prozessabläufe
- Wahlweise auch andere Verkleidungsmaterialien einsetzbar, wie
   - Aluminiumblech
   - Lackiertes oder verzinktes Stahlblech
   - Vollkernplatte aus Holzfaser
   - Pressspanplatte
   - Schalldämmplatte
- Gegenüber Plexiglas erfüllt Makralon die Sicherheitsbestimmungen besser bzw. vielfach vorgeschrieben (siehe Unfallverhütungs-Vorshiften (UVV))
- Bei Wellengittereinsatz (siehe UVV) zusätzlich Sicherheitsabstand berücksichtigen
- Eigenbau der Schutzeinrichtung möglich durch Kauf einzelner Elemente

Technische Daten:
Seitenwandabmessungen z. B.:

X (mm)	Y (mm)	oder	X (mm)	Y (mm)
1.000	x 1.000		1.500	x 1.000
1.300	x 1.000		2.000	x 1.000

Technische Daten (Fortsetzung):
Seitenwandabmessungen alternativ:
2.400 / 2.600 / 2.800 / 3.000 / 3.200 x 1.200 / 1.300 / 1.400 / 1.500 / 1.650 mm
Zellenhöhe: 2.000 mm
Plattendicken (Vorschlagsliste):

3 mm	Aluminiumblech
6 mm	Vollkernplatte
5 mm	Makralon
16 mm	Pressspanplatte
46 mm	Schalldämmplatte

Wellengitter aus Aluminium beziehungsweise verzinktem Stahlblech

Preisbereich:

Größe:	Zelle komplett mit Sicherheitsverkleidung Makralon	Zelle komplett ohne Sicherheitsverkleidung
1.000 x 1.000	16	15
1.500 x 1.000	16..17	16
2.000 x 1.000	17	16

Hersteller: A1, A3, B2, E7, F1, G4, L1, L2, M3, M4, S4, S8, T2, U1

Bemerkungen: Für Bauteile zur Sicherheitsverkleidung siehe auch Profilhersteller, Arbeitsplatzausrüster u. a.

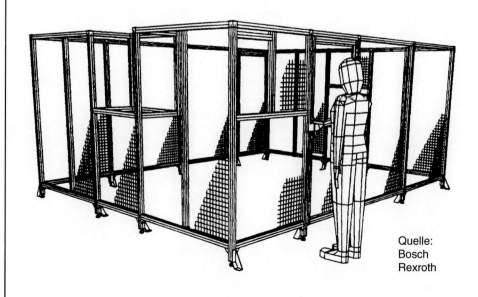

Quelle:
Bosch
Rexroth

5.1.2 Handhabungs- und Montagezelle

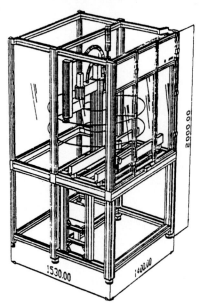 

Quelle: Bosch Rexroth

Funktionsbeschreibung:
Zelle mit Tischplatte und montiertem Handhabungsgerät (z.B. SCARA-Roboter, Gelenkarm-Roboter, Portal-Roboter, Einzelachsenkombination) und Transporteinrichtung sowie Schutzeinrichtung (Verkleidung) zur Absicherung der gefahrbringenden Bewegung nach außen.

Merkmale:
- Schnell verfügbare, wiederverwendbare Zelle für verschiedene Handhabungsaufgaben
- Rahmen, Tischplatte, Grundenergieversorgung, Schutzverkleidung und Türen mit elektrischer Verriegelung
- Gutes optisches Aussehen der Anlage durch Schutzverkleidung
- Bei Verwendung von Plexiglas, Makralon oder Wellengitter gute Einsicht auf die Prozessabläufe
- Abmessungen mit restlicher Anlage abstimmen (Standardisierung)

Technische Daten:
Ausrüstung z.B. mit Schwenkarmroboter, Reichweite 1.200 mm Ø,
Steuerung, Greifer mit Greiferablage, Transfersystem für Werkstückträger
Abmessungen ca. 1.400 x 1.530 x 2.000 mm
evtl. weiteres Zubehör wie Zubringesystem für Einzelteile u. a.

Preisbereich: 20 (für oben links dargestellte Zelle mit Roboter und Transfersystem)

Hersteller: B2, E7, F1, I2, S13, T2, U1

Bemerkungen: Standardausführung; durch Kundenapplikation auf eigene Produktion angepasst

5.1.3 Schraubzelle

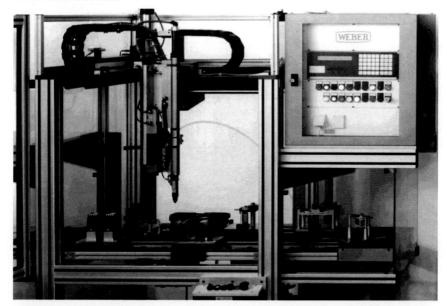

Quelle: Weber

Funktionsbeschreibung:
Flexible Zelle aus Aluminiumprofilen mit zwei Verfahrachsen (X, Y) und einer Spindel (Schraub-, Einpress- oder Nietspindel). Steuerung der Achsen mit einer 2-Achs-Positioniersteuerung sowie SPS-Verarbeitung des Schraub- bzw. Zuführsystems. Universell als Station einer Anlage oder als Einzelplatz einsetzbar.

Merkmale:
- Teilezuführung über separates Werkstückträger-Transfersystem, Dreh- oder Schwenkteller bzw. Schlitten mit Teileaufnahmen
- Großer Aktionsradius (siehe technische Daten) in einer Ebene bzw. bei zusätzlicher Z-Achse (Option) in einem quaderförmigen Arbeitsraum
- Einsetzbar als Schraubstation, jedoch auch als Bohr- und Setzspindel, Dosiereinheit und für andere Einsatzfälle
- Zuführung der Schrauben, Muttern, Stifte u. a. über Vibrationsförderer und flexiblen Zuführschlauch

Technische Daten:
    Arbeitsbereich 400 x 300 mm, Positioniergenauigkeit ± 0,1mm
    X,Y-System (AC-Servogetriebe- oder Schrittmotorantriebe)
    2-Achs-Positioniersteuerung, Schraubzuführsystem
    Zelle: ca. 1.000 x 1.100 x 2.000 mm

Preisbereich: 21

Hersteller: B2, W2

Bemerkungen: Falls erforderlich zusätzliche Z-Achse einsetzen

5.1.4 Lötmodul

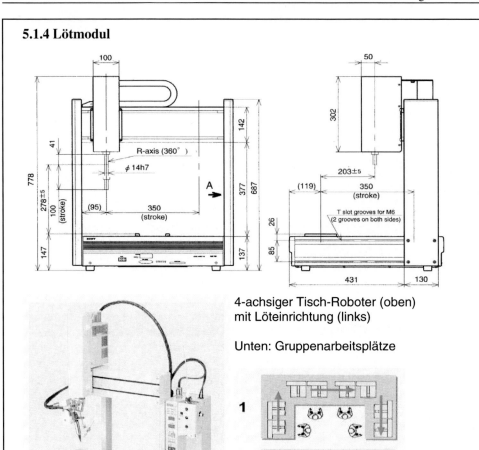

4-achsiger Tisch-Roboter (oben) mit Löteinrichtung (links)

Unten: Gruppenarbeitsplätze

Quelle: Sony

Funktionsbeschreibung:
Lötmodul (insbesondere für Leiterplatten) bestehend aus einem Einachs-Grundtisch und einem Portalachssystem (2 bzw. 3 Achsen). Dieser Tisch-Montage-Roboter ist für flache Bauteile und unterschiedliche Aufgaben (Löten, Entlöten, Schrauben, Kleber auftragen sowie Beschriften) geeignet.

Merkmale:
- Manuelle oder evtl. automatische Zuführung der Leiterplatten
- bei manueller Bedienung kann sich die Bedienperson ausschließlich auf das Zuführen, Fixieren und Entnehmen des Werkstücks konzentrieren
- qualitativ einwandfreie und reproduzierbare Lötungen
- gleichzeitige Bedienung mehrerer Lötmodule möglich

5.1 Montagezellen

- für Baugruppen, welche nicht durch Lötwellen bearbeitet werden können
- gute Integration mit anderen Systemkomponenten
- auch als Einzelstation einsetzbar

Technische Daten:
Arbeitsraum: 350 x 350 x 100 mm, 4. Achse (Rotation) = 360°
Wiederholgenauigkeit: ± 0,02 mm
Werkstückgewicht: 10 kg (Längshub)
Greifer-/Werkzeuggewicht: 2 kg
Schrittmotorantrieb, PTP und CP-Bewegungsablauf

Preisbereich: 16-17 Robotersystem*(ohne Löt-Werkzeug) für manuelle Beschickung; Kombinierbar mit verschiedenen Werkzeugen (Löteinrichtungen)

Hersteller: S13   * Sony CAST Desk-Top-Robot

Bemerkungen: für unterschiedlichste weitere Aufgabenfelder (siehe unten) einsetzbar

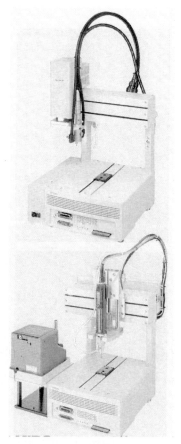

Leiterplatten
Nutzenfräser
(links oben)

Kleber
auftragen
(rechts oben)

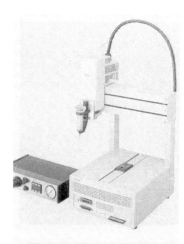

Schrauben
(links unten)

Laser-
Beschriften
(rechts unten)

Quelle: Sony

5.1.5 Be- und Entladezelle

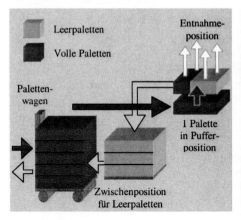

Quelle: USK

Funktionsprinzip:
Schematischer Palettenwechsel beim Einstapeln

Rechts oben:
Paletten-Entladezelle mit Roboter

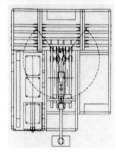

Paletten-Entladezelle
mit Roboter Draufsicht (rechts)

Funktionsbeschreibung:
Die Be- und Entladezelle ist die Standardkomponente für automatisierte Bereitstellung palettierfähiger Bauteile. Die Paletten werden außerhalb mit Bauteilen bestückt und auf einem Palettenwagen abgestapelt. Die gefüllten Paletten werden beim Einstapeln vom Wagen in eine Pufferposition transportiert. Sobald die Palette in der Bearbeitungsposition leer ist, wird diese entnommen und auf einen Zwischenstapel gesetzt, gleichzeitig wird die Palette aus der Pufferposition pneumatisch in die Bearbeitungsposition ausgehoben. Nach Abarbeiten des Palettenstapels auf dem Wagen wird der Stapel aus der Zwischenposition zurück auf den Wagen gesetzt.
Ein automatisches Ausstapeln von Bauteilen ist analog möglich.

Merkmale:
- schmale Bauart (700 mm breit) durch vertikales Palettenhandling
- Palettentransport mit speziellen Wagen, Entnahme erfolgt direkt vom Wagen
- manuelles Einstapeln entfällt - pro Palettierer nur 1 Transportwagen in Benutzung
- Ausgabeart: beliebig programmierbar
- Einbindung in Steuerung der Grundzelle - keine eigene Steuerung erforderlich
- Vorwiegend für kleinere Bauteile

5.1 Montagezellen

- Palettenwechselzeiten von ca. 10 Sekunden durch Pufferposition möglich
- Palettenidentifikation mittels Barcode-Etiketten oder mobilem Datenspeicher optional
- Erweiterung der oben gezeigten Zelle durch rechten oder linken Palletierer
- Ausbau mittels Roboter zur automatischen Handlingszelle

Technische Daten:
Palettengröße bis max. 600 x 400 mm, Palettenstapelhöhe bis 600 mm
Handling der Paletten durch 2-Achs-Linearsystem,
Zellenmaße: B x L x H = 1500/2100* mm x 2500 mm x 2650 mm (*zwei Palettierer),
Systemvorbereitung für WT-Größen 160 mm$^\square$ und 240 mm$^\square$ sowie für Handlingssystem.
Optional: Handling der Teile (Roboter oder 3-Achs-Handlingsystem)

Preisbereich: 22

Hersteller: U3

Bemerkungen: Der Wechsel des Palettenwagens kann - außer während Palettenwechselbewegungen innerhalb der Zelle - bei laufendem Prozess erfolgen. Die Palettenwechselzeit und der daraus resultierende Einfluss auf die Taktzeit des Hauptprozesses ist durch eine Pufferposition innerhalb der Zelle minimiert.
Die Steuerung erfolgt über die Steuerung des Grund-/Robotermoduls.

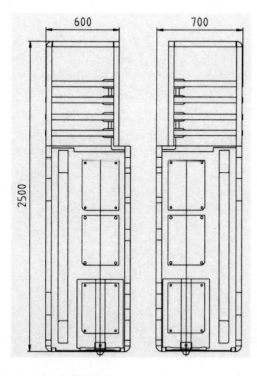

Linker und rechter Palettierer
(Quelle: USK)

5.1.6 Laserbearbeitungsmodul

Prozessmodularer Aufbau,
daher in verschiedenen Anlagen
bzw. Ausbaustufen einsetzbar

Integrierte Absaugung

Standardisierte Beschriftungsfälle

Quelle: teamtechnik

Funktionsbeschreibung:
Lasermodul als Teil des Produktionssystems zum Kennzeichnen, Beschriften usw. ausgelegt. Das zu bearbeitende Werkstück wird durch das Transfersystem und einer Positioniereinheit in die benötigte Lage gebracht.

Merkmale:
- Weitere Verfahren wie Feinbohren, Schweißen, Löten, Abtragen von Schichten, Aufschmelzen, Beschichten, Erwärmen mit dieser Lasertechnik möglich
- Abgleich (Trimmen) von Widerständen
- auch als Einzelstation einsetzbar
- verschiedene Laserstrahlrichtungen (vertikal zum Werkstückträger, in Transportrichtung usw.) wählbar
- weiteres Zubehör wie prozessintegriertes optisches Prüfen (Bildverarbeitung), Unter- bzw. Überdruckkammer, Schleuse, usw. erhältlich

Technische Daten:
        Abmessungen: 380 x 880 x ca. 1600 mm (Breite x Tiefe x Höhe)
        Laserleistungen: je nach Lasersystem (z. B. 35 Watt)

Preisbereich: ab 22

Hersteller: T1

Bemerkungen: durch Modulbauweise in verschiedenen Ausbaustufen einsetzbar

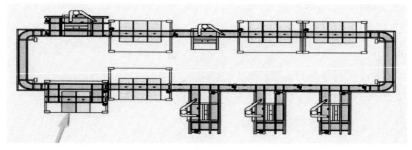

Einsatz des Laserbeschriftungsmoduls   Quelle: teamtechnik

5.2 Transferautomaten

5.2.1 Rundtransferautomat

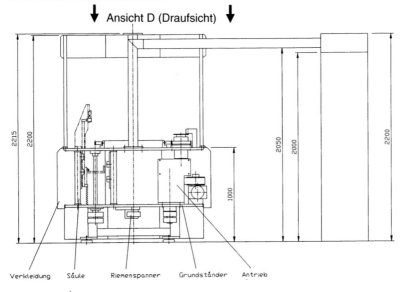

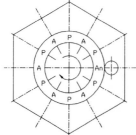

Quelle: Pfuderer

Ansicht D: A = Arbeitsstation
            P = Prüfstation
            An = Antrieb

Funktionsbeschreibung:
Platzsparende, zentral gesteuerte, vollautomatische Montagezelle mit einem Rundtisch für Werkstückträger. Ringförmige Anordnung von Montage- und Prüfeinheiten innerhalb und außerhalb des Tisches. Schutzeinrichtung (Verkleidung) zur Absicherung der gefahrbringenden Bewegung nach außen. Freier Zugang zu Beladeeinrichtungen (z. B. Bunker für Zubringetechnik) und Ein- bzw. Ausgabestellen.

Merkmale:
- Kurze Taktzeiten, hohe Genauigkeit und Stabilität für die Montage kleiner Produkte
- vollautomatisches Heben, Schwenken, Fügen, Schrauben, Pressen, Stanzen, Kleben, elektrisches Schweißen, Ultraschall-Schweißen, Induktionshärten, Ausrichten, Fett- oder Öl auftragen, Justieren und Prüfen innerhalb eines Montagevorgangs durch geeignete Stationen.
- Übliche Horizontalbewegungen bis 90 mm, Vertikalbewegungen bis 60 mm, 90°/180° Schwenken z. B. für Fügestationen
- ein Zwangsantrieb der Einheiten über Kurvenscheiben reduziert den steuerungstechnischen Abfrageaufwand

- Komplettlösungen für Baugruppen bzw. Erzeugnisse mit wenigen Bauteilen und hohen Stückzahlen
- Verschiedene Rundtransferautomaten auch über Speichersysteme miteinander zu verketten

Technische Daten:
8, 12, 16, 20, 24, 28, 32 Stationen (je nach Hersteller) z. B. ∅ 816 mm bei 16 Stationen
Schaltzeit bis 30 Takte/Min. mit pneum. Antrieb; bis 140 Takte/Min. über elektr. Antrieb
  Werkstückabmessungen bis ca. 100x100x100 mm,
  Bürstenloser Zentralantrieb 0,75..1,5 kW
  Teilgenauigkeit ≥± 0,02 mm bei ∅ 200 bzw. ≥± 0,04 mm bei ∅ 500
  Taktzeit des Automats vom Fügevorgang (Einpressen, Schrauben etc.) abhängig,
  Taktzeit = Montagezeit + Schaltzeit
  Transportzeit/Stillstandszeit = 1/3 bzw. 1/2; je Arbeitsstation bis zu 4 Kurven

Preisbereich:	21 Grundmaschine incl. Steuerung und Schutzverkleidung
	15 Einlegestation,
	14 Vertikal- oder Horizontal-Montageeinheit
	16 kurvengesteuerte Presse
	12 Prüfeinheit (vertikal, einfache Ausführung)
	9 Ausschleusung für I.O-Teil bzw. N.I.O.-Teil
	15 Frequenzumrichter (zur Schaltzeitveränderung)
Hersteller:	A1, A4, O1, P3, P6, S7, S15, W2, Z1
Bemerkungen:	Kompakte Systeme für eine Komplettmontage einer Baugruppe oder eines Erzeugnisses (z.B. Lampe, Stecker, Kfz-Baugruppe)

Prinzipdarstellung:
Rundtransfersystem

Quelle: OKU

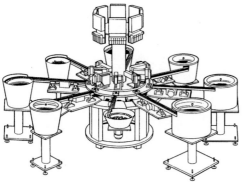

Quelle: Afag

Quelle: Pfuderer

Rundtransfersystem im Aufbau:
Zubringesystem (vorn)
2 Stationen und Teileabführband (hinten)

5.2.2 Längstransferautomat

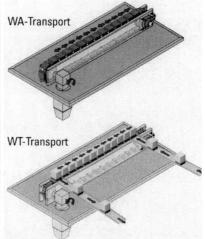

Prinzipdarstellung

Quelle: Pfuderer

System mit 3 Prozessstationen (hinten) und 1 Zuführeinheit (vorn)
WA = Werkstückaufnahmen
WT = Werkstückträger

Funktionsbeschreibung:
Platzsparende, zentral gesteuerte, vollautomatische Montagelinie mit einem Längstisch für Werkstückträger. Einseitige oder beidseitige Anordnung von Montage- und Prüfeinheiten. Schutzeinrichtung (Verkleidung) zur Absicherung der gefahrbringenden Bewegung nach außen. Freier Zugang zu Beladeeinrichtungen (z. B. Bunker für Zubringetechnik) und Ein- bzw. Ausgabestellen.

Merkmale:
- Kurze Taktzeiten, hohe Positioniergenauigkeit für die Montage kleiner oder länglicher * Produkte
- vollautomatisches Heben, Schwenken, Fügen, Schrauben, Pressen, Stanzen, Kleben, elektrisches Schweißen, Ultraschall-Schweißen, Induktionshärten, Ausrichten, Fett- oder Öl auftragen, Justieren und Prüfen innerhalb eines Montagevorgangs durch geeignete Stationen.
- Übliche Horizontalbewegungen bis 90 mm, Vertikalbewegungen bis 60 mm, 90°/180° Schwenken z. B. für Fügestationen
- der Zwangsantrieb der Einheiten über Kurvenscheiben reduziern den steuerungstechnischen Abfrageaufwand
- Komplettlösungen für Baugruppen bzw. Erzeugnisse mit wenigen Bauteilen und hohen Stückzahlen
- Mehr Stationen, mehr Platz für die Produktionseinheiten als am Rundtransfersystem

Technische Daten:
Längstransfer mit 4, 6, 8, 10, 12, 14, 16, 20 Stationen für größere Erzeugnisabmessungen. WT-Größe ca. 80 .. 320 mm in Taktrichtung, *bis max. 1000 mm in Querrichtung. Diese Längstransferautomaten werden bevorzugt für größere Produkte (gegenüber

Rundtransferautomaten) eingesetzt.
Schaltzeit bis 30 Takte/Min. mit pneum. Antrieb; bis 120 Takte/Min. über elektr. Antrieb
Werkstückabmessungen bis ca. 100x100x100 mm,
Bürstenloser Zentralantrieb 0,75..1,5 kW
Teilgenauigkeit $\geq \pm 0,02$ mm
Taktzeit des Automats vom Fügevorgang (Einpressen, Schrauben etc.) abhängig,
Taktzeit = Montagezeit + Schaltzeit
Transportzeit/Stillstandszeit = 1/3 bzw. 1/2; je Arbeitsstation bis zu 4 Kurven

Preisbereich: 22 Grundmaschine incl. Steuerung und Schutzverkleidung
15 Einlegestation,
14 Vertikal- oder Horizontal-Montageeinheit
16 kurvengesteuerte Presse
12 Prüfeinheit (vertikal, einfache Ausführung)
 9 Ausschleusung für I.O-Teil bzw. N.I.O.-Teil

Hersteller: A4, O1, P3, S7, S15, Z1

Bemerkungen: Vergleiche auch Datenblatt 2.2.7.1 (Schnellwechselsystem für Werkstückträger), insbesondere bei nur wenigen zeitkritischen Stationen eines Systems.

Prinzipdarstellung:

**Längstransfersystem
Oval-Umlauf (rechts)**

Quelle: OKU

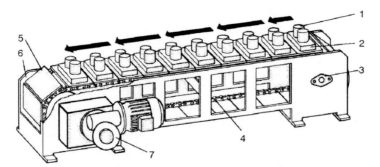

Quelle: Konstruktionselemente 3
Montage- und Zuführtechnik [21]

Längstransfersystem Plattenbandkette:
Taktung der Kette über ein Kurvenschaltgetriebe.

1 Werkstück, 2 Werkstückträger,
3 Umlenkrad mit Kettenspanner,
4 Kette, 5 Einzelplatte, 6 Gestell,
7 Kurvenschaltgetriebe
Einsetzposition der Werkstücke bei 1
Entnahme der Werkstücke vor Position 5

5.3.1 Zubringetechnik für Kleinteile - Vibrationsförderer

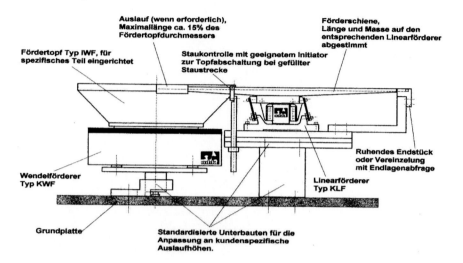

Quelle: mhk

Funktionsbeschreibung:
Automatisches System zur lagerichtigen Bereitstellung von Kleinteilen (sortenrein) nach Orientierung und in der geforderten Menge in einer Staustrecke oder greifgerecht präsentiert in einer Vereinzelung.

Merkmale:
- Teilevorratsbereitstellung im Bunker (im obigen Bild nicht enthalten)
- Förderung durch Vibrations-Rund- oder Vibrations-Längsförderer
- Lagesortierung durch Schikanen und Abstreifer
- Gutes optisches Aussehen der Anlage durch Schutzverkleidung
- Staustrecke für geordnetes Aufstauen
- Evtl. Vereinzelung der Teile, Ausrichten der Teile, Lärmdämmung durch Schutzhaube
- Für höhere Mengenleistung (über 200 und bis ca. 2.000 Teile/min) Zentrifugalförderer einsetzen

Technische Daten:
  Ausbringung: 30 bis 110 Teile/min.
  Vorratsvolumen: ≥ 5 dm³ je nach Größe (Bunker bzw. Vibrationsförderer)
  Fördertopf-Durchmesser: 150 mm bis 1200 mm (je nach Teilegröße, -aufgabe)
  Grundfläche: X (mm) Y (mm)
  von ca. 250 x 400 bis 1.300 x 1500

Preisbereich: Teilekomplexitätsabhängig, ebenso geforderte Ausbringung

Hersteller: A1, F1, F6, G4, I3, M3, M6, O1, P6

5.3.2 Zubringetechnik für langgeformte Werkstücke – Schrägförderer

Einfüllhöhe 750 mm
Grundfläche: 650 mm x 1500 mm

Einsatz eines Steilförderers zur Beschickung eines hochliegenden Zentrifugalförderers

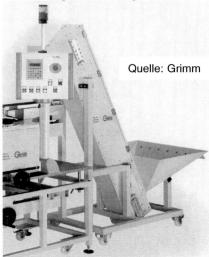

Quelle: Grimm

Funktionsbeschreibung:
Automatisches System zur lagerichtigen Bereitstellung von Rundteilen (sortenrein, z. B. Wellen, Bolzen, Hülsen, Stifte u. a.) oder langgeformte Werkstücke (Leisten u. Ä.) nach Orientierung und in der geforderten Menge in einer Staustrecke oder greifgerecht präsentiert in einer Vereinzelung.
Erlaubt die Beschickung von Sortiergeräten oder kann auch als Zubringeeinheit für einen automatischen Prozess (z. B. Spitzenlose Schleifmaschine) eingesetzt werden.

Merkmale:
- Teilebereitstellung in Bunkerwanne bzw. Bunkertrichter
- Förderung durch Schrägförderer, Stufenförderer, Steilförderer
- Lagesortierung durch Schikanen und Abstreifer (optional)
- Nachfolgende Staustrecke für geordnetes Aufstauen (optional)
- Niedrige Einfüllhöhe (durch Vertikal- oder Schrägförderung aus dem Vorratsbunker)
- Geräuscharmer Lauf, Werkstückschonung (bei entsprechender Ausführung)
- Geringer Flächenbedarf bei großer Bunkerkapazität
- Schutzverkleidung

Technische Daten:
Antriebsleistung ca. 0,2 kVA erforderlich
Vorratsvolumen Schüttbunker (optional) vorgelagert 5 .. 100 Liter (dm³)
Grundfläche: X (mm) x Y (mm): 1.000 x 1.000 oder 1.500 x 1.500

Preisbereich: 16 incl. Steuerung und Füllstandskontrolle

Hersteller: A1, F6, G4, M3, O1, P6,

5.3.3 Zubringetechnik für komplexe Teile mit optischer Erkennung

Prinzipdarstellung:
Fördertopf mit Vorsortierung und Teileausrichtung, Kamerasystem, Bandsystem mit Abblaseinrich-tungen für fehlerhafte Teile

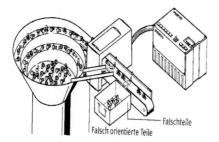

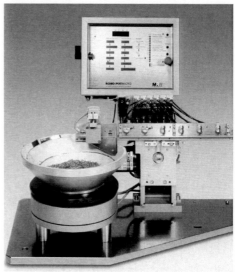

Quelle: Festo   Quelle: MRW

Funktionsbeschreibung:
Automatisches System zur lagerichtigen Bereitstellung von komplexen Kleinteilen. Durch ein Kamerasystem werden diese optisch vermessen, mit vorgegebenen Abmessungen verglichen und die Falschteile aussortiert. Nach geforderter Orientierung und in der geforderten Menge in einer Staustrecke oder in einer Vereinzelung greifgerecht präsentiert. Teilweise ist ein Wenden der Teile innerhalb des Zuführbandstrecke möglich.

Merkmale:
- Teilebereitstellung im Bunker (optional)
- Förderung durch Vibrations-Rund- oder Längsförderer zum Kamerasystem
- Evtl. Vorsortierung durch Schikanen und Abstreifer (im Fördertopf)
- Bis zu 48 Prüfteile speicherbar (systemabhängig)
- Staustrecke für geordnetes Aufstauen (optional)
- Evtl. Vereinzelung der Teile, Ausrichten der Teile, Lageänderung der Teile, Lärmdämmung durch Schutzhaube
- Aussondern von Falschteilen, Teile mit falscher Lage, Nacharbeitsteilen, Ausschussteilen u. ä. Fehler (mit bis zu 8 Sortier- Merkmalen)
- Zählfunktion der Teile sowie sortierte Mengenausgaben möglich

Technische Daten:
Ausbringung: bis zu 400 Teile/min. je nach Teillänge bzw. Teilgröße
Vorratsvolumen: ≥ 5 dm³ (je nach Teilgröße) bis max. 20 kg Gesamtgewicht
Teilegröße: BxHxL (bzw. Ø) von 4 x 4 x 1 (0,5) bis ca. 59 x 45 x 20 (25) mm

Preisbereich: 18 (komplettes System mit Steuerung, Ø400 mm Topf , 2 Ventile)

Hersteller: F1, F6, M8, S12

5.3.4 Bereitstellung Kleinteile – Band-, Kamerasytem und Roboter

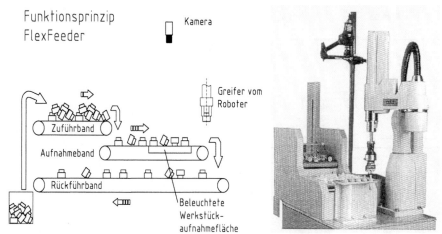

Quelle: Adept   Flex Feeder mit Roboter u. Kamera

Funktionsbeschreibung:
Automatisches System zur lagerichtigen Bereitstellung von Kleinteilen (sortenrein) nach Orientierung und in der gewünschten Ablage (Palette, Werkstückträgeraufnahme, etc.) oder direktes Fügen am Bauteil. Das oben gezeigte System wird ebenso als Flex Feeder bezeichnet (freie Übersetzung: Flexibler Maschinenfütterer).

Merkmale:
- Teilebereitstellung auf dem durchleuchteten Transportband oder Mattscheibe
- Teilelageerkennung über Bildverarbeitung (Binärbild)
- Aufnehmen der richtigliegenden Teile (und bei ausreichenden Greifabstand untereinander) mit Roboter
- Handhaben ggf. Drehen im Greifer und Ablage in der gewünschten Form (Palette, Werkstückträger) oder direkt in das Erzeugnis montiert
- Rückführung falsch liegender bzw. nicht gegriffener Teile für einen neuen Rundlauf im System
- Geeignet insbesondere für sehr komplexe Teile, insbesondere für Flachteile (gute Auflage, nur zwei stabile Erkennungslagen)
- Schnelle Umrüstbarkeit auf neue Produkte
- Keine Hardwareveränderung bei Typenumstellung, wenn alle Teile mit dem gleichen Robotergreifer aufgenommen werden können. Nur Programm-Umstellung für Bildverarbeitung und Roboter nötig. Daher universell einsetzbar.

Technische Daten:
   Teilegröße: ca. 65 mm x 65 mm
   Ausbringung: 25..60 Teile/min. Vorratsvolumen:insgesamt ca. 13 dm³
   Platzbedarf :   L x B x H ca. 1100 x 350 x 840 (1280) mm

Preisbereich: 22 (Bandsystem, Kamerasystem und Roboter)

Hersteller: A3

5.3.5 Bereitstellung Kleinteile - Palettensortier-System für Roboter

Quelle:
Sony-APOS-System

Advanced
Parts
Orientation
System

Systemdarstellung
ohne Roboter

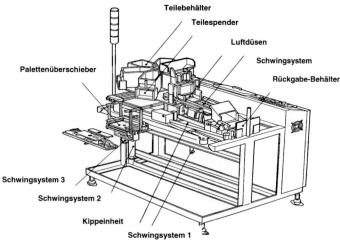

Funktionsbeschreibung:
Automatisches System zur lagerichtigen Bereitstellung (über Rutsche und Vibration) von Kleinteilen (sortenrein) nach Orientierung und in der gewünschten Ablage (Palette). Ein Industrie-Roboter kann mittels Sensorgreifer - welcher das Vorhandensein des Bauteils anzeigt – die Teile in Nestern der Palette erkennen, greifen und in das Erzeugnis bzw. Baugruppe fügen oder bei fehlendem Teil sofort zum nächsten Teile-Nest gehen.

Merkmale:
- Teilebereitstellung in einem Bunker vor dem Palettensystem
- Auskippen der losen Teile über der Palettenfläche (bei gleichzeitiger Rüttelbewegung der Palette). Einzelne Teile fallen lagerichtig in die Nester, die restlichen Teile werden zum Wiederholungsvorgang (im Rückgabebehälter) gesammelt.
- Aufnehmen der richtig liegenden Teile (nur richtig orientierte Teile bleiben in den formgenauen Nestern liegen) aus den Nestern der Palette und anschließendes Fügen bzw. Weitergeben für die nachfolgende Montageaufgabe
- Begrenzter Einsatz bzgl. Teilevielfalt bzw.-eignung
- Mehrere Paletten pro Typ zweckmäßig
- Verschiedene Teile auf demselben Sortiersystem (durch Bereitstellen der geeigneten Paletten) können auf diese Art sortiert werden
- Eine Sortierstrecke, jedoch mehrere Teilebehälter für verschiedene Teile auf einem Drehtisch angeordnet.

Technische Daten:
Teilegröße: bis ca. 100 x Ø20 mm und bis zu 6 verschiedene Teile je System
Palettengröße: X (mm) 200/300/400/600 Y (mm)300/400/600/800

Preisbereich: 22   Verkauf in Verbindung mit SMART-Zelle bzw. Montagelinie

Hersteller: S13

5.4.1 Einlegegerät mit pneumatischem oder elektromechanischem Antrieb

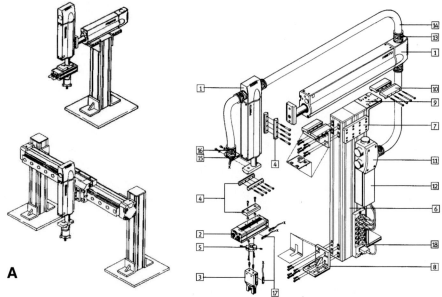

1 Linearmodul, 2 Drehantrieb, 3 Greifer, 6 Profilsäule, 4,5,7-18 div. Kleinteile   Quelle: Festo

Funktionsbeschreibung:

A Automatisches Montagehandlings-Gerät mit elektr.-pneumatischem Antrieb (meist zwei Endlagen) für einfache Einlegearbeiten. Durch die kurze Zykluszeiten, robuste Ausführung und hohe Zuverlässigkeit ist dieses Gerät bevorzugt zu Einlegearbeiten kleiner Teile in der Massenfertigung eingesetzt.

B Automatisches Montagehandlings-Gerät mit elektr.-mechanischem Antrieb (meist zwei Endlagen) für einfache Einlegearbeiten (siehe Rückseite). Die elektr. Rotationsbewegung des Antriebsmotors wird auf Kurvenscheiben übertragen, die ihrerseits eine mechanische Auf-/Ab- bzw. Vor-/Zurück-Bewegung veranlasst.

Merkmale:
- Stand-alone Kompaktgerät mit intergrierter Steuerung
- Bis zu 55 Takte/Minute
- Weicher Bewegungsablauf durch optimierte Kurvensteuerung bzw. Softstopp
- Ablauf- und Überwachungsfunktion
- Einfache und schnelle Inbetriebnahme
- Robuste Bauweise
- Mittlere Einpresskräfte (bis 100 N)
- Einstellbare Hübe (horiz./vertikal) bei pneum. gesteuerten Geräten (Systeme mit bis zu 2 Zwischenpositionen/Achse als Baukastenzubehör erhältlich)

5.4 Teilehandhabung

Technische Daten:

Teilegewicht und Greifer (= Nutzlast): 1..4 kg		*Klammerwerte für geänderte Hübe bzw. Masse*
Ausbringung:	bis 55 Teile/min.	
	Kompaktgerät	Pneum. Achsen
Horizontalhub	165 mm (140 mm)	100/200/300 mm
Vertikalhub	bis zu 40 mm	60 mm
Schaltzeit	1,3 Sek. (1,1 Sek.)	2,3 (2,6) Sek.
Bewegte Masse:	keine Angaben	0,3 (0,7) kg
Wiederholgenauigkeit:	ca. 0,02 mm	keine Angabe

Preisbereich: 15..16
Hersteller: F1, M7, O1*, W2 (*in Verbindung mit Rundtisch)

Quelle: Weiss

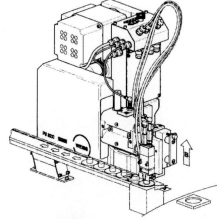

Holvorgang:
Greifen (A)
Hochfahren (B)

Unten:
Ablegevorgang:
Längsverfahren (C)
Nach unten fahren und
Greifer öffnen (D)

Quelle: Festo

B

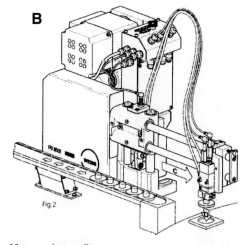

Fig.2

High-Speed Picker   **Kompaktgerät:**

5.4.2 Einlegegerät mit elektrischen Servoantrieb

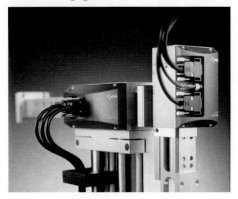 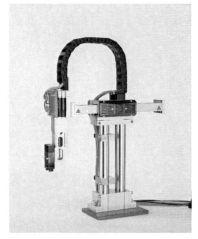

Zwei Einzelmodule oben

Einlegegerät mit Greifer rechts

Quelle: afag

Funktionsbeschreibung:
Automatisches Montagehandlings-Gerät mit programmierten Endlagen für einfache Einlegearbeiten. Durch die kurzen Zykluszeiten, robuste Ausführung und hohe Zuverlässigkeit ist dieses Gerät bevorzugt zu Einlegearbeiten kleiner Teile in der Massenfertigung eingesetzt.
Durch die elektr. Antriebe ist das Gerät für mehrere Positionen programmierbar, die Umstellung auf andere Werte kann einfach über ein weiteres Programm erfolgen.

Merkmale:
- Stand-alone Kompaktgerät mit intergrierter Steuerung
- Bis zu 55 Takte/Minute
- Weicher Bewegungsablauf durch optimierte Programmsteuerung
- Ablauf- und Überwachungsfunktion
- Einfache und schnelle Inbetriebnahme
- Robuste Bauweise
- Mittlere Einpresskräfte (bis 100 N)
- Einstellbare Hübe (horizontal/vertikal)

Technische Daten:
Horizontalhub:	300 mm
Vertikalhub:	bis zu 200 mm
Bewegte Masse:	max. 50 N
Wiederholgenauigkeit:	ca. 0,01 mm
Zykluszeit:	50-300-50 mm (Heben, Längsverfahren, Senken) u. zurück ca. 1,6 Sek.

Preisbereich: 18 Komplettsystem 2 Achsen $X \leq 200$ mm, $Z \leq 80$ mm incl. Steuerung

Hersteller: A1, M7

5.4.3 Horizontaler Knickarm Roboter (SCARA-Roboter)

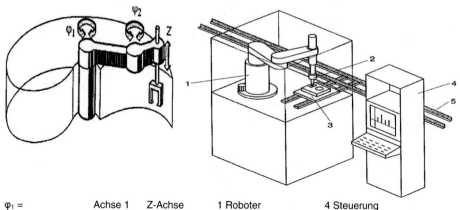

φ_1 =	Achse 1 Z-Achse	1 Roboter	4 Steuerung
φ_2 =	Achse 2	2 Greifersystem	5 Transfersystem
Handrotation = 4. Achse		3 Montageposition	

Quelle: Hesse Industrieroboterpraxis [23]

Funktionsbeschreibung:
Universelles automatisches Handlings-Gerät für programmierte Abläufe und Funktionen zum Handhaben, Montieren u. anderen Aufgaben an Produktions- und Prüfstationen mit scheibenförmigem Arbeitsraum.
Schnelle Bewegungsmöglichkeit, vertikale Eindrückkräfte und vielfältiger Einsatz bei der Werkstück- oder Werkzeughandhabung.

Merkmale:
- Robuste Bauweise
- Mittlere Einpresskräfte (bis 200 N)
- Programmierbare Bewegungsabläufe, Sensorsignale verarbeitbar, Unterprogrammtechnik u. viele weitere Funktionen
- Steuerung der Peripherie mittels Hindergrundprogrammen
- Zahlreiche Ein-/Ausgänge verfügbar
- Bildverarbeitung (optional) realisierbar
- Boden-, Decken- oder Wandbefestigung (siehe Herstellerdatenblatt) möglich
- Energieführung (elektrisch/pneumatisch) bis zu den vorderen Achsen bereits vielfach vorhanden
- Handbediengerät für Teachvorgänge bzw. manuelle Roboterführung

Technische Daten:
    Roboter mit 4 (evtl. 3) Achsen (Auswahl für kleinere Gewichte u. Arbeitsraum)
    Teilegröße: bis ca. 400 mm x 600 mm
    Arbeitsreichweite: meist < 800 mm bei Vertikalhub > 150 mm
    Vertikalhub optional: bis zu 400 mm
    Bewegte Masse: meist 50...60 N (Werkstück- und Greifergewicht)
    Wiederholgenauigkeit: ±0,05 mm bis ±0,02 mm
    Zykluszeit: 25-300-25 mm (Heben, Längs, Senken) u. zurück in 0,4 Sek. (Sony)

Preisbereich: 18
Hersteller: ABB, Adept, Bosch-Rexroth, Epson, Reis, Sony u. a.

5.4.4 Vertikaler Knickarm Roboter (Gelenkarm-Roboter)

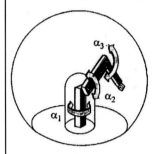

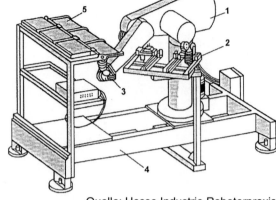

Robotereinsatz
Leiterplattenbearbeitung:
1 Roboter, 2 Greiferspeicher,
3 Werkzeug, 4 Unterbau,
5 Werkstück

Quelle: Hesse Industrie Roboterpraxis [23]

Funktionsbeschreibung:
Universelles automatisches Handlings-Gerät für programmierte Abläufe und Funktionen zum Handhaben, Montieren u. anderen Aufgaben an Produktions- und Prüfstationen mit kugelförmigem Arbeitsraum.
Hohe Bewegungsmöglichkeit und vielfältiger Einsatz bei der Werkstück- oder Werkzeughandhabung.

Merkmale:
- Robuste Bauweise
- Geringe Einpresskräfte (bis 100 N)
- Programmierbare Bewegungsabläufe, Sensorsignale verarbeitbar, Unterprogrammtechnik u. viele weitere Funktionen
- Steuerung der Peripherie mittels Hintergrundprogrammen
- Zahlreiche Ein-/Ausgänge verfügbar
- Bildverarbeitung (optional) realisierbar
- Boden-, Decken- oder Wandbefestigung (siehe Herstellerdatenblatt) möglich
- Energieführung (elektrisch/pneumatisch) bis zu den vorderen Achsen bereits teilweise vorhanden
- Handbediengerät für manuelle Roboterführung bzw. Teachvorgänge

Technische Daten:
Roboter mit 6 (evtl. 5) Achsen
Geeignet für kleinere Traglasten (Erzeugnis, Werkzeug) u. kleineren Arbeitsraum
Erzeugnis-Größe: bis ca 400 mm x 400 mm x 400 mm
Arbeitsradius: 400..850..1550 mm; kugelförmiger Arbeitsraum
Bewegte Masse: ca. 50 .. 160 N (Werkstück- und Greifergewicht)
Wiederholgenauigkeit: ca.± 0,05 mm (bis ± 0,02 mm)
Zyluszeit: 50-300-50 mm (Heben, Längsverfahren, Senken) u. zurück in $\leq$ 1 Sek.

Preisbereich: 18 .. 20   für kleinere Gewichte und kleinerem Arbeitsraum

Hersteller: ABB, Adept, Bosch-Rexroth, Fanuc, Kawasaki, Kuka, Mitsubishi, Motoman, Pansonic, Reis, Stäubli, u. a.

6 Herstellerverzeichnis

Dieses Herstellerverzeichnis erhebt keinen Anspruch auf Vollständigkeit. Die Adressen sind in alphabetischer Reihenfolge aufgeführt.

A1

Afag AG
Fiechtenstr. 32

CH-4905 Huttwil

Tel: +41 (0) 62 / 9 59 86 86
Fax: +41 (0) 62 / 9 59 87 87

www.afag.ch
sales@afag.ch

Ansprechpartner: Elmar Steiner

A2

Altratec Montagesysteme GmbH
Herrenwiesenweg 22

D-71701 Schwieberdingen

Tel: +49 (0) 71 50 / 35 06-0
Fax: +49 (0) 71 50 / 35 06-29

www.altratec.de
buero.sw@altratec.de

A3

Amax Automation AG
Spitalstr. 9

CH-3454 Sumiswald

Tel: +41 (0) 34 / 4 31 44 41
Fax: +41 (0) 34 / 4 31 45 12

www.amax.ch
info@amax.ch

A4

AKB GmbH & Co. KG
Automationskomp. Basismasch.
Berliner Str. 3

D-73770 Denkendorf

Tel: +49 (0) 711 / 9349 2615
Fax: +41 (0) 711 / 9349 2630

www.akb-kg.de
denkendorf@akb-kg.de

B1

Balluff GmbH

Schurwaldstr. 9

D-73765 Neuhausen

Tel: +49 (0) 71 58 / 1 73-0
Fax: +49 (0) 71 58 / 50 10

www.balluff.de
balluff@balluff.de

B2

Bosch Rexroth AG

Wernerstraße 51

D-70469 Stuttgart

Tel: +49 (0)7 11 / 8 11-3 06 98
Fax: +49 (0)7 11 / 8 11-3 03 64

www.boschrexroth.com
info@boschrexroth.de

B3

Branscheid GmbH
Altenberger Str. 1

D – 42929 Wermelskirchen

Tel: +49 (0) 21 93 / 51 20 0
Fax: +49 (0) 21 93 / 51 20 20

www.branscheid-gmbh.de
vertrieb@branscheid-gmbh.de

B4

Wilhelm Bott GmbH & Co.KG
Bahnstr. 17

D-74405 Gaildorf

Tel: +49 (0) 79 71 / 25 12 80
Fax: +49 (0) 79 71 / 25 12 85

www.bott.de
info@bott.de

B5

Beta Sensorik GmbH
Am Anger 2 a

D-96368 Küps/Ofr.

Tel: +49 (0) 9264/ 1004
Fax: +49 (0) 9264/ 8393

www.betasensorik.de
breifkasten@betasensorik.de

B6

BergerLahr GmbH & Co. KG
Breslauerstr. 7

D-77933 Lahr

Tel: +49 (0) 7821 / 946 – 01
Fax: +49 (0) 7808 / 943 -233

www.berger-lahr.de
info@berger-lahr.de

D1

Max Dörr GmbH Förderanlagen
Robert-Bosch-Str. 2

D-75050 Gemmingen

Tel: +49 (0) 72 67 / 91 22-0
Fax: +49 (0) 72 67 / 91 22-22

www.max-doerr.de
info@max-doerr.de

E1

Ermo Automations GmbH
Becker-Göring Str. 1

D-76307 Karlsbad

Tel: +49 (0) 72 48 / 91 99 0
Fax: +49 (0) 72 48 / 91 99 17

www.ermo.de
kontakt@ermo.de

E2

Euchner GmbH + Co.
Kohlhammerstr. 16

D-70771 Leinfelden-Echterdingen

Tel: +49 (0)7 11 / 75 97-0
Fax: +49 (0)7 11 / 75 33-16

www.euchner.de
info@euchner.de

E3

EUROROLL
K.-H. Beckmann GmbH & Co.KG
An der Vogelrute 46b – 50

D-59387 Ascheberg-Herbern

Tel: +49 (0) 25 99 / 18 86
Fax: +49 (0) 25 99 / 73 00

www.euroroll.de
info@euroroll.de

E4

EWAB Engineering GmbH
Heinrich-Heine-Str. 22-26

D-34346 Hann. Münden

Tel: +49 (0) 55 41 / 70 06-0
Fax: +49 (0) 55 41 / 52 42

www.ewab.net
LH@de.ewab.net

E5

Expert Maschinenbau GmbH
Seehofstr. 56 – 58

D-64653 Lorsch

Tel: +49 (0) 62 51 / 59 20
Fax: +49 (0) 62 51 / 59 21 00

www.expert-international.com
maschinenbau@expert-international.com

E6

Elan Schaltelemente GmbH
Im Ostpark 2

D-35435 Wettenberg

Tel: +49 (0) 641 / 9848 - 0
Fax: +49 (0) 641 / 9848 – 420

www.elan.de
info@elan.schmersal.de

F1

Festo AG & Co.
Ruiter Str. 82

D-73734 Esslingen

Tel: +49 (0)7 11 / 3 47-11 11
Fax: +49 (0)7 11 / 3 47-26 28

www.festo.de
info@festo.com

6 Herstellerverzeichnis

F2

FIX Maschinenbau GmbH
Daimlerstr. 23

D-71404 Korb

Tel: +49 (0) 71 51 / 30 05-0
Fax: +49 (0) 71 51 / 3 59 67

www.fix-utz.de
kontakt@utz-gruppe.de

F3

FlexLink Systems GmbH
Schumannstr. 155

D-63069 Offenbach

Tel: +49 (0) 69 / 8 38 32-0
Fax: +49 (0) 69 / 8 38 32-1 53

www.flexlink.de
info@flexlink.de

F4

FMT GmbH
Bahnhofstr. 3

D-09427 Kändler

Tel: +49 (0) 37 22 / 77 78 0
Fax: +49 (0) 37 22 / 77 78 11

www.fmt-utz.de
info@fmt-utz.de

F5

Frei Technik + Systeme
GmbH & Co.KG
Rottweilerstr. 84

D-78056 Villingen-Schwenningen

Tel: +49 (0) 77 20 / 97 86-0
Fax: +49 (0) 77 20 / 97 86-11

www.frei-technik.de
frei@frei-technik.de

F6

Fimotec-Fischer

Friedhofstr. 13

D-78588 Denkingen

Tel: +49 (0) 7424 / 884 - 0
Fax: +49 (0) 7424 / 884 - 50

www.fimotec.de
post@fimotec.de

G1

Gebhardt
Fördertechnik AG
Neulandstr. 28

D-74889 Sinsheim

Tel: +49 (0) 72 61 / 9 39-0
Fax: +49 (0) 72 61 / 9 39-1 00

www.gebhardt-foerdertechnik.de
info@gebhardt-foerdertechnik.de

G2

Gehmeyr GmbH & Co. KG

Auerbacherstr. 2

D-93057 Regensburg

Tel: +49 (0)9 41 / 69 68-10
Fax: +49 (0)9 41 / 69 68-1 48

G3

Grässlin
Automationsssysteme GmbH
Bahnhofstr. 64

D-78112 St. Georgen

Tel: +49 (0) 77 24 / 94 67 0
Fax: +49 (0) 77 24 / 94 67 10

www.graesslin-automation.de
info@graesslin-automation.de

G4

Grimm Zuführtechnik
GmbH & Co.KG
Max-Planck-Str. 32

D-78549 Spaichingen

Tel: +49 (0) 74 24 / 95 80-0
Fax: +49 (0) 74 24 / 95 80-19

www.grimm-automatisierung.de
info@grimm-automatisierung.de

G5

GWS Systems GmbH
Frankfurter Str. 93

D-65479 Raunheim

Tel: +49 (0) 61 42 / 99 25 0
Fax: +49 (0) 61 42 / 2 18 75

www.gws-systems.de
sohlberg@gws-systems.de

H1

Hüdig+Rocholz GmbH & Co. KG
Nevigeser Str. 240 – 242

D-42553 Velbert

Tel: +49 (0) 20 53 / 81 90
Fax: +49 (0) 20 53 / 8 19 66

www.packtisch.info
info@huedig-rocholz.de

I1

IEF Werner GmbH
Wendelhofstr. 6

D-78120 Furtwangen

Tel: +49 (0) 77 23 / 92 5-0
Fax: +49 (0) 77 23 / 92 5-1 00

www.ief-werner.de
info@ief-werner.de

I2

Ihb Industrieanlagen H. Block GmbH
Austr. 34

D-73235 Weilheim/Teck

Tel: +49 (0) 70 23 / 94 12-0
Fax: +49 (0) 70 23 / 94 12-

www.ihb-w.de
info@ihb-w.de

I3

IMOTEC Montagetechnik GmbH
Fraunhoferstr. 11

D-82152 Planegg-Martinsried

Tel: +49 (0) 89 / 89 93 66-6
Fax: +49 (0) 89 / 89 93 66-80

www.imotec.de
imotec@imotec.de

I4

Ismeca GmbH Automation
Heinrich-Hertz-Str. 1

D-71642 Ludwigsburg

Tel: +49 (0) 71 44 / 84 76 84
Fax: +49 (0) 71 44 / 84 76 10

www.ismeca.com
ismeca@ismeca.com

K1

Kemmler + Riehle GmbH Maschinenbau
Ferdinand-Lassalle-Str. 61

D-72770 Reutlingen

Tel: +49 (0) 71 21 / 95 37-0
Fax: +49 (0) 71 21 / 95 73-23

K2

KMT GmbH

Spittelbronner Weg 21

D-78054 Villingen-Schwenningen

Tel: +49 (0) 77 20 / 99 19 0
Fax: +49 (0) 77 20 / 99 19 19

www.kmt-Montagetechnik.de
kmt@kmt-Montagetechnik.de

K3

Krups GmbH Fördersysteme
Ringstr. 13

D-56307 Dernbach

Tel: +49 (0) 26 89 / 94 35-0
Fax: +49 (0) 26 89 / 94 35-35

www.krups-online.de
info@krups-online.de

K4

Otto Kind Betriebs- u.
Büroeinrichtungen GmbH
Steinstr.

D-51709 Marienheide

Tel: +49 (0) 22 61 / 84-0
Fax: +49 (0) 22 61 / 84 - 2 60

www.kind-ag.de
vkbbe@kind-ag.de

L1

Lanco AG
Montage-Systeme
Gurzelenstr. 14

CH-4512 Bellach

Tel: +41 (0) 32 / 6 17 38 00
Fax: +41 (0) 32 / 6 17 38 01

www.lanco.ch
info@lanco.ch

M1

M+B Montage- und
Gerätetechnik GmbH
Marcel-Paul-Str. 69

D-99427 Weimar

Tel: +49 (0) 36 43 / 48 48 0
Fax: +49 (0) 36 43 / 48 48 53

www.m-plus-b.de
mb.we@t-online.de

M2

Mader GmbH
Automation + Pneumatik
Daimlerstr. 6

D-70771 Leinfelden-Echterdingen

Tel: +49 (0)7 11 / 79 72-0
Fax: +49 (0)7 11 / 79 72-1 60

www.madergmbh.com
automation@madergmbh.com

M3

MAFU GmbH

Daimlerstr. 7

D-72348 Rosenfeld

Tel: +49 (0) 74 28 / 93 10
Fax: +49 (0) 74 28 / 93 1-4 00

www.mafu.de
info@mafu.de

M4

MAV Prüftechnik GmbH
Montagetechnik
Sanderstr. 28

D-12047 Berlin

Tel: +49 (0) 30 / 6 93 10 65
Fax: +49 (0) 30 / 6 93 10 69

www.mav-germany.de
mav.gmbh@t-online.de

M5

Meto-Fer
Automation AG
Maienstr. 6

CH-2540 Grenchen

Tel: +41 (0) 32 / 6 54 57 57
Fax: +41 (0) 32 / 6 54 57 60

www.meto-fer.com
meto-fer@datacomm.ch

M6

mhk
UNITED COMPONENTS GmbH
Josef-Schmid-Str. 11

D-92224 Amberg

Tel: +49 (0) 96 21 / 2 20 23
Fax: +49 (0) 96 21 / 2 35 41

www.united-components.com
info@mhk-gmbh.de

M7

Montech AG
Gewerbestr. 12

CH-4552 Derendingen

Tel: +41 (0) 32 / 6 81 55 00
Fax: +41 (0) 32 / 68 21 97 75

www.montech.de
info@montech.de

M8

MRW C.M. Fuisting GmbH

Osterwiesen Str. 31

D-73574 Iggingen-Brainhofen

Tel: +49 (0) 7175 / 9207 - 0
Fax: +49 (0) 7175 / 9207 - 44

www.mrw-fuisting.com
info@mrw-fuisting.com

M9

Mayser GmbH & Co. KG
Polymer Electric

Örlinger Str. 1-3

D-89073 Ulm

Tel: +49 (0) 731 / 2061 - 0
Fax: +49 (0) 731 / 2061 -

www.mayser.de
pe@mayser.de

O1

OKU Automatik
Otto Kurz GmbH & Co. KG

Rosenstr. 15

D-73650 Winterbach

Tel: +49 (0) 71 81 / 70 70
Fax: +49 (0) 71 81 / 70 71 70

www.oku.de
info@oku.de

P1

P.T.M. Präzisionstechnik GmbH

Olchinger Str. 109

D-82194 Gröbenzell

Tel: +49 (0) 81 42 / 5 93 97-0
Fax: +49 (0) 81 42 / 5 93 97-28

www.ptm-automation.de
info@ptm-automation.de

P2

Paro AG

Dahlienweg 15

CH-4553 Subingen

Tel: +41 (0) 32 / 6 13 31 41
Fax: +41 (0) 32 / 6 13 31 42

www.paro.ch
paro@paro.ch

P3

Pfuderer
Maschinenbau GmbH

Heinrich-Hertz-Str. 1

D-71642 Ludwigsburg

Tel: +49 (0) 71 44 / 84 76-0
Fax: +49 (0) 71 44 / 84 76-10

www.pfuderer.de
maschinenbau@pfuderer.de

P4

Prodel
Montagesysteme GmbH

Voltastr. 7

D-63128 Dietzenbach

Tel: +49 (0) 60 74 / 40 09 20
Fax: +49 (0) 60 74 / 4 44 61

www.prodel-tech.com
deutschland@prodel-tech.com

P5

psb GmbH
Materialfluss + Logistik

Blocksbergstr. 145

D-66955 Pirmasens

Tel: +49 (0) 63 31 / 7 17-0
Fax: +49 (0) 63 31 / 7 17-1 99

www.psb-gmbh.de
info@psb-gmbh.de

P6

Püschel GmbH & Co.KG
Automatisierungssysteme

Nottebohmstr. 37-41

D-58511 Lüdenscheid

Tel: +49 (0) 23 51 / 43 05-0
Fax: +49 (0) 23 51 / 43 05-98

www.pueschel-automation.de
pueschel@pueschel-automation.de

P7

PROMOT Industrie-
Automatisierungs-Systeme GmbH
Erich-Weickl-Straße 1

A 4661 Roitham, Austria

Tel: +43 (0) 7613 8300 - 0
Fax: +43 (0) 7613 8300 – 100

www.promot-automation.com
office@promot.at

R1

ROBO-MAT AG
Robotik + Automation
Industriestr. 3

CH-5314 Kleindöttingen

Tel: +41 (0) 56 / 2 45 10 90
Fax: +41 (0) 56 / 2 45 50 19

www.robomat.ch
info@robomat.ch

R2

Rotzinger AG

Landstr. 310

CH-4303 Kaiseraugst

Tel: +41 (0) 61 / 8 15 11 11
Fax: +41 (0) 61 / 8 11 43 34

www.rotzinger.ch
produktionslogistik@rotzinger.ch

R3

ratiotec GmbH

Anhaltinerstr. 20

D-14163 Berlin

Tel: +49 (0) 30 / 801 3622
Fax: +49 (0) 30 / 801 3652

www.ratiotec.de
ratiotecgmbh@t-online.de

S1

Schnaithmann
Maschinenbau AG
Fellbacher Str. 49

D-73630 Remshalden-Grunbach

Tel: +49 (0) 71 51 / 97 32-0
Fax: +49 (0) 71 51 / 97 32-90

www.schnaithmann.de
info@schnaithmann.de

S2

Schüco International KG

In der Lake 2

D-33826 Borgholzhausen

Tel: +49 (0) 54 25 / 12-0
Fax: +49 (0) 54 25 / 1 22 36

www.schueco.com
info@schueco.com

S3

Sieghard Schiller
GmbH & Co.KG
Pfullinger Str. 58

D-72820 Sonnenbühl

Tel: +49 (0) 71 28 / 38 6-0
Fax: +49 (0) 71 28 / 3 86-1 99

www.sschiller.de
info@sschiller.de

S4

Siemens Dematic AG
Material Handling Automation
Carl-Legien-Str. 15

D-63073 Offenbach

Tel: +49 (0) 69 / 89 03-0
Fax: +49 (0) 69 / 89 03 18 40

www.siemens-dematic.com
info@siemens-dematic.com

S5

Sigma AG
Montagetechnik
Galgenried

CH-6370 Stans

Tel: +41 (0) 41 / 6 10 58 08
Fax: +41 (0) 41 / 6 10 78 14

www.sigma.ch
sigma@sigma.ch

S6

SKF Linearsysteme GmbH
Hans-Böckler-Str. 6

D-97424 Schweinfurt

Tel: +49 (0) 97 21 / 6 57-0
Fax: +49 (0) 97 21 / 6 57-1 11

www.linearsysteme.skf.de
lin.sales@skf.com

S7

sortimat Technology GmbH
& Co.Production Systems
Birkenstr. 1 – 7

D-71634 Winnenden

Tel: +49 (0) 71 95 / 70 2-0
Fax: +49 (0) 71 95 / 70 2-22

www.sortimat.de
info@sortimat.de

S8

Steiff
Fördertechnik GmbH
Alleenstr. 2

D-89537 Giengen

Tel: +49 (0)7 33 22 / 14 1-0
Fax: +49 (0)7 33 22 / 1 41-29

www.steiff-foerdertechnik.de
info@steiff-foerdertechnik.de

S9

Stein
Automation GmbH
Carl-Haag-Str. 26

D-78054 Villingen-Schwenningen

Tel: +49 (0) 77 20 / 83 07-0
Fax: +49 (0) 77 20 / 83 07-45

www.stein-automation.de
info@stein-automation.de

S10

Symacon Fertigungs-
automatisierung GmbH
Ebendorfer Chausee 4

D-39179 Barleben

Tel: +49 (0)3 92 03 / 5 16-03
Fax: +49 (0)3 92 03 / 5 16-13

www.symacon.de
info.fa@symachon.de

S11

System Schultheis AG

Brauereiweg 23

CH-8460 Rapperswil

Tel: +41 (0)55 / 2 20 64 64
Fax: +41 (0 55 / 2 20 64 50

www.schultheis.ch
info@schultheis.ch

S 12

Siemens AG
Automation & Drives
Östliche Rheinbrückenstr. 50

D-76187 Karlsruhe

Tel: +49 (0)721 / 595 – 40 76
Fax: +49 (0)721 / 595 – 39 97

www.ad.siemens.de
techsupport@ad.siemens.de

S13

Sony-Wega Produktions GmbH
Bussines Europe
Hedelfingerstr. 61

D-70327 Stuttgart

Tel: +49 (0)711 / 5858 - 408
Fax: +49 (0)711 / 57 4153

www.sonyfa.com
product@sms.sony.co.jp

S14

Sick AG
Sicherheitstechnik
Postfach 310

D-79177 Waldkirch

Tel: +49 (0)211/ 5301 - 0
Fax: +49 (0)211/ 5301 –100

www.sick.de

6 Herstellerverzeichnis

S15	T1	T2
SIM Automation GmbH & CoKG Liesebühl 20	Teamtechnik Maschinen und Anlagen GmbH Plankstr. 40	Trapo AG Fördertechnik Industriestr. 1
D-37308 Heiligenstadt	D-71691 Freiberg	D-48712 Gescher-Hochmoor
Tel: +49(0)3606 / 690-494 Fax +49(0)3606 / 690-372	Tel: +49 (0) 71 41 / 70 03-0 Fax: +49 (0) 71 41 / 70 03-70	Tel: +49 (0) 28 63 / 20 05-0 Fax: +49 (0) 28 63 / 42 64
sim@sim-kg.de	www.teamtechnik.com vertrieb@teamtechnik.com	www.trapo.de info@trapo.de

U1	U2	U3
Utz Ratio Technik GmbH	Georg Utz GmbH	USK Karl Utz Sondermaschinen GmbH
Daimlerstr. 23	Nordring 67	An der Hopfendarre 11
D-71404 Korb	D-48465 Schüttorf	D-09247 Kändler
Tel: +49 (0) 71 51 / 30 05-0 Fax: +49 (0) 71 51 / 30 05 59	Tel: +49 (0) 59 23 / 80 5-0 Fax: +49 (0) 59 23 / 80 5-8 22	Tel: +49 (0) 37 22 / 6082 – 0 Fax: +49 (0) 37 22 / 6082 – 82
www.urt-utz.de kontakt@utz-gruppe.de	www.georgutz.com info@de.georgutz.com	www.usk-utz.de info@usk-utz.de

W1	W2	Z1
WE MES MA GmbH Gartenstr. 28	Weiss GmbH Sondermaschinenbautechnik Siemensstr. 17	ZBV-Automation Berse + Elsas GmbH Echternacher Str. 3
D-14482 Potsdam	D-74722 Buchen/Odenwald	D-53842 Troisdorf (Spich)
Tel: +49 (0)3 31 / 74 90 2-0 Fax: +49 (0)3 31 / 74 90 2-12	Tel: +49 (0) 62 81 / 52 08-0 Fax: +49 (0) 62 81 / 91 50	Tel: +49 (0) 22 41 / 9 51 15-0 Fax: +49 (0) 22 41 / 9 51 15-95
www.wemesma.de wemesma@wemesma.de	www.weiss-gmbh.de info@weiss-gmbh.de	www.zbv-automation.de info@zbv-automation.de

7 Preisbestimmungstabelle

Förderstrecke in Linienausführung

Förderstrecke mit Verteiler

Förderstrecke bei Überbrückung eines Transportweges

Förderstrecke mit Rückführungsmöglichkeit

Förderstrecke in Speicherbauweise

Förderstrecke in Karreestruktur

Stufe	€
1	10
2	20
3	30
4	45
5	65
6	100
7	150
8	225
9	350
10	500
11	750
12	1200
13	1800
14	2500
15	4000
16	6000
17	9000
18	12500
19	20000
20	30000
21	45000
22	65000
23	100000
24	150000
25	225000
26	350000

Literatur

Teil A

[1.1] Lotter B.: Wirtschaftliche Montage; 2. Auflage VDI Verlag, 1992

[1.2] Westkämper, E.: Modulare Produkte – Modulare Montage, Zeitschrift Werkstatttechnik – wt, Band 91, Heft 8, 2001

[1.3] E-Manufacturing bettet die Fertigung ins elektronische Netz; VDI-Nachrichten Nr. 13, 2002

[1.4] Die Digitale Fabrik wird Chefsache im Automobilbau; VDI-Nachrichten Nr. 28, 2002

[2.1] Hesse, S.: Montage-Atlas; Montage- und automatisierungsgerecht konstruieren, Hoppenstedt Verlag und Vieweg Verlag, Darmstadt und Wiesbaden, 1994

[2.2] Feldmann, K. (Hrsg.): Montageplanung in CIM, Springer Verlag und Verlag TÜV Rheinland, Berlin und Köln 1992

[2-3] Konstruieren mit thermoplastischen Kunststoffen, Teil 1: Grundlagen, BASF, Ludwigshafen 1991

[2-4] Holle, W.: Rechnerunterstützte Montageplanung, Carl Hanser Verlag, München, Wien, 2002

[2-5] Stahl-Innovationspreis '91, Stahl-Informationszentrum, Düsseldorf 1991

[2-6] Redford, A.; J.: Design for Assembly; McGraw-Hill Book Company, London 1994

[2-7] Lotter, B.; Schilling, W.: Manuelle Montage, VDI Verlag, Düsseldorf 1994

[2-8] Hesse, S.: Montagemaschinen, Vogel Verlag, Würzburg 1993

[2-9] Scharf, P.: Die automatisierte Montage mit Schrauben, expert Verlag, Renningen-Malmsheim 1994

[2-10] Hesse, S.; Northemann, K.-H.; Krahn, H.; Strzys, P.: Vorrichtungen für die Montage, expert Verlag, Renningen-Malsheim 1997

[2-11] Andreasen, M.M., Kähler, S.: Montagegerechtes Konstruieren, Springer Verlag, Berlin u.a. 1985

[2-12] Bäßler, R.: Montagegerechte Produktgestaltung für eine wirtschaftliche Montageautomatisierung, expert Verlag, Ehningen 1988

[2-13] Wimmer, D.: Recyclinggerecht konstruieren mit Kunststoffen, Hoppenstedt Technik Tabellen Verlag, Darmstadt 1992

[2-14] Ranky, P.G.: Concurrent/Simultaneous Engineering, CIMware Limited, Guildford, Surrey 1994

[3.1]   Entkopplung von Fließarbeit; Herausgeber Bundesminister für Forschung und Technologie, zus. mit Robert Bosch GmbH und den Instituten IPA-Stuttgart und IAD-Darmstadt, Campus Verlag, 1980

[3.2]   Lotter, B.; Schilling, W.: Manuelle Montage, VDI Verlag, Düsseldorf 1994

[3.3]   Hesse S.: Montagemaschinen, Vogel Verlag, 1993

[3.4]   Bosch-Rexroth AG, Produktinformation „Montageleittechniksystem" 2002

[3.5]   Branscheid J. „Steuerung der chaotischen Fertigung - eine Herausforderung", Produktinformation der Fa. Branscheid, Industrie-Elektronik, 42929 Wermelskirchen, 1995

[4.1]   Aulinger, G., Rist, T., Rother, M.: Wertstromdesign erhöht die Produktivität (FGH/IPA) VDI-Z 1 / 2 - 2003 Springer-VDI Verlag

[5.1]   Lotter, B. u.a.: Magazinierte Produktion – ein Modell der Zukunft? Werkstatttechnik – wt, Band 91, Heft 8, 2001

[5.2]   Perfekte Montagezellen mit Scara-Robotern; VDI-Zeitung 143, Nr.11/12, 2001

[5.3]   Montageautomation bleibt flexibel auch bei kurzen Umrüstzeiten; VDI-Nachrichten, Nr. 33, 2002

[6.1]   Planungshandbuch „turboscara, Bosch Flexible Automation", 2002

[6.2]   siehe 3.1

[6.3]   „Nutzungsverbesserung automatischer Montageanlagen", Fachseminar des Instituts für Fabrikanlagen der Universität Hannover, 1985

[6.4]   Wiendahl, H-P.: Nutzungssteigerung; automatische Montage, Technica, Zürich, Band 40, Heft 1, 1991

[7.1]   Warnecke, Bullinger, Hichert, Voegele: Wirtschaftlichkeitsrechnung für Ingenieure, 2. Auflage, Hanser Verlag 1991

[7.2]   „Wann sich das Automatisieren lohnt" (Montage-Kennzahlen-Analyse), Institut für Produktionstechnik und Automatisierung Stuttgart, VDI-Nachrichten, Nr. 30, 2002

Teil B

[1]   Schweizer, M.: Montagegerechtes Konstruieren, Springer Verlag 1985

[2]   Naval, M.: Roboter-Praxis, Vogel Verlag 1989

[3]   Warnecke, H.J. /Schraft, R. D.: Industrieroboter, Springer Verlag 1989

[4]   Hesse, S.: Montagemaschinen, Vogel Verlag 1993

[5]   Lotter, B.: Wirtschaftliche Montage, 2. Auflage, VDI Verlag 1992

[6]   Konold, P.: Beispiele realisierter Montagesysteme, FMS-Report Bosch- Industrieausrüstung, 3 842 394 202 /1988

[7] Seegräber, L.: Greifsysteme für Montage, Handhabung und Industrieroboter, Expert-Verlag 1993

[8] REFA: Arbeitsgestaltung in der Produktion, Hanser Verlag 1991

[9] Konold, P. / Reger, H.: Neue Arbeitssysteme in der hochmechanisierten Erzeugnismontage, montage- und handhabungstechnik 2/1976

[10] Warnecke, H.J. / Löhr, H.G. / Kiener, W.: Montagetechnik, Produktionstechnik Band 7 Krausskopf Verlag 1975

[11] Lotter, B. Schilling.W.: Manuelle Montage VDI Verlag 1994

[12] Martin, H.: Transport- und Lagerlogistik, 4. Auflage, Vieweg Verlag 2002

[13] Nicolaisen, P.: Sicherheitseinrichtungen für automatisierte Fertigungssysteme - mit Katalogteil, Hanser Verlag 1993

[14] Dorner, H.-D.: Arbeitssicherheit an kraftbetriebenen Arbeitsmitteln, TÜV Süddeutschland Bau und Betrieb Ulm/Donau, Referat u. Unterlagen zur Vorlesung Produktionsverfahren II, Fachhochschule Ulm 2003

[15] Bullinger, H.J.: Ergonomie, Produkt- und Arbeitsplatzgestaltung, Teubner Verlag 1994

[16] Bullinger, H.J.: Arbeitsgestaltung, Teubner Verlag 1995

[17] Schmidtke, H.: Ergonomie, 3. Auflage Hanser Verlag 1993

[18] Warnecke, H.J.: Aufbruch zum fraktalen Unternehmen, Springer Verlag 1995

[19] VDI-Richtlinie 3237 Automatisierungsgerechte Konstruktion

[20] Sichere Maschinen mit optischen Schutzeinrichtungen, Leitfaden Firmenbrochüre der Fa. Sick Waldkirch 2002

[21] Krahn, H./Nörthemann, K.H./Hesse, S./Eh, D.: Konstruktionselemente 3, (Beispielsammlung für die Montage und Zuführtechnik), Vogel Verlag 1999

[22] Hesse, S.: Rationalisierung der Kleinteilezuführung, (Blue Digest Automation), Festo Handbuch 2000

[23] Hesse, S.: Industrieroboterpraxis, Automatisierte Montage in der Handhabung, Vieweg Verlag 1998

Weiterführende Literatur

Aggteleky, B.: Fabrikplanung Band 1 bis 3, Springer Verlag 1990

Bullinger/Warnecke: Neue Organisationsformen im Unternehmen. Ein Handbuch für das moderne Management, Springer Verlag 1996

Bullinger/Lung: Planung der Materialbereitstellung in der Montage, Teubner Verlag 1994

Eversheim, W.: Prozeßorientierte Unternehmensorganisation Konzepte und Methoden zur Gestaltung „schlanker" Organisation, 2. Auflage, Springer Verlag 1996

Feldmann, K., Slama, S., Junker, S.: Mit marktorientierten Strukturen zur effizienten Montage, (FAPS – Uni Erlangen) wt Heft 9 2002

Heinhold, Michael: Investitionsrechnung, 8.Auflage, Oldenbourg Verlag 1999

Jesse, R. Rosenbaum, O.: Barcode (Theorie, Lexikon, Software), Verlag Technik 2000

Olfert/Reichel: Investition Kompakt-Training, 2. Auflage, Kiehl Verlag 2002

Reinhardt, G.: Montagesysteme (TU-München), wt Heft 8 2001

Spaht, D., Lotter, B., Baumeister, M.: Verrichtungsweise komplexer Produkte in hybriden Montagesystemen, (Wbk-Uni Karlsruhe), wt Heft 9 2002

Warnecke/Bullinger: Integrative Gestaltung innovativer Montagesysteme, (IAO - Montageforum 1993), Springer Verlag 1993

Warnecke, H.- J.: Der Produktionsbetrieb Band 2: Produktion, Produktionssicherung, 3. Auflage, Springer 1995

Wiendahl, H.-P., Röhrig, M., Behme, U.: Richtungswechsel in der Anlagenplanung, wt Heft 8 2001

Bildquellenverzeichnis für Teil A (ohne Kap. 2)

FhG/IPA-Stgt:	Bild 1-1, 6-8, 7-1
Fa. Bosch GmbH:	Bild 3-1, 3-6, 3-15 bis -17, 3-25, 3-26, 4-1 bis -17, 5-1 bis –3, 5-11 bis –14, 6-1, 6-9, 6-10, 6-14 bis –20
Bosch Rexroth AG:	Bild 3-22 bis –24, 3-27 bis –29, 6-2 bis –4, 6-21 bis –23
Fa. Lanco AG:	Bild 5-10
Fa. Teamtechnik GmbH:	Bild 5-15
Verfasser:	Bild 3-2 bis –5, 3-7 bis –14, 3-18 bis –21, 5-4 bis –9, 6-5 bis –7, 6-11 bis –13, 7-2.

Sachwortverzeichnis

A

Allseitenrollen 207
Amortisationszeit 63, 102, 149
Anlagekosten 148
Anlaufkosten 149
Annäherungsreaktion 243
Arbeitsorganisation 45
Arbeitsorganisation, teamorientiert 3
Arbeitsplatz, Gestaltung von 65
Arbeitsplatz, taktunabhängiger 167, 168
Arbeitsplatzgestaltung 122
Arbeitssystemwert-Ermittlung 62
Arbeitsteilung 40
Auftragsplanungssystem 69
Ausbau, stufenweiser 110
Ausbringung 39
Ausbringungsverluste 101
Ausschreibung 74
automatisierte Montagelinien 109
automatisierungsfreundlich 5, 23, 24
Automatisierungsgrad 150

B

Barcode 223, 224
Baugruppengestaltung 17
Baugruppenteilung 41
Belegungsgrad 112
Beschleunigerstrecke 210
Beschriften 256
Beurteilung von Systemalternativen 136
Bewertung von Produkten 15
Bildverarbeitung 264

Bildverarbeitungssystem 108
Boothroyd-Dewhurst-Methode 16

C

Codierung, elektronische 226
Codierung, mechanische 225
Codierung, optische 223

D

Datenspeichersysteme 56
Datenstruktur 73
Datenträger 217
Datenträger, mobiler 58, 72, 226
Datenübertragung 72
Deckelfunktion 7
demontagefreundlich 31
Differentialbauweise 9
Direktzugriffspeicher 234
Direktzugriffspuffer 127
Doppelgurtband 185, 210, 212, 216, 220
Dot-Code 223, 224
Durchlauf, intermittierender 158
Durchlauf, kontinuierlicher 158
Durchlaufzeit 142, 143

E

Einlegegerät 266, 268
Einstellmethode 21
Einzelarbeitsplatz 59, 92
Einzelteilgestaltung 17
electro static discharge 156, 157
Elektronischer Laufzettel 72

Sachwortverzeichnis

Engpass-Station 131
Entkopplung des Menschen 59
Entscheidungshilfe 43
erweiterte ABC-Analyse 16
Erzeugnisgestaltung,
 automatisierungsgerechte 140
ESD-Ausrüstung 156, 157

F

Feldbus 72
Fixierung der Werkstückträger 214
Flexibilität 40
Fließarbeit 61, 111
Fließgut 23
Flussbild 16
FMEA-Methode 75
Fügestellenbewertung 16
Funktion, nicht wertschöpfende 141
Funktion, wertschöpfende 141
Funktionsdiagramm 66, 67
Funktionsplan 67, 68

G

Gestalten, motagefreundlich 6
Gestaltungsbeispiele 21
Gleichteileverwendung 13
Gruppenarbeit 59

H

Hallenfläche, notwendige 58
Hauptflussprinzip 45
Hauptschlusspuffer 127
Hitachi-Methode 16
Hubbalken 210

I

Industrieroboter 104

Insert-Technik 12
Integralbauweise 9
Investition 146
Investitionskosten 147

K

Kapitalfluss 146
Kapitalmehraufwand 149
Kapitalrückflussdauer 149
Karree 76, 80
Knickarm-Roboter 269, 270
Kollisionsanalyse 15, 16
Kompensationsmethode 19
Kompensator 19
Kosteneinsparung 150
Kostenvergleich 86
Kriterien, allgemeine 15
Kriterien, nicht quantifizierbare 61, 136
Kriterien, quantifizierbare 61, 136
Kriterien, spezifische 15
Kurvenantrieb 210

L

Längstransferautomat 245, 246
Längstransfer-Automat 51
Laserbearbeitungsmodul 256
Laserscanner 244
Laufzettel, elektronischer 58
Leitrechner 71
Leitrechner, dezentraler 70, 71
Lichtgitter 243, 244
Lichtschranke 244
Lichtschranken 243
Liegezeiten 142
Linie 78, 83
Linien-Anordnung 78

Lucas-Methode 16

M
Maschinenstundensatz 148
Materialfluss 38, 45
Materialflussgestaltung 132
Materialfluss-Untersuchung 38
Matrix-Code 223
Maximum-Minimum-Methode 19
Mehrfach-Werkstückträger 220
Methods Time Measurement 123
Modulkonzept 109
Montage, absatzgesteuerte 69
Montage, automatisierte 104
Montage, manuelle 92
Montage, teilautomatisierte 96
Montagefähigkeit 7
Montagekosten 62, 100, 147, 149
Montagelinie, flexible, automatische 52
Montagereihenfolge 13
Montagesystem, Flächenbedarf eines 58
Montagesystem-Ausbringung 39
Montagesysteme, manuelle 48
Montagesysteme, mit manuellen Arbeitsplätzen 94
Montagesysteme, teilautomatisierte 49
Montagesystem-Planung, rechnergestützte 144
Montagezeit 123
Montagezelle 250
Montagezellen 245
MTM-Verfahren 123
Multifunktionsteil 14
Multifunktionsteile 10, 13
Muss-Ziele 34
Muting 244

N
Nebenflussprinzip 46
Nebenschluss 84, 85
Nebenschlusspuffer 127
Nebenzeiten 125
Nestbauweise 8
Nichtquantifizierbare Kriterien 136
Null-Fehler-Lieferung 109
Nutzungsdauer 63
Nutzungsgewinn 146

O
Ordnen 26
Orientierungshilfe 44
Outsert-Technik 12

P
Paletten 265
Paletten-Entladezelle 254
Palettenhandling 254
Parallelarbeitsplatz 59
Passung 18
Personalbedarf 59, 111
Personalkosten 148
Pflichtenheft 64
Planungsdaten 35
Planungskosten 146
Planungsleitfaden 32
Positioniereinheit 215
Positionierfehler 18
Produktaufbau 29
Produktentwicklung 6
Produktgestaltung 5, 7, 18
Produktion, teamorientierte 60, 75
Produktstruktur 7, 8
Prozess, kritischer 74

prozessorientiert 5
Prozesssicherheit 75
Puffer 126

R
Rationalisierungspotential 12
Recycling 31
Redesign 10, 11, 13
Rentabilität 150
Roboter 264, 270
Roboter-Montagezelle 104
Roboterzelle, flexible 52
Rückflussprinzip 46
Rücklaufpuffer 127
Rundriemen 187
Rundtransferautomat 51, 245, 246, 257
Rundtransfersystem 258
Rüsthäufigkeit 100, 101
Rüstzeit 39

S
SCARA-Roboter 269
Schachtelbauweise 7
Schichtbauweise 8
schlanke Produktion 70
Schnappverbindung 23, 26, 30
Schnelleinzugseinheit 210
Schnellwechsel-System 210
Schoßband 182
Schraubverbindung 23
Schutzeinrichtung 242, 243, 248, 250, 257
Schwenkarmroboter 250
selbstüberwachend 242
sequentielle Überlappung 6
Shuttle 222
Sicherheitseinrichtung, optoelektronische 244

Sichtprüfzelle 108
Simulation 130
Simulationssysteme 7
Simultaneous Engineering 6
Situationsanalyse 36
Sonderformen 79
Sortiersystem 265
Speichersysteme 126
Stahlgewebeausführung 204
Standardisierung 110
Stapeleinheit 238
Stapelturm 233
Staurollenkette 195
Stauvereinzelung 212
Steuerungssystem 69
Störkantenkontur 28
Störung 139
Störungspuffer 131
Störverhalten 138
Stützrollen 183, 212

T
Taktausgleich 113
Taktdiagramm 113
Taktzeit 39
Taktzeitermittlung 111, 113
Teilebereitstellung 47, 132ff
Teilegestaltung, automatisierungsgerechte 140
Teilverrichtungen 40
Toleranzen 18, 19
Transporthilfsmittel 133

U
Überschieber 198
U-Form 77, 81
Umlaufprinzip 46

Umlaufpuffer 127, 131
Umlaufspeicher 232, 233

V

Variantenmontage 42
Variantenteilung 41
Verfügbarkeit 128, 129, 137, 138, 139
Verfügbarkeitserhöhung 131
Verkettung, lose 246
Verkettung, starre 246
Verkettungssystem 68
Vertikalspeicher, flexibler 237
Virtual Reality 7
Vorgabezeit 112, 123
Vorranggraph 40, 118

W

wahrscheinlichkeitstheoretische Methode 19
Werkstückfixierung 55

Werkstückträger 19, 43, 53, 217, 218
Werkstückträger, autonome 222
Werkstückträger-Anzahl 53
Werkstückträger-Gestaltung 54
Werkstückträger-Umlauf 80
Wertanalyse 15, 56
Wertgestaltung 56
Wertschöpfungs-Kennziffer 142
Wirtschaftlichkeit 146
Wirtschaftlichkeitsnachweis 75
Wirtschaftlichkeitsrechnung 147
Wunsch-Ziele 34

Z

Zeitermittlung für
 Werkstückträgertransport 117
Zubringetechnik 245
Zuführeinrichtung 139
Zuführeinrichtungen 141

Titel zur CAD-Technik

Clement, Steffen / Kittel, Konstantin
Pro/ENGINEER Wildfire 3.0 für Fortgeschrittene - kurz und bündig
Grundlagen mit Übungen
Vajna, Sándor (Hrsg.)
2008. VIII, 110 S. (Studium Technik)
Br. EUR 13,90
ISBN 978-3-8348-0184-5

Ulf Emmerich
SolidWorks
Spritzgießwerkzeuge effektiv konstruieren
2008. XII, 178 S. mit 98 Abb.
Br. EUR 19,90
ISBN 978-3-8348-0385-6

Gerhard Engelken / Wolfgang Wagner
UNIGRAPHICS-Praktikum mit NX5
Modellieren mit durchgängigem Projektbeispiel
2., akt. Aufl. 2008. X, 288 S. mit 400 Abb. (Studium Technik) Br. EUR 26,90
ISBN 978-3-8348-0408-2

Klette, Guido
UNIGRAPHICS NX5 - kurz und bündig
Grundlagen für Einsteiger
Vajna, Sándor (Hrsg.)
2., überarb. u. akt. Aufl. 2008. VIII, 132 S. (Studium Technik) Br. EUR 14,90
ISBN 978-3-8348-0407-5

List, Ronald
CATIA V5 - Grundkurs für Maschinenbauer
Bauteil- und Baugruppenkonstruktion, Zeichnungsableitung
3., verb. u. erw. Aufl. 2007. X, 341 S. mit 565 Abb. (Studium Technik) Br. EUR 29,90
ISBN 978-3-8348-0326-9

Schabacker, Michael
Solid Edge - kurz und bündig
Grundlagen für Einsteiger
Vajna, Sándor (Hrsg.)
3., aktual. u. erw. Aufl. 2008. VIII, 146 S. Br. EUR 15,90
ISBN 978-3-8348-0499-0

Abraham-Lincoln-Straße 46
65189 Wiesbaden
Fax 0611.7878-400
www.viewegteubner.de

Stand Juli 2008.
Änderungen vorbehalten.
Erhältlich im Buchhandel oder im Verlag.

Titel zur Fertigung

Keferstein, Claus P. / Dutschke, Wolfgang
Fertigungsmesstechnik
Praxisorientierte Grundlagen, moderne Messverfahren
6., überarb. und erw. Aufl. 2008. X, 274 S. mit 207 Abb. Br. EUR 29,90
ISBN 978-3-8351-0150-0

Fahrenwaldt, Hans J. / Schuler, Volkmar
Praxiswissen Schweißtechnik
Werkstoffe, Prozesse, Fertigung
Unter Mitarbeit von
Twrdek, Jürgen / Wittel, Herbert
3., akt. Aufl. 2008. ca. XII, 654 S.
Geb. ca. EUR 66,00
ISBN 978-3-8348-0382-5

Hellwig, Waldemar
Spanlose Fertigung: Stanzen
Grundlagen für die Produktion einfacher und komplexer Präzisions-Stanzteile
8., akt. u. erg. Aufl. 2006. XII, 308 S. mit 187 Abb. u. 48 Tab. (Viewegs Fachbücher der Technik) Br. EUR 26,90
ISBN 978-3-528-74042-9

Tschätsch, Heinz / Dietrich Jochen
Praxis der Zerspantechnik
Verfahren, Werkzeuge, Berechnung
9., erw. Aufl. 2008. ca, XII, 394 S. mit 326 Abb. u. 148 Tab. Geb. mit CD
ca. EUR 46,90
ISBN 978-3-8348-0540-9

Westkämper, Engelbert / Warnecke, Hans-Jürgen
Einführung in die Fertigungstechnik
Einführung in die Fertigungstechnik
Unter Mitarbeit von Decker, Markus / Gottwald, Bernhard
7., akt. und erg. Aufl. 2006. XI, 296 S. mit 229 Abb. u. 10 Tab. Br. EUR 25,90
ISBN 978-3-8351-0110-4

Wojahn, Ulrich
Aufgabensammlung Fertigungstechnik
Mit ausführlichen Lösungswegen und Formelsammlung
Unter Mitarbeit von Zipsner, Thomas
2008. VIII, 203 S. (Viewegs Fachbücher der Technik) Br. EUR 23,90
ISBN 978-3-8348-0228-6

VIEWEG+TEUBNER

Abraham-Lincoln-Straße 46
65189 Wiesbaden
Fax 0611.7878-400
www.viewegteubner.de

Stand Juli 2008.
Änderungen vorbehalten.
Erhältlich im Buchhandel oder im Verlag.